养殖业产品
加工技术问答

李典友　高本刚　编著

化学工业出版社
·北京·

图书在版编目（CIP）数据

养殖业产品加工技术问答/李典友，高本刚编著.
北京：化学工业出版社，2015.1
ISBN 978-7-122-22424-8

Ⅰ.①养…　Ⅱ.①李…②高…　Ⅲ.①畜产品-加工-
问题解答　Ⅳ.①TS251-44

中国版本图书馆 CIP 数据核字（2014）第 279744 号

责任编辑：邵桂林　　　　　　　　　文字编辑：王新辉
责任校对：王素芹　　　　　　　　　装帧设计：关　飞

出版发行：化学工业出版社（北京市东城区青年湖南街 13 号　邮政编码 100011）
印　　装：北京云浩印刷有限责任公司
850mm×1168mm　1/32　印张 7¼　字数 204 千字
2015 年 3 月北京第 1 版第 1 次印刷

购书咨询：010-64518888（传真：010-64519686）
售后服务：010-64518899
网　　址：http://www.cip.com.cn
凡购买本书，如有缺损质量问题，本社销售中心负责调换。

定　　价：25.00 元

前　言

随着我国市场经济发展和人民生活水平的不断提高，人们对养殖业产品需求量越来越大，尤其是高档次、优质产品深受广大消费者喜爱，推进了我国养殖业产品加工产业的迅速发展。但由于我国养殖业产品加工生产设备还不够先进，产品加工技术比较薄弱，科技含量低，致使我国养殖业产品发展水平较低，大量产品加工原料浪费。提高养殖业产品质量和开发养殖业新产品，是高效发展养殖业，增加经济效益的必由之路。

为了提高养殖业产品加工技术水平，提升其产品的质量和经济效益，增强我国养殖业产品在国内外市场的竞争力，有效推进我国养殖业产品加工产业迅速发展，根据实际调查的目前我国养殖业产品加工生产现状，在贴合消费市场对养殖业产品需求量等的基础上，广集了国内外养殖业产品加工的新技术和新经验，精选编写成本书。本书详细介绍了禽、兽（畜）、药用动物和水产经济动物等养殖动物产品的经济价值、采收和产品加工新技术及其产品质量鉴定技术与产品保存方法等内容。编写过程中，力求内容翔实新颖，操作方法具体实用。融技术性、知识性、实用性为一体。文字简练，通俗易懂，适合广大养殖业户主、养殖场主及养殖业产品加工生产人员阅读使用，也可供农业职业技术院校动物科学和畜产品加工专业教学、科研参考。

养殖业产品加工业是一门技术性很强的新兴产业，产品加工内容涉及面广，涵盖面宽，加之笔者专业水平和产品生产经验所限，书中疏漏之处在所难免，恳请读者指正，以便再版时修订、充实和提高。

编著者

于皖西学院大别山区域经济研究所

2015 年 1 月

目　录

第一章
禽类产品加工

禽类肉蛋具有营养丰富、易消化吸收等特点，如同畜肉类、乳品类制品一样，成为人们日常生活必需的营养食品，尤其市场对特种禽肉蛋高档制品需求量越来越大。我国禽蛋消费以鲜蛋为主，占90％以上。我国禽蛋制品加工具有 600 余年历史，虽然我国禽蛋总量 1985 年以来一直雄居世界首位，但是目前再制蛋加工品仅占商品蛋总量的 0.8％，而发达国家蛋制品加工量占到其鲜蛋总量的15％～25％。此外，禽类的羽绒轻松柔软，弹性好，隔热保温。羽绒加工制品具有较高的经济价值，在国内外市场需求旺盛。禽类产品已经是我国出口的紧俏产品，近年来始终保持较为强劲的发展势头。为此，当前我国已经加大对禽类产品加工技术等方面的研究，不断增大禽类产品加工生产规模。

第一节 禽肉食品加工

1. 怎样制作风鸡？

鸡在屠宰前 12～24 小时不喂料，仅给清水，宰杀时于喉部放血，嗉囊处用刀割一小口，取出剩余食料，在泄殖腔下割一长约 5厘米直形口子，用右手的食指、中指伸入腹腔，轻轻拉出所有内脏（包括嗉囊），同时剜出肛门。

每 1 千克鸡体（去内脏）用食盐 58 克、花椒 10 克，混合后用手擦入腹腔、口腔、喉部以及嗉囊的伤口，然后把鸡放于桌上（鸡背朝桌面），两腿依自然姿势向腹部压下，再将鸡头拉到左翅下

（便于操作）。接着将尾部向上压，使之紧贴腹部，随即用两翅包住，并用细麻绳纵横束住。最后用较粗麻绳扣住鸡体，背向下腹向上，挂在屋檐下或天花板通风处。要求无直接阳光照射，适当通风，干燥凉爽。半个月即可腌透，1个月就可取食，风味别致。

2. 如何制作熏鸡与扒鸡？

中国禽制品历史悠久，各地加工鸡肉的方法很多，主要有腌、烧、卤、熏、扒和油等方法。鸡肉制品各具独特风味。熏鸡、扒鸡制作方法如下。

（1）熏鸡的制作方法　熏鸡味道鲜嫩，醇香可口。选健康无病的活鸡，宰杀放血，煺毛以后的鸡体用酒精灯烧去小毛，从腹下开膛，取出内脏，用清水浸泡1～2小时，使血污渗出，待鸡体内发白后取出，用棍打断鸡腿，持剪刀将膛内胸骨两侧软骨剪断，然后把鸡腿盘入腹腔，把头压在左翅下。这样在煮熟以后，使鸡体肌肉丰满，香味配料也容易进膛。香味配料是以每400只鸡（约300千克左右）用砂仁50克、肉蔻50克、丁香150克、肉桂150克、山奈150克、白芷150克、陈皮150克、桂皮150克、姜250克、花椒150克、大茴香150克、盐10千克，然后将配料先用煮沸老汤浸泡约1小时，然后过滤，将滤液倒入锅中，将鸡放入锅内进行烧煮，汤水以浸没鸡体为宜。要掌握火候适当。火小煮肉不酥，火大皮易裂开，也易走形。烧煮时间依鸡的老嫩程度决定，嫩鸡约1小时，老鸡约2小时，煮熟后进行熏鸡，熏烤之前先在煮熟的鸡体上涂抹一层麻油，并趁热抹以白糖，然后用烟火熏烤10～15分钟，见鸡皮呈红黄色时为适度，最后还要给鸡抹上一层麻油，这样做不仅可以使香味渗入肉内，同时也利于久存。

（2）扒鸡的制作方法　山东德州扒鸡享有盛名。德州扒鸡起源于禹城，也称五香脱骨扒鸡。德州扒鸡是由烧鸡演变而来的，其创始人为韩世功老先生。据史书记载，韩记为德州五香脱骨扒鸡首创之家，产于公元前616年，世代相传至今。清乾隆帝下江南，曾在德州逗留，点名要韩家做鸡品尝，食后龙颜大悦，赞曰"食中一奇"，此后便成为朝廷贡品。德州扒鸡具有形色兼优、五香脱骨、肉嫩味绝、清淡高雅、味透骨髓，鲜奇滋补的特点。

制作时选用当年 1～1.5 千克重的新鸡为好，从颈部宰杀放血，浸烫煺毛，取净内脏以后，用清水冲洗干净，净腔后，将两腿交叉盘至腹下开口，双翅向前由颈部刀口处伸进，在喙内交叉盘出，凉透以后，涂色与烹炸。将鸡盘好，涂以用白糖和蜂蜜熬的糖色，小鸡应涂厚些。然后放入烧沸的菜油锅中烹炸 1～2 分钟，待鸡体金黄透红时为适度。再以每 200 只鸡（约 150 千克）配花椒 50 克、八角茴香 100 克、陈皮 50 克、草蔻 50 克、桂皮 125 克、桂条 125 克、山柰 75 克、草果 50 克、白芷 125 克、丁香 25 克、肉蔻 25 克、砂仁 10 克、小茴 50 克。花椒和压碎的砂仁装入纱布袋，随同其他配料一起放入锅中，把炸好的鸡依次放入锅内摆好。然后往锅内放入一半老汤，一半新汤，以淹过鸡体为度，上覆压铁篦子和石块。先用旺火煮沸，幼鸡煮沸 1 小时，老鸡煮 2 小时，然后改用微火焖煮熟。幼鸡焖 6～8 小时，老鸡焖 8～12 小时，煮烂为止，出锅时，先加火把汤煮沸，取下铁算、石块，利用肉汤沸腾和浮动力，手持钩子和汤勺顺势将鸡捞出，动作要敏捷，用钩子搭住头部，在汤内借浮力轻轻提到漏勺内，平稳端起，出锅以后即为成品。成品规格的要求是扒鸡外形优美，色泽金黄而微红，鸡皮完整，腿、翅齐全；热时一抖肉即脱骨，凉后轻提，骨肉分离，软骨香酥如粉，肌肉食之如面。

▶ 3. 怎样制作烧鸡？

中国烧鸡风味独特，驰名中外。中国传统名产安徽省符离集烧鸡加工厂生产的符离集烧鸡（它的前身叫红曲鸡）已有 70 多年的历史，因具有肉质鲜嫩、肥而不腻、肉烂脱骨、烂而不破、香气浓郁、味美色佳、南北适口等特点而闻名。河南省滑县道口镇生产的道口烧鸡，在国内也颇有名气，它的特点是：造型美观，肥而不腻，皮色鲜艳，五香酥软，熟烂适中，同时方便携带。1981 年曾获商业部优秀产品奖。现将上述两种烧鸡的加工方法介绍如下。

（1）符离集烧鸡的制作方法

① 选取料 选用当年或隔年的健康无病鲜嫩地方麻鸡，毛鸡重量以 1.5～2.5 千克为宜，以公鸡为佳。宰杀放血前饮水 1 次，便于放血增加色泽。杀鸡时要捏紧鸡脖皮，鸡血放净后用 60～

65℃温水烫 2~3 分钟，应掌握既不能烫老破皮，也不能烫生硬拔毛，以免影响质量，隔年老鸡与当年雏鸡的烫鸡水温应区别掌握。煺毛时要求先去掉鸡身大毛的 90% 左右，同时去净脚、嘴的老皮硬壳。去净毛后割除肛门，横开鸡腹，公鸡开口约 5 厘米，母鸡 3~4 厘米，取净内脏（不要割破内脏和苦胆），撕去食管、嗉囊，用清洁井水洗净鸡全身表皮、绒毛，并用水漂洗刷净余血至水清。

②整形 从鸡肛门横开口处将鸡胸骨剪断，剪深不得超过 2~3 毫米，从横开口剪至鸡内嗉为宜。然后将鸡坐骨、肋骨压扁，掰开将两腿交叉，别入鸡嘴内，再将鸡胸朝上，左翅膜从杀鸡刀口穿入鸡嘴内拉出倒别，右翅膜反别。别好后，呈椭圆形。

③制作方法 先将漂洗好的白条鸡串入竹竿内晾，沥干鸡全身浮水，用 20% 的饴糖稀沾匀鸡身，放入 100℃ 左右的麻油或花生油内翻炸。老鸡炸色宜嫩，小鸡炸色稍老，母鸡炸色要求呈金黄色，公鸡呈枣红色。炸鸡以后卤鸡，烧鸡的多年老汤配以香料配方，以 50 千克全净膛白条鸡计算所用香料：大茴香 150 克，小茴香 25 克，砂仁 10 克，草果 25 克，山奈 35 克，白芷 40 克，桂皮 100 克，辛夷 10 克，良姜 35 克，肉蔻 25 克，花椒 50 克，陈皮 10 克，丁香 25 克。上述香料应根据季节和老汤情况酌情增减。备好香料后，将炸好的油鸡下锅卤制，但要严格掌握鸡的成熟时间，一般仔鸡（当年童子鸡）的出锅时间为 40~50 分钟，隔年老鸡的出锅时间一般为 2.5~4 小时。要求烧到九十成熟，肉烂脱骨，烂而不破，色佳味美。最后将烧鸡成品包装上市。

（2）道口烧鸡的制作方法

①选取原料 选用生长 2 年以内、重量在 1~1.5 千克的嫩雏鸡和肥母鸡。然后将选好的鸡宰杀，放净鸡血后烫鸡去毛，既不能烫老破皮，也不能烫生硬拔毛，以免影响质量。剖腹取净内脏和爪掌，撕去气管、嗉囊后冲洗干净，缚挂沥干即成白条鸡。

②整形 整形时将白条鸡放在木板上，腹部向上。

◆ **4. 怎样制作盐水鸭?**

（1）南京盐水鸭 盐水鸭是南京市的特产之一。它的特点是加工季节不受限制，一年四季均可生产，腌制期短，食之肥而不腻，清淡而有咸味，具有香、酥、嫩等特点。

① 选料与宰杀　选用当年育成的肥鸭，经宰杀、煺毛、切去翅爪后（从第二关节处切掉），右翼下切开，全净膛。用清水冲洗干净，并在冷水中浸泡 0.5～1 小时，以除净鸭体内残血。用钩子从鸭下颚中央钩起晾挂，沥干水分。

② 腌制　方法基本同板鸭，但腌制时间要短些。春、冬季节加工，腌制时间为 2～4 小时，抠卤后复卤 4～5 小时。夏、秋季节加工，腌制时间为 2 小时左右，抠卤后复卤 2～3 小时。起缸挂起沥干，接着用钩子钩住鸭颈，用开水浇烫，待鸭皮、肌肉绷紧后挂风口处晾干。

③ 烘干　先将少许生姜、大葱、八角等调料经右翅下开膛切口填入腹内，然后从肛门处插入长 10 厘米的芦管或小竹管（留一半在外）。炉内用柴烧成火，使其均匀分布在炉膛两旁。鸭坯用夹子夹住，送入炉膛内烧烤 20～30 分钟，烤至鸭坯周身皮干、起壳即可。

④ 食用方法与保质期　锅中放水，加入葱、姜、八角等香料，煮沸焖熟。煮焖方法参照南京板鸭。盐水鸭冬季可保存 7 天左右，春秋季可保存 2～3 天，夏季可保存 1 天。若采用冰箱保存，时间可以延长。

(2) 杭州盐水鸭　先将杀好的白鸭体内外用食盐均匀擦遍，腌渍 2 小时，除去血水。而后把它放入盐水（100 千克水加 75 千克盐）缸内浸腌 2 小时。食用时，锅内加入辅料和水（辅料的配方是按 10 只鸭配食盐 1.5 千克、老姜 250 克、花椒 250 克、茴香适量而成），煮沸后用温火烧 45 分钟即熟。此品质嫩、皮白、咸味清口。

◉ 5. 怎样制作北京烤鸭？

北京烤鸭历史悠久，有"天下第一美食"之称，被视为誉满国内外的佳肴，是我国著名特产，距今已经有 400 多年的历史。北京烤鸭的特点是外脆内嫩，肉质鲜酥，肥而不腻，食之吊人脾胃，是消费者喜爱的美食。

(1) 制作方法

① 选料　烤鸭的原料必须是经过填肥的北京鸭。饲养至 55～

65日龄、活重2.5千克以上的鸭子最佳。

② 宰杀造型　填鸭经宰杀、放血、煺毛后，先剥离颈脖处食管周围的结缔组织，打开气门向鸭体皮下脂肪与结缔组织之间充气，使它保持膨大壮实外形。然后翼下开膛，取出全部内脏。用8～10厘米长的秫秸由切口塞入腔内充实体腔，使鸭体造型美观。

③ 冲洗烫皮　通过翼下切口用清水（水温4～8℃）反复冲洗腹腔，直到洗净污水为止。拿鸭钩钩住胸脯上端4～5厘米处的颈椎（钩从右侧下钩，左侧穿出），左手握住钩子上端，提起鸭坯用100℃的沸水烫皮，使表皮蛋白质凝固，减少脂肪从毛孔中的流失，达到烤制后皮肤脆酥的目的。烫皮时，第一勺水要先烫刀口处，使鸭皮紧缩，防止跑气，然后再烫其他部位。一般情况下用3～4勺沸水即能把鸭坯烫好。

④ 浇挂糖色　可使烤制后的鸭体呈枣红色，增加表皮的酥脆性和适口不腻性。浇淋糖色方法同烫皮一样，先淋两肩，再淋两侧。通常3勺糖色即可淋遍全身。糖色的配制：麦芽糖1份，水6份，在锅内熬成棕红色即可。

⑤ 灌汤打色　鸭坯经烫皮上糖色后，先挂阴凉通风处干燥，然后向体腔内灌入100℃汤水70～100毫升，使鸭坯进炉时急剧汽化。这样外烤内蒸，达到外脆里嫩。为弥补挂糖色时有不匀的部位，鸭坯灌汤后，要再淋2～3勺棕红色糖水，这叫打色。

⑥ 挂炉烤制　鸭坯进炉时先挂炉膛前梁上，右侧刀口向火，让炉温首先进入体腔，促进体内汤水汽化，达到快熟。待到右侧鸭坯烤至橘黄色时，再以左侧向火，烤到与右侧同色为止。然后用烤鸭秆挑起旋转鸭体，烘烤胸脯、下肢等部位。这样，左右转侧，反复烘烤，使鸭坯正背面和左右侧都烤成橘红色，便可送到烤炉后梁，背向红火，继续烘烤，直至鸭的全身呈枣红色熟透即可出炉。

⑦ 烤制时间和火候掌握　鸭坯在炉内烤制时间，一般1.5～2千克重的鸭坯需30～50分钟，炉温掌握在230～250℃为宜。因炉温过高、时间过长会造成鸭坯烤面焦黑，皮下脂肪大量流失，皮如纸状，并形成空洞，失去烤鸭脆嫩的特殊风味。时间过短，炉温过低，会造成鸭皮收缩，胸脯下陷和烤不透，影响烤鸭的质量和外形。另外，鸭坯大小和肥度与烤制时间也有密切关系，鸭坯大、肥

度高，烤制时间就长；反之则短。在高温下，由于皮下脂肪渗出，使皮质松脆，体表焦黄，香气四溢。

（2）食用方法　烤鸭最好是随制随食。如烤鸭当天销不完，秋季室温在 10℃ 以下，可不用特殊设备，保存 5～7 天。有冷藏设备的，保存期略久也不变质。只要食用前回炉短时间烤制，仍能保持烤鸭原有的色、香、味，而不降低其固有风味。

6. 怎样制作八珍鸭？

八珍鸭是用现代工艺改进传统酱卤制品加工工艺而制成的新型鸭肉制品，具有肉质细嫩、色泽金泽美观、咸甜味美等特点，故八珍鸭成为鸭肉之精品。八珍鸭加工方法摘录如下。

（1）选料　选用 80～85 日龄的肉鸭，过小或过老均不宜采用。宰杀后去小毛和尾脂腺，再去除翅和脚。

（2）原辅料配方　取鲜鸭肉 100 千克，腌汁 40 千克，卤汁 80 千克。腌汁调制是先将 25～28 千克食盐加入 40 千克清水，煮沸成饱和溶液，再放入血水煮沸后去漂浮污物，加适量生姜和葱即成。卤汁调制同传统卤肉配方，汤锅中加清水，再投入用纱布包裹的香料（陈皮、八角、丁香、香葱、糖、酱油等）煮沸，撇去浮沫即成。

（3）制作方法　将选取的肉鸭宰杀，去小毛、尾脂腺、翅和脚，冷却至室温后入腌缸中，倒入腌汁，上面用重物压实，防止鸭体上浮，腌制时间：温度低于 10℃ 时为 6 小时，低于 20℃ 时为 4 小时。腌制后的鸭挂晾沥干，在鸭体外均匀抹饴糖或蜂蜜，然后放入油锅炸，油温为 160～180℃，炸 8～10 分钟，使之呈橘红色后捞出。拍平胸部，头夹入翅间入煮沸的卤汁中，卤煮以卤汁刚好浸没鸭体为宜，卤煮 20 分钟出锅挂晾沥干，涂上一层麻油即成；冷却后抽真空包装，10℃ 以下温室贮存。

八珍鸭各加工工序必须精心操作，切勿损坏鸭体各部，确保成品外表美观，从制作至包装均需要严格卫生条件，防止再污染。

7. 怎样制作板鸭？

板鸭，因成品呈板状而得名。质量好的板鸭体面光滑，平展无皱纹，周身干燥，色泽油黄，鸭颈直立不弯，肌肉收板，突起稍硬，骨架压平，体呈扁平形状，深受广大消费者欢迎，现将板鸭加工技术简介于下。

（1）选鸭育肥　于加工前 25～30 天，选用 120 日龄左右、体重 1.5 千克以上的当年鸭，品种不限，专喂配合饲料或玉米，供足饮水，到加工时，鸭重可达 2 千克以上，而且制出的板鸭肉质细嫩，肥而不腻。

（2）屠宰压扁　宰鸭前对鸭进行检疫，剔除病鸭，并停喂10～11 小时，宰杀时，血要放尽，把气管、血管、食管同时割断，使鸭体呈正常体色。在宰杀后 5 分钟内，立即用 60～65℃ 的热水浸烫煺毛，然后取出内脏，将其两翅和两小腿从中间关节处切掉，用清水洗净，清除胸内残余物，再从肛门摘除肛头与管道，放入冷水中浸泡 4 小时，以清除体内的余血，捞取滤去水分，晾挂 2 小时后，放在桌上，背朝下，腹朝上，头朝里，尾部向外，将手掌放在其胸骨部，使劲下压，压扁胸部前后的"人字骨"使鸭体呈扁圆形。

（3）擦盐干腌　将鸭体的内外、刀口、口腔、腿部、肌肉、腹部擦上食盐。鸭腿抹盐时要从下往上，使肌肉收缩与腿骨分离。一般重 1.5～2 千克的鸭体，用食盐 100～130 克。要使整个鸭体受盐均匀，里外腌透。然后将鸭体腌入陶缸中，装满后再撒一层盐，静置。冬季放置 12 小时可出缸（指小雪至大雪这段时间）。若气温较低，放置 12 小时后，倒缸 1 次，滤出血水，再放入另一缸静置 7 小时后出缸。

（4）入缸卤制　将干腌好的鸭体放入卤缸中卤制。卤液的配方为：食盐 3.5 千克，酱油 2 千克，生姜 100 克，八角、花椒、山奈各 50 克，葱 130 克，大茴香 20 克，开水 50 千克。制作方法是将食盐和大茴香置于锅中炒至无水蒸气为止，然后加入开水或其他配料，煮沸成饱和溶液，用纱布过滤后，倒入缸中（注：上面配方适合于 1.5 千克的 100 只中鸭，若 1.5 千克以上的大鸭，100 只需食盐 4～5 千克。1.5 千克以下的小鸭，100 只需食盐 2.5～3 千克。其他配料用量不变）。

卤液制好后，将腌后的鸭体压入卤液缸中并用竹、木器将鸭体压入卤液内。卤制时间随鸭体的大小、气温高低灵活掌握，每只体重 2.5 千克以上的大鸭，卤制时间为 18～20 小时，中鸭卤制时间为 16～18 小时，1.5 千克以下的小鸭只需 12～16 小时。天气暖和，抹盐干腌时间长的鸭体，卤制时间可适当缩短。

（5）整形晾干　卤制后的板鸭用软硬适度的竹片支撑成"大"字状，挂起沥干卤液，然后再放回缸中，浸渍 2～4 天。最后取出，挂在木架上用清水洗净，再用毛巾擦干；然后放在木板上整形，把颈舒平，使扁平的鸭体保持四周整齐，胸部平整，两腿展开，用清水洗净后悬挂在阴凉处风干，再稍加整理，晾挂 20 天左右即为成品。

▶ 8. 怎样制作烟熏板鹅？

（1）制坯　选取活重 3～4 千克的鹅，屠宰后去净羽毛，清除内脏，洗净去除膀尖和脚，沿其胸骨突起至泄殖腔对半剖开，用力压平，制成板鹅坯。

（2）腌制　将每只制好的板鹅坯，用 200～300 克食盐，加少许花椒，放到铁锅内用文火炒热。鹅坯背部平放在桌上，将 2/3 的热盐反复揉搓胸腹腔、翅、腿、颈等部位，余下 1/3 热盐可揉搓背部。经热盐揉搓的鹅坯，背部向下堆码在腌制缸（桶）内，逐个堆码。一口缸码 40～50 只，将未用完的盐撒于鹅坯四周，顶部用大石块加压。经 1 周左右时间（气温高可缩短至 3～4 天）取出沥干，用竹片或树枝十字交叉撑开胸腹部。

（3）烟熏　腌制成熟的鹅坯平放在烟熏室的架上或头向下倒挂在架钩上，下用锯木屑及少量松柏树皮，暗火烟熏 4～6 小时，中途可翻动 1～2 次。熏制完成即可作为成品烟熏板鹅出售。

熏制的板鹅也可挂于低温、通风处贮存 2～3 个月。食用时洗净加少许冰糖、生姜片蒸熟或用五香卤汁煮熟食用。

▶ 9. 怎样制作挂烤肥嫩仔鹅？

（1）制坯　选取活重 2.5～3.0 千克的肥嫩仔鹅，空腹 1 天后宰杀，煺毛，切除双翅和脚，从喉部屠宰开口处给鹅打气，直至全身鼓气胀起后，从肛门处切断鹅肠，从鹅的右翼下切口，取出内脏，向腹腔塞入 8～10 厘米长的秸秆充实体腔，用清水反复冲洗腹腔及体表直至洗净为止。用专用铁钩在距胸脯上端 4～5 厘米处挂住鹅，用开水自头颈向下不停浇淋鹅身。第一勺开水应浇在喉部切口处，直至全身皮肤收缩、紧绷。鹅坯体表水汽干后，再用 1 份饴糖、6 份水在锅内熬成棕红色，向鹅坯身体各部位涂抹，先两肩后两侧，挂于通风处晾干，再向腹腔灌入 90 毫升左右鲜开水，以保证鹅坯烤制时能迅速汽化，外烤内蒸使之外脆里嫩。灌水后，再涂抹 2～3 勺糖色即可。

（2）烤制 用专门的烤炉烤制烤鹅。方法是将灌汤打色好的鹅坯送进烤炉时，先挂于炉膛前梁上，右侧刀切口先对着火，使腹腔尽快升温，炉温应控制在 230～250℃，当右侧鹅坯皮肤烤至橘黄色后需将烤鹅棍转动，使鹅体的胸部和腿部逐一烘烤，直至鹅坯各部分色泽均呈橘红色，再转至烤炉的后梁，背向红火再继续烘烤，待鹅体整个都转为枣红色即可出炉。整个烤制过程应控制在 1 小时内完成。烤成的鹅最好立即食用。冷鹅还可再回炉短时间烤制仍可恢复原有的风味。

⊙ 10. 怎样制作烤鹅？

经烤制的鹅具有表面油滑红润、皮脆肉香、肉质鲜嫩、脂肥肉满等特点。烤鹅的制作方法如下。

（1）制坯 参见"怎样制作挂烤肥嫩仔鹅？"。

（2）烤制 应采用专门的烤炉，炉温应控制在 230～250℃。将灌汤打色好的鹅坯送进烤炉，先挂于炉膛前梁上，右侧刀切口先对着火。使炉温尽快进入腹腔，促使灌入体内的水迅速汽化，加快成熟。右侧鹅坯皮肤烤至橘黄色后，即将鹅体转动，烤烘左侧。至两侧色泽一致时，再用烤鹅棍转动鹅体，逐一烘烤胸部、腿部。如此反复翻转烘烤，使各部色泽均呈橘红色，即可转至烤炉的后梁，背向红火，继续烘烤待鹅身各部均转为枣红色即可出炉。整个烘烤过程应控制在 1 小时内完成。

烤成的鹅最好立即食用。冷鹅再回炉短时间烤制，仍可恢复原有的风味。

11. 怎样腌制腊鹅?

腊鹅表皮金黄油亮, 肉质紫黑透红, 烧熟后腊香诱人。腊鹅制作简单, 保存时间长, 食用方便。制作方法如下。

(1) 原料与屠杀 选取当年的仔鹅, 经栈鹅催肥。在"小雪"至"冬至"前后宰杀、脱毛, 洗净后去爪, 腹部用刀开一数厘米小切口, 取出内脏。

(2) 腌制 将洗净去内脏的鹅体表面用食盐反复搓揉。手由切口伸入体腔内, 把食盐均匀地搓在内壁上, 然后一层层摆放在腌缸内, 表面撒一层细盐。5~7 天浸出血水后, 从缸内取出沥水, 置于通风阴凉处, 将腌出的盐水烧开, 淋浇鹅体数次。后置密闭容器中保存或切块蒸熟食用。

12. 怎样制作盐水鹅?

(1) 制坯 用 2~2.5 千克体重的仔鹅, 自颈部宰杀放血、煺毛、洗净、切去翅和脚, 从右翼下切口 6~7 厘米。经此切口取出内脏, 用水冲洗净。鹅坯置通风处沥干水分, 用手抓花椒盐内外擦抹, 直至全身各部擦抹到为止。放入容器中腌 2 小时 (夏季时间可缩短)。

(2) 用料 1 只鹅需葱节 4 根, 姜片 6 片, 黄酒 30 克, 食盐 3 克, 花椒盐及白汤适量。花椒盐用铁锅焙制 (先在锅内涂抹少量植物油, 倒入食盐, 用小火不断翻炒, 炒至盐干, 颗粒松散, 再加入花椒粉和五香粉, 继续炒至散发香味, 停炒, 置容器内摊开, 冷却待用)。

(3) 烧煮 锅内盛大量清水, 旺火烧沸, 将腌制过的鹅坯投入沸水锅内, 旺火烧煮, 并不停翻动。待鹅坯转白, 不见红色时取出鹅坯, 用清水反复冲洗, 洗净花椒末等, 使鹅坯白净。

(4) 蒸熟 鹅坯烧煮洗净后, 卧放于容器中, 加葱节、姜片、黄酒、食盐、白汤 (刚好淹没鹅坯为宜), 送入笼屉中, 加温, 旺蒸至背部皮肤能用手划破, 腿部无弹性即可。鹅坯出笼后最好仍放在原汤中冷却, 以保持白色和鲜嫩。

食用前斩割成块, 装盘。

13. 怎样肥育鹅肥肝?

肥肝,是在鹅、鸭等水禽生长发育基本完成后,采用人工强制育肥的方法,使肝在短时间内大量贮存脂肪等营养物质而形成的大肝(图1-1)。据测定肥肝含有丰富的脂肪,多量的蛋白质和维生素 A、维生素 D、维生素 B_{12}、维生素 E,为高蛋白、低脂肪新型食品。其风味独特,肉质细嫩,是西餐桌上的美味佳肴。肥肝比普通肝增大4~6倍,有的可达10倍以上,每个肥肝一般重400~600克,用狮头鹅生产的肥鹅肝,最大重1335克。法国曾培养出重达1800克的肥鹅肝。目前,肥鹅肝已成国际市场的热门商品。

图1-1 皖西白鹅的肥肝与正常肝

(上排为肥肝,下排为正常肝)

(1)选好品种 要选成年体重大的肉用型杂交品种,填肥水禽要求颈粗短,体形大,生长快,易育肥。有些品种是不能育肥肝的,如法国的吐鲁丝鹅、匈牙利的莱茵鹅和朗德鹅。中国的狮头鹅、溆浦鹅、皖西白鹅、浙东鹅和其杂种鹅等都是培育肥鹅肝的优良鹅种。其中狮头鹅最理想,一般填肥后可达1千克以上。

(2)掌握好增肥时间 养鹅育肥肝的方法是将雏鹅饲养到一定的日龄(我国大中型肥肝鹅的年龄宜在4月龄,小型品种宜在3月龄),将生长发育良好的肉用仔鹅经过20多天的人工强制填饲大量高能量饲料(主饲料为玉米),改变鹅的采食习性,使其各种营养失去平衡,使大量的脂肪沉积储存到鹅肝,宰杀后得到的鲜肝称之为鹅肥肝。脂肪肝因其体积猛增,比普通鹅肝重4~10倍以上,特大的可达6~10倍。一般鹅肝重50~100克,而鹅肥肝重可达 0.5～1 千克以上。只要填饲得好，每 2500 只鹅可育肥鹅肝 1 吨左右。

（3）适时填饲 准备填肥时，应由放牧饲养转为舍饲，喂以混合料。其配方是 50％整粒玉米，20％碎粒玉米，30％含蛋白质较多的饲料，如花生饼粉和鱼粉等，加 0.5％食盐和 0.01％的多种维生素，让鹅自由采食、饲喂 2 周，喂以全价饲料或含蛋白质较高的饲料。例如，1～3 周龄雏鹅的饲料含蛋白质 27％，4～6 周龄雏鹅饲料中蛋白质应占 18％，50～60 日龄应充分放牧，采食青绿多汁饲料。如舍内饲养，青绿饲料应占日粮的 20％～40％，饲养的好坏能影响以后鹅肝的质量。当鹅长到 4.5 千克时开始填饲，选择喂淀粉多的玉米，适当掺喂一些麦类，事先清除霉粒或杂物，再水煮 10 分钟，或将玉米炒黄，喂前用开水浸泡，捞出后拌入 2％～5％的油脂，再加 0.5％～1％的食盐。饲喂时填料需要有一定的温度，天冷季节应趁热饲喂。小型鹅每次填量 300～500 克，由少渐多。中型鹅每天填喂饲料 800 克，分 3～4 次。如用人工填喂饲料，则将鹅夹在双膝间，头朝上，露出颈部，左手将鹅毛嘴撑开，右手抓食料投放口中，反复几次，待其吃饱为止。同时，应供给足量的清洁饮水，并限制鹅的运动，以便减少鹅的能量消耗，有利于肥肝的育成。最好采用笼养饲喂，密度为每平方米 3～4 只。笼内要每天清扫，垫草最好每天换 1 次。填料饲喂必须做到轻捉、细填、轻放。如果发现育肝鹅有消化不良症状时，每只鹅喂酵母片 1～2 片。

（4）屠宰收肝 育肥肝鹅填饲 3～4 周后即可屠宰收肝。肥肝很脆嫩，极易损坏，最好就地屠宰收肝加工。宰杀前 12～18 小时要停止喂料，只供给饮水。育肥肝鹅屠宰时要求操作迅速准确，先切断颈动脉，倒挂把血放干，放血要迅速、干净，否则，会使鹅肝破裂或积血。最后脱毛。为方便取肝，可将已经拔毛的鹅体冷却到 0～2℃，然后开膛，在冷藏箱或冷库中存放 15～20 小时，再开肝，掏出内脏，摘取肥肝。要求损伤时动作轻而慢，以防戳破苦胆，保持肥肝的完整性。

鹅肥肝取出后，放稀盐水中浸泡 10 分钟，然后捞出，用清洁纱布将水吸干，轻轻摘除胆囊，再根据重量及规格分级堆放，不可堆码挤压。优质肥肝要求质地柔软，没有破损、血斑，色泽淡黄，肝越重越好。

⊙ 14. 怎样制作鹅肉鹅骨产品？

鹅的全身都是宝。过去鹅仅作食用家禽之一，没有得到合理开发和利用，产品单一，多半是原料或粗加工的半成品销售，产值低，效益也低。为了将鹅的资源优势转化为商品优势和经济优势，必须加强对鹅产品的综合开发，增加鹅产品的品种，拓宽销售市场，以提高社会经济效益。

(1) 工厂化肉鹅的屠宰与加工 为了适应大批量鹅的生产需要，工厂化肉鹅的屠宰与加工的工艺流程是：活体鹅→电晕→宰杀放血→浸烫脱毛→蜡脱细绒→去头、爪→割肛→开膛→摘内脏→冲洗→预冷→包装→冷冻贮藏。

对鹅的整体肉产品，应摘除头、颈、内脏、爪，用塑料袋真空包装（或普通包装）后鲜销，或 4～10℃ 贮藏。分割肉是按颈、腿、翅、爪、胸分割鲜销，或 4～10℃ 预冷后，－28℃ 急冻，再放于 －18℃ 下贮藏。鹅的内脏按心、肺、肝、肫分离，4℃ 预冷后，0℃ 下冰藏。

(2) 鹅罐头制品 饲喂 10 周龄、体重达 300 克左右的活仔鹅最适合加工罐头。制作设备用一般肉类罐头生产设备即可。工艺流程是：制品原料（冷冻的先解冻）→洗涤→预煮（80℃，20 分钟）→上色（蜂蜜或红曲）→油炸（至表面金黄略红）→调味装罐→排气封罐→杀菌（121℃/60 分钟）→擦罐入库。

(3) 鹅肉香肠 鹅肉香肠的制作工艺流程是：宰后清理干净、除去内脏的鹅肉→剔骨→洗净→绞肉→配料→灌肠→成型→包装。

鹅香肠的配料基本上同猪肉香肠的配方，添加一定数量的猪肉或牛肉或鸡肉，并参照猪肉香肠配方，添加调味料或添加剂。成型时，先用 80℃ 的温水煮 60 分钟左右，后放置 80℃ 下烘烤 2～3 小时，直至香肠表面水分收干为止。

(4) 鹅骨肉泥 鹅骨髓中含有多种营养物质，如磷脂质、磷蛋白、骨胶原、软骨素、各种氨基酸和维生素 A、维生素 B_1、维生素 B_2 等。把鹅骨加工成糊，可广泛用于制作饺子、烧肉饼、香肠或肉丸子等。

鹅骨肉泥的制作设备包括刨骨机（粉碎整骨）、切碎机、搅拌机、磨骨机。其工艺流程是：原料骨→冷冻→切碎→粉碎→搅拌→加入肥肉等磨骨→包装→冷冻。

（5）鹅蹼肉　将鹅脚掌洗净割下，除去脚趾骨即成鹅蹼肉，是上等佳肴，价格比鹅肉高3倍左右。

第二节　禽蛋加工

◖ 15. 怎样制作卤蛋？

卤蛋是鲜蛋煮熟后剥去蛋壳，加入各种卤料制成的熟蛋品。卤蛋的风味随卤料种类不同而异。用五香卤料加工的叫五香卤蛋，用桂花卤料加工的叫桂花卤蛋；用鸡汤卤制的叫双汁卤蛋。卤蛋再熏烤的叫熏卤蛋。

（1）卤蛋加工方法　卤蛋的加工方法非常简便。卤制时先将鲜蛋煮熟，剥去蛋壳，放进配制好的卤料中进行卤制，蛋入卤锅后用小火卤制半小时，卤汁渗入蛋内即可。

（2）常用卤料配方　以卤100千克鲜蛋计，配用八角、桂皮、白糖各800克，丁香、汾酒各200克，甘草400克，酱油1.5千克，清水10千克。

（3）卤蛋注意事项　宜当天加工当天销售和食用。如当天售不完，应回锅复卤后出售。同时，包装容器要清洁、卫生，严防污染。

◖ 16. 怎样制作虎皮蛋？

虎皮蛋具有形态美观、风味别致、携带方便、贮存期较长等特点。虎皮蛋的蛋白起皱，出现深黄色的皮层，形似虎皮，因而得名。

（1）加工方法　鲜蛋煮熟剥壳后多放入油锅炸至蛋白发酥，捞起沥干油。一般采用植物油炸蛋，使蛋皮层油酥，既能增进蛋的风味，又能杀灭蛋上的细菌，使蛋白皮层成为蛋的保护层，细菌不易侵入。最后将炸制好的蛋按包装规格装入消毒好的瓶罐中，添加调味汤汁适量，密封、高温消毒并排出空气即为成品。所以虎皮蛋能保藏较久而不致腐败。

（2）注意事项　虎皮蛋在密封瓶罐中，由于料汁向蛋内渗透，使蛋变得味鲜多汁、营养佳，但食用时，最好是开瓶后一次吃完，如需分次食用，需妥善保管，否则会被细菌污染而变质。

17. 怎样制作咸蛋？

腌蛋是用盐腌制的蛋，又名盐蛋、咸蛋或味蛋。腌蛋味道鲜美，营养成分比鲜蛋有所提高，糖类和钙含量明显增多，具有细嫩、松沙等特点。在我国极为普遍，相传已有几百年的加工历史。按产地和加工方法，腌蛋可分为捏灰咸蛋、泥浆咸蛋、泥浆滚灰咸蛋、盐水咸蛋、多油咸蛋、酒味咸蛋。现将这几种腌蛋的加工方法分别介绍如下。

（1）捏灰咸蛋　捏灰咸蛋是鲜蛋用盐、稻草灰和水三种配料加工制成。外形美观，保管时间长，食用时剥去外涂料容易，是我国出口咸蛋主要品种之一。

捏灰咸蛋的配料，要根据国内外销售的不同咸味要求和不同季节进行配制。一般每 1000 枚咸蛋的配料标准应为：出口咸蛋 5～10 月份用稻草灰 15 千克、再制盐 3.75 千克、清水 12.5 千克。内销咸蛋用稻草灰 15 千克、再制盐 4.5 千克、清水 12.5 千克。11～次年 4 月份外销和内销咸蛋除再制盐各增加 0.5 千克外，其他配料用量均不变。

① 拌制灰浆　一种是搅拌机拌料；另一种是人工搅拌。搅拌机拌料浆，先把称好的盐和水倒进搅拌机内，混合溶化，加入 2/3 稻草灰，搅拌 10 分钟，使灰、水、盐混合均匀，然后把剩下的草灰分两次加入，充分搅拌，以达到使用标准。人工拌料浆，按配料比例先称取定量的水、盐和稻草灰，把水、盐放入容器中溶化，然后把稻草灰分三次加入搅拌，搅至料浆熟细均匀、不稀不稠，达到灰浆使用标准。

② 包料　分机械和人工两种方法。机械包料是将过筛的稻草灰和料浆分别装入包料机灰箱和料池内，一面开动机器，一面将检

验合格的鲜蛋均匀下池，鲜蛋随机器转动，先由料池转入灰箱，再入第二料池和灰箱，最后经过揉蛋光洁器入成品盘。人工操作法是将验收分级的合格鲜蛋放进装灰浆的木盘中滚动，使灰浆均匀地把蛋包裹起来，再入装有干灰的盘内滚动，并用手把裹在蛋壳外的灰料搓至厚薄均匀即可。

③ 包装腌榭　鲜蛋包料后，按要求规格，点数装篓（箱或缸），然后转入蛋库分级堆码，经 15～20 天腌制便为成品。

(2) 泥浆咸蛋与泥浆滚灰咸蛋　腌制泥浆咸蛋的配料是黄泥、食盐和水，其配方比例是每 1000 枚鲜蛋用黄泥 8.5 千克、食盐 7.5 千克、沸水 4 千克。黄泥要选择深层纯净干燥的细黄泥，不可用腐殖质较多的河边泥、地旁泥，因这种泥易使蛋变质发臭。

加工方法：黄泥选好后晒干、捣碎、过筛成细粉状，按比例称取中度细盐和过筛黄泥，倒入缸内拌匀，再加入清水（最好用沸水）搅拌，直至泥浆不稠不稀为止。因为过稠，泥浆在蛋壳上难以涂匀，过稀泥不粘蛋。测定泥浆稀稠的方法是把蛋放入泥浆中，如蛋的下半部能浸入泥浆内，而上半部仍在泥浆上，即达泥浆适合的稀稠度。盐泥浆配好后，将其倒入盘中，再将检验分级好的鲜蛋过数放入泥浆内，用 7 厘米宽、33 厘米长的小木板轻轻来回搅动鲜蛋，使蛋全部被盐泥浆粘满，然后逐个捞起盛篓里，经 15～20 天腌制即成。

泥浆滚灰咸蛋是在泥浆咸蛋外面再滚一层草灰，使泥浆咸蛋盛篓时互不粘连，外形美观。

另一种灰泥咸蛋的配料是 1000 枚鲜蛋用草灰 3 千克、细盐 3 千克，充分拌匀，过筛后盛缸内，加沸水 3 千克、黄泥粉 1.5 千克，搅拌成灰泥浆，冷却备用。加工方法同泥浆咸蛋。

高邮咸鸭蛋的制法：每 1000 枚鲜鸭蛋用盐 7 千克、黄泥 10 千克、水 4 千克，混合拌成糊状。将检验合格、洗涤干净的鸭蛋放入泥浆内滚搓，待泥料滚好后，逐个捞起装篓（篓底垫一层用盐水浸过的稻草），最后在篓上面盖一层稻草，洒些盐水，以防水分蒸发。这样春秋两季腌制 30 天，咸蛋即可腌成。高邮咸鸭蛋是我国江苏特产，享有盛名。

(3) 盐水咸蛋　盐水的配制：80 千克开水加 20 千克食盐（夏

天盐水浓度可略高），放在同一容器中搅拌，使盐溶化到最大限度时为止（也可在沸水中加盐溶解），用波美比重计测定达 23 波美度。

腌制过程：将上述配制好的 20% 的饱和食盐溶液，晾冷至 20℃ 左右，倒入已放好待腌的蛋缸中，经 15～20 天即成。盐水腌蛋 1 个月后，往往蛋壳上出现黑斑，而盐泥法则无此缺点。

(4) 多油咸蛋 鸭蛋 50 个，用布擦干净（不用冷水洗），放入坛内。另外，取香葱 6～7 根打成葱结，生姜 3～4 片，花椒 250 克，一起放在锅内，加清水 4 千克，烧煮片刻，等闻到香味后，再放食盐 1 千克，继续煮开。冷却到温水时，再加入烧酒 50 克、白糖 250 克、味精适量，冷却即成腌制用料液。然后把料液倒入盛放鸭蛋的坛内，用竹篾圈轻轻压住，以免蛋浮起来。最好用塑料扎紧坛口，密封存放在室内，1 个月左右即可食用。用这种方法腌制的鸭蛋，咸淡适中，味道佳，质量好。

18. 怎样制作皮蛋？

加工皮蛋是一种简便易行、经济实用的加工方法，介绍如下。

(1) 成批加工方法

① 原料的准备 严格挑选新鲜、正常的鸭蛋，用水洗法洗去污物，沥干备用。

② 料液配方（按加工 100 个蛋用料） 纯碱 0.7 千克，生石灰 3 千克，红茶 0.4 千克，食盐 0.3 千克，密陀僧 0.03 千克，水 10 千克。

③ 加工过程

a. 料液的配制。先将纯碱、红茶及生石灰加入缸内，再边搅拌边加入沸水，稍冷后放入食盐和密陀僧，并充分搅匀，冷却待用。

b. 装缸。将蛋平稳规则地放入缸内，注意蛋的大头朝上，并且最上层蛋离缸口缘 10～15 厘米，以便封缸。用篾盖罩住蛋层，保证灌料后蛋不漂浮于液面。

c. 灌料。灌料前先将料液拌匀，然后边搅拌边徐徐倒入缸内，直至料液漫出蛋层约 5 厘米，加盖密封。

d. 成熟。灌料后，室温宜保持在 20℃ 左右。过高的温度会使蛋壳爆裂，过低的温度又会延缓变化过程。灌料后约经 30 天（夏天 20 多天，冬季 30 多天），皮蛋即可成熟供食用。正常的皮蛋在剥壳检验时，蛋白凝固、光洁、不粘壳，呈棕褐色，蛋黄呈青褐色。若浸料时间过长，会出现烂头、粘壳现象；浸料时间太短，又会出现蛋内软化不坚实的现象。

e. 涂泥包糠。为防破碎及变质，对成熟皮蛋尚需涂泥包糠。把皮蛋从缸中捞出后，用冷开水冲洗、沥干，再把黄泥与用过的料液调匀成浓浆糊状。然后一手抓稻糠，另一手取约 100 克的黄泥浆在糠上铺平，再将蛋放于泥上，双手搓几下，皮蛋就会被泥糠包住。稍干后即可保存或出售。

④ 几点说明

a. 配制料液用的生石灰应全用大块的，红茶最好选新鲜的红茶末。

b. 料液中密陀僧不宜过量，以免造成皮蛋的铅污染。一般 100 千克水中的密陀僧应控制在 0.3 千克以下。

c. 料液用料可视原料蛋多少按比例增减。

（2）溶液浸泡加工法

① 配料　100 枚鸭蛋用 95 千克水、675 克碱、675 克生石灰、990 克食盐、适量茶叶。

② 加工方法　将碱、生石灰、食盐、茶叶与水一并放入铁锅中煮沸，石灰要完全溶化，待溶液冷却后，倒入盛鸭蛋的坛中，溶液要将鸭蛋完全淹没。用黄泥将坛口密封，密封时间，夏季为 15 天，春、秋季节为 20 天，冬季 30 天，超过期限则松花增多，辛辣味减淡。皮蛋开封后，用调成糊状的泥浆涂于蛋壳上，再在糠壳上滚一下即可出售。

（3）涂包加工法

① 配料　鸭蛋 100 枚，食盐 350 克，生石灰 350 克，食碱 200 克，草木灰 4 千克，茶汁 1.3 千克，稻壳 200 克。

② 加工方法　先取 20 克红茶，加适量水煮沸，过滤后，将茶汁兑成 1.3 千克。再将食盐、生石灰、食碱放在木盆中倒入茶汁，用木棒搅拌，待生石灰等完全溶化后，将筛过的草木灰倒入，调成

糊状，放置1天。将鸭蛋洗净晾干，在其表层涂一层厚薄均匀的糊状物，在稻壳上滚一下，放入小坛或小缸中，用黄泥浆封口，密封期夏季为15天，春、秋季为20天，冬季为30天，开封后即可出售。

③ 用鸡蛋和鹅蛋也可加工皮蛋 可按每百只鲜蛋（鹅蛋、鸭蛋、鸡蛋均可）计算，先将纯碱115克、食盐165克放入缸中，加开水2.1千克，使之溶解，继而将生石灰400克陆续化入缸中，再投放草木灰1.35千克。将上述配料搅拌成糊状，即成灰料。待灰料冷却后，将鲜蛋包上灰料和谷壳放入缸中，经过2个月左右便成皮蛋。若按此法腌制，头一二次料量不要太多，取得经验后再逐步增多。

(4) 快速制作无铅皮蛋

① 配料 生石灰10千克，纯碱3.5千克，大料（八角）、花椒各0.25千克，食盐0.5千克，松柏枝一把，茶叶50克，味精50克，谷糠或麦糠、草木灰各适量，鸡蛋1000枚。

② 制作方法 取清水5千克，先放入大料、花椒、松柏枝煮半小时，再放入食盐、茶叶煮5分钟，然后放入味精。取其液溶化生石灰和纯碱，最后放入少量草木灰（一般用手抓8～10把）制成糊状（不宜太稀，如过稠可加凉开水兑稀）。用蘸浆法将其糊在鸡蛋上，厚度一般为3毫米左右，然后包上谷糠或麦糠，放入缸内密封，温度如保持在30℃以上7天即成。出缸后晾干便可装箱、贮存、上市、食用。此法制作的松花蛋色清透明，味道鲜美，存放6个月不会变质。

(5) 快速制作五香皮蛋

五香皮蛋除具有一般皮蛋的特点外，还具有五香味，且成熟期短，故称快速五香皮蛋。

① 配料 其包灰用原料和比例：新鲜鸭蛋1000枚，纯碱3.5～4千克，生石灰10千克，食盐2千克，红茶末2千克，草木灰0.5千克，荜茇、丁香、豆蔻、桂子、桂南八角、山楂、砂仁、良姜各50克，花椒和大茴香各0.5千克。

② 制作方法 除生石灰外，将全部配料放在锅内加水熬煮，熬好后取出料液，再慢慢加入生石灰搅拌成糊状，用草木灰调整糊

泥的稠度。待糊泥冷却后即成料泥。把选好的鸭蛋放在料泥上滚动，使其涂满料泥（注意不要露白），然后再在锯末上滚动，将包好的鸭蛋装缸密封，10 天左右即可食用。

（6）蒜薹虎皮蛋

① 用料　蒜薹 120 克，鸡蛋 4 枚，植物油、豆瓣酱、鲜味酱油、水淀粉、鸡精、白胡椒粉各适量。

② 制作方法

a. 鸡蛋带壳煮熟后，捞出浸凉水并去掉外壳；蒜薹洗净切段，锅中放少许油烧热，放蒜薹段煸炒至熟，加入鲜味酱油调味后盛出装盘备用。

b. 锅中放油烧至七成热，将鸡蛋放入炸至表面褶皱呈虎皮纹路，捞出沥油。

c. 锅中留底油，放入豆瓣酱炒香，加入清水、鲜味酱油、炸过的鸡蛋和鸡精，转小火焖 8 分钟，淋入水淀粉，撒上白胡椒粉，至蛋液凝固即可。

第三节　禽羽采收与羽产品加工

▶ 19. 怎样采收、贮存和鉴别禽羽？

从家禽、野禽身上拔取的雕毛和绒毛，分鸡毛、鹅鸭毛、彩羽毛和雕翎四大类。禽羽保温性能好，若能将羽毛积攒加工羽绒制品，则可增加收入。

（1）羽毛的采收方法

① 鸡毛　鸡毛分为公鸡三把毛、母鸡两把毛和乱鸡毛三个品种。公鸡三把毛、母鸡两把毛可制羽毛掸子，美观、耐用；乱鸡毛可用于絮被、褥、衣服和手套，填充枕头、坐垫、靠垫等，轻便、暖和。公鸡三把毛是指公鸡颈部的项毛、背部两侧的尖毛、尾部的泳毛和尾毛。母鸡两把毛是指母鸡背部、尾部的羽毛。乱鸡毛是指冬春两季生产的，除公鸡三把毛和母鸡两把毛外的公、母鸡各部位的羽毛，以及夏秋两季生产的公鸡、母鸡的全身羽毛。鸡毛生产，

以冬春两季最适宜，这时的羽绒丰满，鲜艳滋润。

采拔羽毛的方法有两种：一是干拔法，即将鸡杀死后，趁其将要流尽而体温尚未变凉时，将鸡毛干拔下来。公鸡三把毛和母鸡两把毛，大都采用拔法。二是湿拔法，将鸡杀死后，用热水煺毛，然后及时将毛晒干。公鸡三把毛商品分为纸卷货、捆把货、散乱货和烫煺货四种。鸡毛一年四季均可收集，但以冬春两季最为适宜。

② 鹅鸭毛　鹅、鸭毛分为灰鹅毛、白鹅毛、灰鸭毛、白鸭毛四种。根据其生长部位及形态不同，又分为羽支、绒子、大翅三类。鹅、鸭毛是御寒之上品，可用于絮被、褥、衣服和手套等，轻便、暖和。

鹅、鸭毛的生产方法，可分为干拔和湿拔两种，近几年还采用了活鹅采毛绒的方法。

干拔法是将鹅、鸭宰杀后，趁体温未凉，将毛迅速拔下（拔鹅、鸭毛时，应先拔绒毛，后拔翅羽和尾羽）。干拔的毛有光泽，品质较好。为使家禽毛孔张开便于干拔，可于宰杀前给家禽喝少量白酒或红酒。湿拔法就是将家禽宰杀后，放在 $70\sim80℃$ 的热水中浸烫 $2\sim3$ 分钟取出拔毛。

(2) 羽毛的贮存方法　羽毛洗晒后，除去其他脏物，保存羽毛、羽绒，要严防潮湿，存放时不要靠墙，并用木架支起，或薄而均匀地摊在竹席或竹筛、竹笋里，放在日光下晾晒干，有风时遮盖黑布或纱布罩，以防羽毛、羽绒吹散飘失。未经洗、晒的羽毛、羽绒，不能存放，否则就会变色、发霉，甚至发热腐烂而失去使用价值。晒干后要用细布袋或光面尼龙布袋装好，扎紧口袋放在通风、干燥的地方保存好，并注意防止虫蛀鼠咬。经常检查和翻晒，避免生虫和霉烂。

(3) 羽毛品质的鉴别方法

① 鹅羽毛与鸭、鸡羽毛的辨别方法

a. 鹅毛和鸭毛的区别

鹅毛：其毛片的梢端一般宽而齐（俗称"方圆头"），似切断状，组织结构非常足壮，比鸭毛的组织结构大而强，鹅毛毛片有较大的弧形状态，羽轴管上的羽丝较密而清晰，羽轴粗，根软。

鸭毛：其毛片梢端圆而略带尖形，羽轴管上的羽丝比鹅毛稀疏而清晰，羽轴根细而硬。

b. 鹅绒和鸭绒的区别。鹅、鸭绒大体上相同，在一般情况下，鹅绒比鸭绒大，但大型鸭的绒也大，而未成长完善的雏鹅绒又反而小于一般的鸭绒，所以两者难以区别。但是鸭绒血根较多。野鸭的绒小，绒丝丰密，且脂肪性较重，有黏性，其绒能粘连成串似葡萄形，与各种羽绒容易区别。在鸭绒分检机屏幕中，鸭绒三支绒丝有一处粘连。

c. 鹅、鸭毛和鸡毛的区别 鉴别混入鹅、鸭毛中的同色鸡毛可从羽毛的外形特征上识别，鸡毛的羽轴根上并生一附羽（俗称小辫子），而鹅、鸭毛一般不生附羽，但不能单纯从羽毛形态上区别。还需注意从羽轴和轴管的特征。鸡毛羽轴较鸭毛粗直而坚硬，光泽好，带有不明显的亮纹。鸡毛的轴管也比鸭毛短、坚硬，略呈弧形，管内有较密的横罗纹，轴根较尖。鸡毛轴管上的羽丝一般比鸭毛的大，紧密，光泽好。鸭毛的羽轴管较鸡毛的薄软而长且透明，下部微向上翘，横罗纹稀疏极隐暗。轴根略呈圆形。鹅毛的羽面宽阔，上端宽而齐，与鸡毛有显著不同。

d. 鹅、鸭绒和鸡绒的区别。鹅、鸭绒的绒丝疏密程度均匀，同朵内的绒丝长度基本相同，结成半球状，绒丝发暗无光，弹力强；鸡绒的绒丝疏密不均匀，同朵内的绒丝长短不齐，有的呈散乱状态，绒丝上的附丝发达，有黏性。使绒丝互相粘连，有亮光，弹力差，用手搓擦成团并捏紧，松开后绒子舒张很慢。

② 鹅毛的品质鉴别 鉴定鹅毛的品质时，主要是看羽绒的纯度含量、有无掺杂、是否有虫蚀、霉烂和潮湿等。

a. 鉴别鹅羽、绒的纯度含量。鹅、鸭毛的纯毛、纯绒含量通常从观感和手擦来鉴别。

观感鉴别：从羽毛容器的上、中、下层和四角处各取一定数量具有代表性的毛作为样品（如有几包以上，则每包都要抽取一些），取样时要用手抓紧，不要让杂质脱落，放在案上用手搓擦，使毛绒蓬松，抖下杂质，确定各种杂质所占的比重，必须继续用双手搓擦，用指尖把羽毛抓住拍动，使羽毛进一步蓬松，让粘在毛上的杂质完全脱落干净，再把所有杂质收集在一起，鉴别性质，估计其百分率，最后将搓干净的羽毛抓起向上扬散，在羽毛脱落下来的过程中收购人员可以根据经验估算出毛片和绒子的含量比例。

手擦小样：扦样时被扦样包装的数量要大于扦样包装的数量，并需在每包的不同部位扦毛，使扦得的标样具有一定的代表性，然后将标样拌匀，采取手擦小样，每个包扦小样的重量规定为500克。

看绒子含量：通常是抓一把毛向上扬起，在毛一点点落时观察并确定绒的含量。

b. 鉴别有无掺杂陈毛。已被使用过的陈旧鹅、鸭毛，因长期受到外界的压力已渐失去弹性，毛弯曲成圆形。羽毛中掺杂有陈旧毛者，应按其比重折价收购，并需分别存放分别包装。

c. 鉴别有无霉烂变质。霉烂变质羽毛有霉味，白鹅毛变黄，严重的羽枝（毛丝）脱落，羽面糟朽，用手捻即成为粉末。

d. 鉴别有无潮湿。羽毛受潮后，毛朵显得发紧，失去蓬松状态；轴管发软。严重的，轴管中含有水泡，手感羽轴软，没有弹性。

e. 鉴别有无虫蛀。凡是在羽毛中发现虫粪或毛片中呈现锯齿形残缺现象，手拍时有飞丝，即证明这部分羽毛已受虫蛀。羽毛被虫蛀以后，情况严重的羽支脱落，只剩下羽轴，失去使用价值；虫蛀比较轻微的，对毛质影响不太大，但应单独存放，并及时采取药剂熏蒸灭虫措施，绝不能与好毛混一起。

f. 鉴别鹅羽毛产季。冬春季产的羽毛由于生长足壮，羽毛品质甚好，很少有血管，含绒量大，手感较柔软，弹力较大。夏秋季产的羽毛因尚未长足，一般羽毛品质较差，血管毛较多，含绒量亦少，手感较粗糙，弹力也小。由于冬春季和夏秋季鹅羽毛的含绒量相差很多，因此，弄清羽毛是冬春羽毛还是夏秋羽毛，正确辨别产季，对计算羽毛的含绒量是有很大帮助的，在收购价格上也有很大差别。

③ 鹅毛的品质要求

a. 一级原始干毛（俗称冬春毛）：绒朵毛片大而完整，色泽好，毛性柔软，弹性强，含有较少血管毛，粗翅毛根部圆形。

b. 二级原始干毛（俗称夏秋毛）：绒朵毛片大小不一，色泽较差，弹性弱，含有较多血管毛，粗翅毛根部大小完整。

c. 纯毛：叶片状，略呈弧形，根部羽枝（俗称羽丝）疏散。

d. 纯绒：绒朵芦花状，羽枝丰密，羽基纤细，柔软。

（4）鹅羽绒收购的计价方法 各地收购羽毛根据规格分等级，羽毛分为片羽和绒羽，再测定羽毛中的含绒量，应从一批羽毛中拣出具有代表性的样品，一般 5 克为一测定单位，用镊子细心地挑出绒羽和片羽，再计算出它们各占的百分比，据此计算出合理的价格。

（5）活拔鹅、鸭毛绒 人工活拔鹅羽绒是有效提高鹅产毛量的一种方法，一般可连续采 3 年羽毛再淘汰，成年鹅一年可拔 7～8 次羽毛，当年鹅可拔 3～4 次羽毛。这样可以充分发挥成年鹅的生产性能，提高综合利用价值，大幅度提高毛绒的产量和质量。由于活拔鹅的羽毛，没有人为杂质和外来其他羽毛混杂，混拔鹅的羽毛至少要高于宰杀烫煺毛 30％以上，且毛绒的质量较高。一只 3.5～4 千克重的鹅，一次可拔取 0.1 千克的毛绒。

① 拔羽绒鹅的选择 必须选择容易饲养、耐粗饲料的优良白鹅，羽毛须绒颜色雪白，没有异色毛绒，是最适合加工成高级羽绒制品的。拔羽鹅要求个体较大、健康无病、羽毛丰满、新生羽要少的肉用品种，母鹅的绒毛比公鹅的绒点高，母鹅毛结实丰满，绒毛高，公鹅羽毛蓬松，片毛多。留种鹅刚开始产蛋的，不宜拔羽，以免影响产蛋率。

② 拔羽的准备 准备用作拔羽的鹅，在拔羽前一天要停止喂食，只给饮水，防止在拔羽过程中鹅体排粪，影响操作和污染羽毛。如发现羽绒不清洁，应提前 3 小时用水洗净，选择避风环境，场地地面干燥，最好室内进行。其次还要准备一个小凳、镊子和贮毛容器，并准备消毒药品（如红药水）。为了防止拔羽时鹅乱动挣扎，可以灌 10 毫升白酒，稍停片刻，等鹅进入麻醉状态再开始拔羽毛。

③ 适时拔羽和间隔时间 一般说鹅 90 日龄以上就可以拔羽，成年鹅要好，但要根据拔羽鹅的个体状况而具体对待，有些鹅虽然达到 90 日龄，由于多种原因致使体格比较小，羽毛还不太丰满，在这种情况下就应该推迟拔羽时间。活拔鹅毛一年四季都可进行，但季节不同，拔出的羽毛质量不一样。夏秋季节气温高，又是换毛

季节，不但羽毛质量差，产量也低。冬春季节天气转冷，羽毛生长迅速，且羽片大，绒朵丰满，色泽好，手感柔软，弹性强，含杂质少，商品价值高。冬季是鹅的羽绒丰厚，纯绒含量高，质量好，这时拔下来的羽毛要比夏季毛售价高 2～3 倍。春季是鹅的繁殖季节，夏季和初秋可人工拔羽绒。如冬季天气过于寒冷则不宜拔毛绒。种鹅利用休产期，一般需要自然换羽，抓住这一有利时机，把羽绒拔下来，然后补充足够营养饲喂，恢复产蛋，蛋绒兼用，经济效益最好。到宰杀或出售前 1 个月，还可以继续拔羽 1～2 次。从雏鹅中挑选出白鹅饲养专供拔取毛绒，每次拔羽的间隔时间为 40 天左右。拔取羽绒的次数一般情况下可视羽绒的生长来确定。按这样循环往复至少可拔 4～5 年，经济效益更大。拔翅膀上的大毛的时间间隔要长一些，通常需要 3 个月到 100 天，1 年拔 1～2 次就可以。

④ 拔羽部位　活鹅拔羽不是全身的毛都能拔，首先要掌握鹅体可进行活拔毛的部位。鹅嗉囊以上的颈部羽毛、翅膀外侧羽毛、腿上羽毛、尾部大羽毛和全身血管部位的羽毛不能拔，绒羽和片羽都可拔掉。颈部下端很少一部分羽毛和翅膀内侧的绒羽及翅膀上的大羽均可以拔。方法是先拔片毛，再拔绒毛，这样做到片羽、绒羽分开，也可以片羽、绒羽一起拔。

⑤ 拔取羽绒　多在室内拔羽，地面打扫干净或在地面铺垫废报纸或塑料，如遇风吹，要关闭门窗，防止毛绒吹失和尘土污染。家庭少量的鹅、鸭拔羽时，由一只手抓住鹅的翅膀根和颈，不要抓得太松或太紧，以能固定住不动为准，另一只手用于拔羽，人坐在板凳上，鹅体置于腿部一侧。拔毛时先从鹅侧部拔开一个缺口，手指（食指和中指）插进毛丛根部，循序渐进。可先由侧部向上或向下拔，也可先拔腹部或背部羽毛。拔胸部、腹部、背部这些部位的羽毛时，要先用两个翅膀把头颈夹住，再用人的两腿把翅膀夹住，便可一手捉住鹅腿，一手拔毛。拔毛时用拇指、食指和中指插入羽丛，控住羽绒的基部，小把小把地拔，鹅翅膀上的大羽，第一次不要拔，往往要用钳子夹紧，大的羽片不要捏太多，一根根地拔大羽，每次最多拔 2～3 根，拔多易带皮肤。第一次拔羽不要拔得太多，用力要适当，干脆利落，速度切勿过慢，做到狠、准、快。第

1～2次拔羽时,以顺拔较好。以后顺拔、倒拔不必讲究。如果发现杂色羽毛要分开包装,或剔除再拔同色绒羽毛。拔取的毛绒要用干净的塑料袋包装,并用绳子把袋口捆紧,放在干燥通风的地方,以免受潮霉变。

养鹅专业户或大型养鹅场大群采拔羽毛时,可采用流水作业,由多人操作。每一操作者根据羽毛分级规则,固定拔取某一部位的硬羽或绒羽,拔完后传给下一位操作者,具体操作方法同单独做法。

⑥ 拔羽后的处理　鹅是草食家禽,养鹅要采取放牧方法,但在拔羽后3天适当补饲一些精料,每天100～150克,精料主要有玉米、麦糠等以及蛋白质较多的饲料,并在饲料中添加万分之一的硫黄粉,这样有利于鹅绒的生长,并可以节省饲料。

⑦ 活鹅拔羽的注意事项

a. 要注意羽毛的完整性,切勿拔断。手拔不动时,不要用力猛拉,而应减少每撮羽毛的根数或变换用力方向,尽量不要把羽毛拔断,否则留下毛根会影响毛绒的生长。

b. 要保持羽毛干燥洁净,有异色羽毛应剔除。

c. 遇有血管要避开,防止出血。

d. 在拔羽毛过程中,如出现小块破皮的地方,可及时涂擦红药水消炎,皮肤撕裂处,要用针线缝合好。

e. 鹅第1～2次拔羽后,可能出现全身充血、体温升高、摇晃、似醉非醉、愿站不愿卧、不思饮食等现象,一般经2～3天就会好转,不久即可恢复正常,以后再拔羽时上述现象会消失。

f. 刚拔羽的鹅抵抗力较弱,伤口未愈后,因此要加强拔羽鹅的饲养管理,拔羽3天以后不应让其下水、雨淋和暴晒,要保持鹅舍清洁干燥,及时补充精料,加强营养,同时避免蚊虫叮咬。

(6) 特禽羽毛采收与分类　特禽羽毛一年四季均可收集,但以冬、春两季羽毛质量最佳。因为这个时期羽绒丰满、羽色鲜艳润泽。

① 特种陆生禽羽的采收　陆生特禽羽毛的采收方法分为干拔法和湿拔法两种。

a. 干拔法:将杀死的特禽趁其血浆要流尽而体温未变凉时,

将其羽毛干拔下来。

b. 湿拔法：将杀死的特禽用热水熆羽，然后及时将羽毛晒干。

② 特种水禽羽的采收　特种水禽羽毛的采收也分为干拔法和湿拔法两种。

a. 干拔法：将特种水禽鸟杀死后，趁其体温未凉，将其羽毛迅速拔下（先拔绒羽，后拔翅羽和尾羽）。干拔的羽毛有光泽，品质较好。为了使特种禽鸟的羽毛孔张开便于干拔，可在宰杀前灌其少量（10～20毫升）白酒。

b. 湿拔法：将特种水禽鸟杀死后，放在70～80℃的热水中浸烫2～3分钟取出拔羽。

▶ 20. 怎样制作禽羽绒制品？

晒干后的羽毛继续加工或直接售给有关羽绒加工厂。自行加工时，先用60～70℃的肥皂水或者温热洗衣粉水洗涤（肥皂水或洗衣粉水的温度不宜过高），除脂去污，然后用清水冲洗干净。洗时不能过分搓拧。洗净的羽毛、羽绒经晾晒烘干后，即可进行消毒杀菌处理，可用高压锅、蒸锅或蒸笼消毒处理灭菌：将经过洗涤晒干或烘干的鹅、鸭羽毛、羽绒装在细布袋内扎好口，放在高压锅内，等上汽以后灭菌30分钟左右，待放冷即可取出。若放在蒸锅或蒸笼里，待上汽后经蒸汽灭菌30～40分钟取出，过1天再经30～40分钟灭菌1次，有条件的也可重复灭菌1次。

经过消毒灭菌的羽毛、羽绒，用细布袋包好，放在日光下晒干或经烘箱低温（60～70℃）烘干，就可供作絮被、衣服、枕头等的填充料。

▶ 21. 怎样制作鸡毛帚？

雄鸡的尾毛、颈毛和背毛称为公鸡"三把毛"，可以用于加工鸡毛掸等。鸡毛掸的加工方法如下。

（1）集毛　宰杀时，趁湿拣出"三把毛"，并剔除杂质，晒干。

（2）扎束　将公鸡三把毛按照鸡毛的种类，分别长短头尾理顺，用纱线在毛管部位捆扎小束，并连成长串。束与束之间留出纱线6～8厘米，以便绕缠毛掸的把柄时捆扎用。把柄可采用黄藤条或小杂竹、小杂木等，截成 45 厘米长。

（3）绕把　为使小束鸡毛能够绕缠黏固于柄把上，可将小束鸡毛的头部，涂上热树脂溶液后立即往柄把上贴住，当鸡毛束的头部凝固在柄把上后，即可顺手把纱线托在毛管头，使其牢靠，以此顺序操作托线。当掸体达到 30 厘米长时即成。

22. 禽绒怎样加工成羽毛粉？

羽毛可制成高蛋白动物性饲料。但羽毛主要由硬蛋白类中的角蛋白所组成，它含水极少，分子结构致密，直接利用营养价值低，必须经过加工再利用，在鸡饲料中添加 2.5％羽毛粉，不仅能促进鸡的生长发育，而且可防治鸡食羽癖和啄肛癖，使鸡提前产蛋，并提高产蛋率 25％，在猪饲料中添加羽毛粉，可以使猪多长瘦肉。加工方法如下。

（1）清洗去杂　将羽毛用清水洗净，边洗边除去杂质，然后摊在水泥场上晒干。

（2）高压蒸煮　将洗净去杂的羽毛放进高压锅中，向高压锅中加入 2％稀盐酸，并混合搅拌均匀，然后用火煮，使锅中压力达到 2.5 千克，保持 1 小时，停火，再闷 4 小时。

（3）榨去胶汁和冲净盐酸　当打开高压锅，看见羽毛煮到既保持原来的形态和色泽，且轻拉即断开时，表示羽毛已经煮透，并榨去胶汁，再从高压锅中捞出，用清水清净，直至将羽上的酸液冲洗干净，再摊放在水泥地上晒干。

（4）机器粉碎　将晒干的羽毛用粉碎机粉碎即为羽毛粉。羽毛液的加工方法：加工羽毛液喂饲畜禽比加工羽毛粉简单易行，且不用高压锅等设备，具体加工方法是将羽毛用清水洗净，放入铁锅中（不可用铝锅），每千克羽毛加 7 千克水煮沸，再加入氢氧化钙 15克，再用急火煮 10～15 分钟，直至羽毛全部溶解为液体，此液即为羽毛液。羽毛液如果量少，可直接掺入饲料喂畜禽，量多时可掺入饲料中，晒干后保存。

23. 怎样制作鹅绒裘皮？

鹅绒裘皮产品是由山东省滨州市滨城镇鹅绒裘皮厂陈仲仁经理

研制成功的，把鹅皮连毛剥下，拔去片毛，留下绒毛，经过鞣制的鹅绒裘皮，其质量胜过貂皮，具有皮质柔软而轻，每平方米皮面积重量仅有 700 克左右，加工后皮板绒毛细密而蓬松，保暖防水性能好，而且美观耐看。用鹅绒裘皮制成服装的衣领、袖口和鞋帽边高雅、华贵。制作鹅绒皮产品的下脚料还可以制成化妆粉擦和高级装饰工艺品，在国际市场上十分畅销。其产品有小鹅皮和成鹅皮两种。一只小鹅皮张面积为 640 厘米^2 左右，成年鹅皮张可达 1070 厘米^2，皮板伸拉强度大，抗脱绒性能好。手工鞣制加工鹅绒裘皮的具体操作方法如下。

（1）皮用鹅的选择 应选择个体大、体重在 3 千克以上、身体丰满、体羽纯白绒多、用手检查鹅的腹部毛绒厚不裸露、鹅龄大的鹅皮作原料。宰杀应注意季节，因为屠宰的季节不同，直接影响毛皮的质量，冬季宰杀的鹅用作原料皮最佳。夏季宰杀的，保暖性能差，质量低劣。

（2）宰杀鹅的方法 宰鹅前使鹅自由放牧，进行水浴，目的是洗净羽毛上的粪污，然后活体拔去大的羽毛，只留下绒毛不拔，这样既能提高羽毛质量，避免宰杀后拔羽毛容易扯破鹅皮，又能使皮毛不留大羽梗洞穴。宰杀鹅的方法应当以不影响毛皮质量为宜，宰杀时用刀插入鹅颈部 1/3 静脉沟内，切口长 3～5 厘米，取出刀再平插入切口部肌肉中，折过刀直切颈静脉，动脉血管内放血，要求放血充分，切忌污染羽毛。

（3）剥鹅绒皮 宰杀鹅放血后，趁鹅未断气前将刀插入切口下部，用刀沿背中线过尾至肛门开破鹅皮，然后将鹅吊起来进行剥皮，剥皮时，从颈部沿开口开始向下分离，1 个人用手提住翅膀或腿转动鹅体配合，至两翅膀时，切断两翅膀往下剥，当剥到两腿时，可先从踝关节无毛处去掉两脚，由腿大部向腿小部用力拉皮钝性分离，直至剥至尾翅到肛门为止。把剥皮后绒面着地掀开，切去两翅和两脚可见四洞。沿边皮面缘垂直切开四洞，即得完整的原料皮，剥下的鹅绒皮质量要求是皮张完整，无伤残缺陷，皮上不能残留过多的脂肪，羽毛绒未脱落。

（4）防腐处理 从鹅体剥下的鲜皮张还含有大量的水分和蛋白质，如果不能立即送厂进行鞣制加工，必须及时采取防腐措施，因为动物鲜皮上存在有腐败细菌，会使蛋白质分解，造成腐败变质，降低鹅绒皮的利用价值。

防腐的方法有多种，常用的鹅鲜皮防腐方法是干燥法（又称淡干法）和盐腌法两种。

① 干燥法（又称淡干法）　此法宜在冬季使用，具有简单易行、成本低、皮板洁净等优点，但皮张僵硬，不易复水。方法是把清理后的鲜皮绒在木板上摊开，准备钉板，拉伸头尾，以腹部中线为中线，在头部和尾部各钉一根钉，然后在皮面左右对称部位再钉住，平展摆放，置于空气流通、阳光不能直射的棚下，自然晾干或阴干，多数皮张摆放的间隔保持 10～15 厘米，待皮张基本干燥后从钉板上取下保管。

② 盐腌法　此法冬夏季均宜采用，一般能保存数月不腐。采用粒盐干腌法或盐水腌法处理鲜皮，不但能吸附毛皮上的水分，造成皮张高渗的环境，而且还有杀菌的功效。用盐腌的原料皮，其皮张呈灰白色，坚实有弹性，温度均匀，被毛潮湿良好。粒盐干盐法是将清理后的鲜皮，用经过粉碎的纯干细盐粒均匀地撒在皮肉上面，盐皮比例以 30％左右为宜（即 100 千克鲜皮用盐 25～35 千克），平整堆放，高度 1.5 米左右。也可用盐水腌法，方法是池内配以浓度 30％左右的食盐溶液，将准备腌的鲜皮置于其中，浸泡16～20 小时，每隔 6 小时增加 l 次食盐，使浓度恢复原值，盐液温度保持在 15℃左右，浸泡到规定时间将皮取出，沥水 2 小时，堆积时再撒干细盐粒，用量相当于皮重量的 20％～25％。一般用粒盐干腌法较多，用水腌法较少，通常用盐干皮法防腐，将盐腌和干燥两法结合起来，即鲜皮经过盐腌后再进行干燥，采用此法处理鲜皮防腐力强，而且避免鲜皮在干燥时发生硬化、断裂。

(5) 鞣制加工　生皮处理干燥后，质地坚硬，容易吸潮腐烂，有臭味，不能直接用来做鹅绒皮制品，必须经过鞣制，以保持毛皮柔软，蛋白质固定，不致吸潮或腐烂，而且坚固耐用。

① 浸水　鞣制加工前，首先需要将原料皮软化，恢复鲜皮状态，方法是将干燥的绒皮浸入清水中浸泡16～18 小时，待皮张变软恢复鲜皮状态。水温一般在 15～18℃。如果温度过低，则浸水时间延长；温度过高，浸水时时间一般 5～6 小时。然后将浸水软

化后的皮张伸展开来，肉面向上平铺，用弓形刀削去附着于皮面上的残肉、脂肪以后，用肥皂、洗衣粉或洗涤用碱浸泡，一面将毛上污物洗掉，另一面去掉皮板上的结缔组织。

②脱脂　鹅绒裘皮的皮板薄，含油脂多达50％～60％，若不脱尽会增加皮板的重量，污染绒面，时间久了，油脂氧化，影响产品质量，可在去掉皮板表面浮油后，采用乳化法和溶剂法相结合的方式，脱脂效果较好。脱脂一般用肥皂3份，碳酸钠1份，水10份。方法是将肥皂切成薄片，投水中煮开，使其全部溶解，然后加入碳酸钠配制成脱脂液。在脱脂时，先在容器中加入比湿皮重4～5倍的温水（38～40℃），再加入湿皮重5％～10％的脱脂液，然后加入经削里的绒皮，充分搅拌，5～10分钟后更换新液，再搅拌，直至除去毛皮上的油脂气味，并使脱脂液的肥皂泡沫不再消失为止。一般需要30～60分钟。如果发现腹部有脱落绒毛现象，应立即从洗液中取出。脱脂要求干净，1次不净再次脱脂，时间适当缩短。脱脂后用清水漂洗1～2次，沥干水分，晒至六成干后进行鞣制。

在原料皮制作鹅裘绒皮过程中，鞣制是关键技术，鹅绒裘皮质量好坏决定于鞣制的好坏。鞣制可用硝面熟制法和轻铬鞣制法。鞣制后洗去硝盐杂质，进行加脂处理和铲皮，使皮张柔软、平滑。据资料介绍，为了增强皮板与绒毛的结合牢度，选用收敛性强的甲醛作鞣制剂，促使羽囊紧缩，从而牢固地包裹羽根，不致出现绒毛脱落现象。

③酶软化　鹅皮纤维比哺乳动物纤维细小，较容易松散，故酶的用量不宜过大，时间不宜过长。液比8，酸性白酶20单位/升，食盐40克/升，芒硝40克/升，硫酸1克/升，JFC 0.5克/升，pH 2.8，温度35℃。酶软化液配好后投皮，不断搅拌，腹毛略有松动时终止，出皮脱水。

④浸酸　为了使鹅绒皮的纤维进一步松散，使皮板软化，鹅绒皮经以上处理后需要浸酸。液比8，食盐40克/升，芒硝40克/升，硫酸2克/升，醋酸2克/升，JFC 0.5克/升，温度30℃，时间20～24小时。浸酸液配好后投皮，每隔1小时划动15分钟，待皮松软后出皮，脱水静置12小时。

⑤ 鞣制 在鹅原料皮制作鹅裘绒皮过程中，鞣制技术是关键技术，鹅绒裘皮质量的好坏决定于鞣制的好坏。鹅绒皮的鞣制宜用醛鞣或铝鞣及醛铝鞣。为了增强皮板与绒毛的结合牢度，选用收敛性强的鞣制剂，如用甲醛作鞣制剂可促使羽囊紧缩，从而牢固地包裹羽根，不致出现绒毛脱落现象。液比 10，食盐 40 克/升，芒硝 40 克/升，JFC 0.5 克/升，甲醛 5 克/升，pH 8.5，用适量纯碱调节，温度 30~35℃，时间 36~48 小时。在配备好的鞣皮液中投皮，划动 30 分钟以后，每隔 1 小时划动 15 分钟。出皮静置 6 小时脱水。

⑥ 中和 中和碱性使皮毛处于偏酸性状态。中和液液比 8，硫酸 0.5~1 克/升，硫酸铵 1 克/升，温度 30℃，时间 5~6 小时，pH 5.5~6.5。中和液配好后投皮，每隔 1 小时搅拌 15 分钟，检查 pH 值，达到要求出皮脱水。

⑦ 加脂 为了使皮板进一步柔软和丰满，鹅绒皮经过上述方法处理后还需要加脂。加脂剂为 10∶2，氨水 2 克/升，温度 40℃。加脂液配好后，用毛刷在皮板上均匀涂刷 1 次，静置 2 小时。

⑧ 干燥 干燥分自然干燥和人工干燥两种方法，自然干燥应防止日光暴晒；人工干燥以温度 20~30℃、湿度 40%~65% 为宜。通风良好，应避免干燥过快。达 8~9 成干时铲软伸拉后，再行干燥。

⑨ 滚转与磨里 为了进一步铲软和洗净皮板及羽绒。用硬杂木锯末 10 千克/100 张皮，汽油 2 千克/100 张皮，在转鼓内转 2 小时，转 1 小时后，用磨皮机或粗砂布磨去皮下结缔组织及肌肉等，可使皮板更柔软、洁净。

⑩ 拔羽验收 鹅绒皮按上述各法处理后，将羽毛中的中羽及断根拔去，验皮包装入库，长期保存应加防虫剂。

(6) 鹅绒裘皮质量的鉴别 鹅的羽毛洁白美观，柔软保暖，皮板轻薄，强度较大，其皮具有良好的制裘价值。鹅绒裘皮制品的质量以秋季和冬季生产的、板质柔软、有弹性、张幅大、皮张完整、毛绒短而密、颜色白而光泽和无伤残缺陷等为佳品。鉴别方法除用机械或仪器检验法以外，还可利用人的感觉器官对产品外部和内在质量进行鉴别。

① 眼看　通过视察毛皮，以鉴别不同的品种、产地及宰杀季节。毛皮外表匀顺，扒开绒毛，看绒毛满实密布情况。此外，还要看绒的色泽、残伤和缺陷情况。

② 用手拨动　即用手拨动鹅绒裘皮的毛绒 30 次，不落毛质量最好，落毛则质量差。

③ 用嘴吹毛绒　在离绒毛皮 20 毫米左右的距离，用嘴逆毛吹毛，吹气要均匀有力而集中，将毛绒吹得四处分散，暴露出底绒疏密或伤残情况。

④ 鼻嗅　如鹅绒皮干燥不及时，贮存不当而造成腐烂，发霉变质，便产生异味。

➲ 24. 怎样用鹅绒裘皮下脚料两片羽制作工艺品？

（1）除利用鹅绒裘皮制作鞋、帽、披肩、手套和袖口等高档装饰保暖品外，还可利用鹅绒裘皮下脚料拼凑成工艺装饰品，如制成花、虫、鸟、兽，特别是制成熊猫、家猫、哈巴狗、小白兔和观赏鸟类等。鹅绒裘皮上的绒毛可涂上彩色，外面装上玻璃镜框。

（2）片羽制作蝴蝶工艺品　鹅体的片羽除可以制作鹅毛扇和用作羽毛球的原料外，还可以利用下脚的大羽毛制作高级工艺品原料。例如，用剪刀将 4 根大羽毛剪成蝴蝶翅膀状，蝴蝶身体可用高粱秆芯或麻秆芯剪成蝴蝶体状。然后涂上色彩、花纹。最后做好的蝴蝶身体贴在硬纸板上，并将蝴蝶翅膀贴在蝴蝶体两旁，最后用两根猪鬃插作蝴蝶棒状触角即成（图1-2），或直接用铅丝一端固定蝴蝶，另一端固定在底盘上或插在花盆中即成。

图 1-2　凤蝶

（3）羽绒制成观赏动物工艺品　先在玻璃镜框内绘画各种观赏动物如珍稀鸟禽和兽类等。然后用禽鸟羽绒按已绘画动物的形状和颜色，拼凑成型粘贴到玻璃镜框内，最后安装义眼即成。用电珠代替义眼，用干电池通电闪亮，再配合录制其动物叫声会更受到消费者的喜爱。

第二章

畜（兽）产品加工

　　畜（兽）产品加工是由肉、乳、皮毛、绒等多项产品加工形成的产业。随着我国人民生活水平的不断提高，推进畜牧业迅速发展，为畜牧业产品加工提供了丰富的原料。

　　我国现代化的畜（兽）产品加工业经过 50 多年的发展，尤其是近 20 年来的发展，已经初具规模，并保持较为强劲的发展态势。我国传统肉制品历史悠久，品种丰富多样，具有色、香、味、形俱佳的特点，深受广大消费者的喜爱。近年来，广大消费者越来越追求具有多种营养功能的营养保健食品。因此，畜（兽）产品加工要加大科技投入，更新产品加工设备，将传统肉制品老作坊式的加工生产工艺逐渐转变为门类齐全、工艺技术现代化的工厂，生产出多种营养功能全面的肉制食品。

　　为了满足市场需要，我国的乳制品加工行业也在不断发展，扩大乳制品生产规模，加强技术装备，筛选优良酸奶菌种，开发新的乳制品，研究乳制品贮藏和保鲜技术，健全乳制品质量标准体系，并加强了监测等方面的工作。

　　其他如毛皮、骨、内脏、各种腺体、血等都是具有较高价值的畜（兽）副产品的加工原料，需要进行更深、更广的综合加工利用。

　　我国的皮革工业已经从传统的作坊生产逐渐发展形成了门类齐全、技术工艺比较先进、生产规模不断壮大的完整工业体系，皮革产品和毛绒制品成为我国出口创汇的优势行业。

　　当前，随着生化分离、酶工程、生物发酵、高压、高真空等高新技术的发展，致使其他畜（兽）副产品加工业开拓出多种畜

（兽）制品，主要用于工业原料、食品工业、生化制药、饲料和纺织等领域，变废为宝，提升畜牧业的经济效益和社会效益。

第一节　畜肉食品加工

25. 怎样制作五香卤肉？

随着中国人民生活水平的提高，人们开始对熟肉食品的色、香、味提出了更高的要求。五香卤肉具有肉色棕红鲜艳、香味浓、脆嫩可口、肉肥而不腻等特点，是深受群众喜爱的一种肉食品。

（1）选料及处理　准备卤制的肉块应选用优质的无病的新鲜畜禽肉，如是冻牛猪肉，则应先用清水浸泡一昼夜解冻。卤制前将肉洗净，剔除骨、皮、脂肪及筋腱等，然后按不同部位截选肉块，切割成每块重约 1 千克，将截选切割的肉块按肉质老嫩分别存放备用。

（2）制作方法　上述肉块冲洗干净后，把切割好的肉块放入开水锅内，开水量与肉等量，再用急火煮沸，并按一定比例放入辅料，如肉块 20 千克，加大料、桂皮、白芷、花椒各 100 克，姜和豆蔻各 500 克，食盐 1000 克左右，酱油 1000 毫升左右。肉块与辅料下锅后每隔 30 分钟翻动 1 次，煮 2 小时左右，待肉块煮烂并见肉呈棕红色和有特殊香味时，把肉块捞出放在篦子上沥去卤料溶液、油及水分，冷凉后便成为五香卤肉成品。

26. 怎样制作酱肉？

酱肉产品不仅皮色橘黄，有光泽，瘦肉略红，美观，而且具有醇香味，肥而不腻，是深受人们喜爱的食品。酱肉配方主料是猪肋条肉；配料是桂皮、大料、橘皮、白糖、生姜、酱油、盐和酒。加工制作方法分腌制和酱制两种工序。腌制前先把带皮的肋条肉洗净，刮净毛，清除血污，剪除奶头，切成长 10 厘米、宽 10 厘米的肉块，并用力在生瘦肉上戳 8～12 个洞孔，在洞孔上及肋条肉内的表面都抹上盐粒，放入木桶内 5 小时后，转盐卤缸中腌制 12 小时，然后进行酱制。酱制是把经盐腌制的肋条肉从盐卤中捞出，淋干盐卤后放到锅中，加入各种配料。如果酱肉 25 千克，加入桂皮 40克，大料、生姜各 50 克，橘皮 25 克，白糖 250 克，盐 1500 克，酱油和酒各 750 毫升。配料按以上比例放入锅中后加水淹没肉，并加火烧开煮半小时后，加入酱油和酒各 750 毫升，再烧开煮 10 分钟，最后改用文火焖煮 2 小时，等待皮色转为肉黄色，瘦肉略显红色时捞出即成酱肉，酱肉锅中的配料水溶液还可继续用于酱肉。

27. 怎样加工猪肉脯？

猪肉脯具有风味独特、加工方法简便的特点。制作猪肉脯的方法介绍如下。

(1) 原料 选择新鲜猪后腿瘦肉，按一定比例加入配料。如用猪后腿瘦肉 10 千克，加入白糖 1 千克、精盐 0.25 千克、味精 30克，再加入适量的色素和虾油。

(2) 加工方法 首先切除猪肉中的肌腱和脂肪，然后将猪肉切成 2 毫米厚的长方形薄肉片，用清水漂洗、沥干后，放到瓷盆或瓦盆中，再将上述配料倒入肉片并拌匀，静置 2 小时左右待白糖全部溶解浸透肉片时，将浸透配料的肉片一片一片均匀平放在竹筛上，及时悬挂于用木材制作的烘烤架的铁钩上，竹筛下用炭火烘烤。筛底与炭相距 1.5 米左右。为使炭火烘烤均匀，在炭火上要用铁皮盖住。一般烘烤 2～3 小时，当肉片不粘筛，表面油光呈半透明状态即可。烘干的肉片待冷却后，即取出放在干净的木板上重叠压平。最后还要放在平底锅内用炭火烤熟（平底锅用马口铁制成）。一般烘烤 5～6 分钟即成猪肉脯。

为了延长烤熟的猪肉脯的保藏期，要尽快将其成品装入食品袋密封保存，以防细菌生长繁殖而使猪肉脯变质。

28. 怎样制作肴蹄肉？

肴蹄肉原名"硝肉"，为江苏镇江市的传统名菜。肴蹄肉具有皮色洁白、香味浓郁、卤冻透明、光滑晶莹等特点，因其状如水晶，故又名"水晶肴蹄"。由于镇江肴蹄肉具有香、酥、鲜、嫩四大特点，所以 300 多年来镇江肴蹄肉驰誉南北，盛久不衰。

镇江肴蹄肉的制作方法：先将鲜猪蹄破开，去毛除骨，洗刷干净，用铁杆戳松。然后将皮面和肉面擦一遍盐，放入缸内腌制，每只蹄用盐150～200克，洒硝水50克左右。春、秋两季需腌3天，夏季腌1天，冬季腌7天。腌好后起缸，先用冷水洗泡，再加少许明矾水洗刷干净，使肉质洁白鲜嫩，此时便可下锅烧煮。烧煮时以10只生蹄为一锅，放入含淀粉的原卤3千克、盐1.5千克、水6千克。煮沸后除去浮沫，再加入花椒200克、茴香20克、姜和葱各25克（装入布袋里）、绍酒250克、白糖200克等调味料，用旺火烧沸，翻身1次，改用文火继续烧煮，使锅内水卤保持在95℃左右，焖煮2～3小时即可。取出装入盒内，再撇去锅中油层，将酱汁浇在蹄上，2只一对叠起，压20分钟。翻换一下位置，再压1小时左右，经冷却后即成肴蹄肉。

此外，按照肴蹄的不同部位，可切成各种肴蹄块。如前蹄上的部分老爪肉，可切成片形，状如眼镜，其筋纤柔软，味美鲜香，叫"眼镜肴"；前蹄旁边的肉，弯形似玉带，叫"玉带钩肴"；前蹄上的老爪肉，肥瘦兼有，清香柔嫩，叫"三角棱肴"；后蹄上的一块连同一根细骨的净瘦肉，名为"添灯棒肉"，其肉嫩香酥，最为喜食精肉者所喜爱。

⏩ 29. 怎样制作猪肉干？

猪肉干是用新鲜的猪瘦肉加入配料水煮烘烤制成。猪肉干的名称按加入配料不同分为咖喱肉干、五香肉干、辣肉干等，但制法大同小异。一般制作方法简介如下。

（1）原料处理　选择新鲜的前后腿，去皮、骨、脂肪，余下瘦肉洗净沥干，切成500克左右的肉块备用。

（2）配料　配料随各地嗜好和习惯等实际需要而定，一般为瘦肉1千克、酱油5千克、食盐2.5千克、五香粉0.25千克。也可按瘦肉1千克、酱油6千克、食盐2千克、白糖8千克、黄油1千克、生姜0.25千克、五香粉0.25千克。

（3）制作方法　将备好的肉块放入锅中用清水煮沸30分钟左右，撇去肉汤上的浮沫，捞出切成肉丁或切成其他形状，然后取原汤一部分，加入配料，用大火煮开，当汤有香味时改用小火，把已切好的肉丁放入锅内复煮，并用锅铲轻轻翻动，待汤汁快干时，将肉干取出并沥干。这时可根据需要加入不同的调料，如分别加入五香粉或咖啡喱粉或辣椒粉等拌和，然后将调味后的肉干平铺于铁丝网上，用火烘烤，烘房温度应保持在 50～55℃，并经常翻动肉干，直至肉干烘干即为各种猪肉干成品。烘烤时应注意防止烤焦肉干，以免影响质量造成损失。

30. 怎样制作牛肉干？

牛肉干是用新鲜牛肉加入配料，水煮烘烤而成。牛肉干的名称随原料、配料、形状等不同而异。如按配料分为咖喱肉干、五香肉干、辣味肉干等；按形状分有片状、条状、粒状等。但制法与猪肉干制法大同小异，其制作过程简介如下。

（1）原料处理　选择新鲜牛肉并除去脂肪及筋条，用清水洗净并沥干，切成 3～4 厘米的肉干块或条或粒备用。

（2）配料　牛肉因加入配料不同可制成不同的牛肉干，一般配料方法有以下两种。

① 牛肉 50 千克，食盐 1.25 千克，酱油 2.5 千克，五香粉 0.125 千克。或牛肉 50 千克，食盐 1.5 千克，酱油 3 千克，五香粉 100 克。

② 牛肉 50 千克，食盐 1 千克，酱油 3 千克，面粉 4 千克，黄酒 0.5 千克，生姜 0.125 千克，葱 0.125 千克，五香粉 0.125千克。

（3）制作方法

① 水复煮　将备好的牛肉块放入锅中用清水煮 30 分钟左右，撇去肉汤上的浮沫，捞出肉块切成规定的形状。然后取原汤一部分，加入配料用大火煮开，当汤有香味时改用小火，把已切好的肉丁放入锅内复煮，并用锅铲轻轻翻动，待汤汁快干时，将肉干取出并沥干。这时根据需要放入调料拌和，如分别加入五香粉、咖喱粉、辣椒粉等。

② 烘烤　将沥干加入不同调料后的牛肉干平铺于铁丝网上，用火烘烤，烘烤房的温度应保持在 50～55℃，并经常翻动肉干，防止烤焦影响质量，造成经济损失。牛肉干经过烘烤后即成为不同

风味的牛肉干成品。

31. 怎样制作咸猪肉？

咸猪肉是冬季肉食制品，肉色金黄，肉身干燥，肥膘透明，可以存放较长时间不腐败变质。

(1) 腊制方法 加工宜在冬季进行，要求肉新鲜，肉色好，放血充分，腊制时，修去肉上的横隔肉、奶脯和奶头等，将肉切成条肉块，厚度2～3厘米，长度30～40厘米，在肉面上每隔10厘米划一刀，深度为肉体厚度的2/3，然后取硝盐混合物按每千克鲜肉需食盐150克、硝酸钠5克、花椒微量，共研末，遍擦肉面，然后把涂硝盐的肉放在缸内，上面加石块，以排除残存于肉中的血水，1天后取出并沥干血水，再用硝盐混合物擦1次，并塞满刀口处，放入缸内再撒上1层盐。3天后再取出挂于阴凉通风处风干即成。如需保存较长时间，一段时间后再撒些盐，置于缸内保存。

(2) 咸猪肉质量鉴别法 质量好的咸肉肉皮干硬，苍白色，无霉斑及黏液，脂肪色白或微红，质硬，肌肉切面平整，鲜红或玫瑰红色且均匀，无异味；变质的咸肉肉皮黏滑发软，灰白色，脂肪灰白或黄色，质似豆腐状，肌肉切面暗红色或带灰绿色，有腐败臭味或虫蛀等。

32. 怎样制作腊肉？

腊肉是冬季肉食制品，色泽金黄，肉身干燥，肥膘透明，温软清香，较长时间存放不腐败。

(1) 腊肉

① 配料 新鲜的肋条肉100千克，50度高粱酒2千克，深色酱油3千克，精盐2.4千克，白砂糖4千克，硝酸钠200克，色素700克。

② 加工方法 修去原料肉上的横隔肉、奶脯、奶头等，切成2～3厘米厚的薄条，每条长30～40厘米，在条肉顶端连皮打眼穿绳。然后在45℃温水中泡软，洗去浮油，沥干水分。将沥干水分的条肉放入已经装有上述辅料的缸内逐条拌和，以后隔3小时拌一次，拌2～3次，待辅料透入肋条肉即可挂在钩上晒干。最好用木

炭或煤球作燃料焙烘，烘房保持 28～38℃，先高后低，焙烘 50 小时左右即成腊肉。

（2）广式腊肉

① 原料选择与修整 选取猪肋条肉，去骨，切去奶脯，修整成条状。每条重约 170 克（烘干后约 125 克），长约 36 厘米，末端不窄于 3 厘米。上部穿刺一小孔，穿上细绳（用于悬挂）。修整后，用温水洗去表面的浮油，然后沥干水分。

② 配料 鲜肉 100 千克，白砂糖 3.5 千克，60 度大曲酒 1.5 千克，酱油 609 克，精盐 1.8 千克，硝酸钠 50 克。

③ 腌制 将上述配料混合均匀后涂擦于肉条表面，堆积于容器中。8 小时左右，待配料渗入肉条内，即分别取出挂于竹竿上，再移入烘房内烘制。

④ 烘制 烘房内放置火盆，使之无明火。然后将腌肉连同竹竿移入烘房烘架上烘制，控制室温为 50℃ 左右。烘架可分 3 层，下层可挂当天新腌成的肉条，中层挂前一天的肉条，上层火力最小，可挂接近腌好的肉条。如全部为同一天的肉条，则每隔数小时要上下调换位置，以便烘烤均匀。一般经 3 天即可。如遇晴天，也可不用烘房，置于阳光下暴晒，晚上移入室内，连续晒几天，直至表面出油为止。如遇中途阴雨，应用烘房烘烤，不能等待晴天再晒。烘房常用木炭等作为燃料。

广式腊肉成品呈金黄色，每条整齐不带碎骨，香味浓郁。

（3）武汉腊肉

① 原料选择与修整 选择新鲜的猪肋条肉，去骨、奶脯，切成长约 45 厘米、宽约 4 厘米的肉条。

② 辅料 原料肉 50 千克，食盐 1.5 千克，硝酸钠 25 克，砂糖 3 千克，无色酱油 1.25 千克，汾酒或白酒 0.75 千克，白胡椒粉 100 克，咖喱粉 25 克。

③ 腌制 按上述配比称取食盐、硝酸钠和肉条，腌制 12～14 小时，起缸后用 40～45℃ 的温水洗去表面的淤血等脏物（不要浸泡），与其余几种配料混合均匀，再腌制 2～3 小时。然后穿上细绳，挂于竹竿上，置于烘房中用木炭火烘烤，室温控制在 50～55℃，烘烤 36 小时左右即为成品。

33. 怎样制作猪火腿？

火腿是用瘦肉型猪的腿加工制成，其中金华火腿以色、香、味俱佳而久负盛名。猪火腿为中国传统的名优肉食产品，其制作方法分四个工序进行。

(1) 选料与加工前准备　挑选瘦肉多、肉质细嫩、皮薄和腿心饱满的猪腿为原料。要求重 4.5～8 千克的鲜腿，加工前刮净毛，洗净血污，去净残留的小腿壳，整形成柳叶形，外表面及腿周围要用刀修整齐美观后进行腌制。

(2) 腌制　按每 50 千克鲜腿加食盐 4 千克计算，加盐分 6～7 批进行，对于肌肉最厚的部位应加大用盐量，加盐时要揉搓均匀。上过盐的猪腿堆叠起来存放，一般以 12～14 层为宜，每上 1 层盐，腿位上下部应倒换 1 次。腌制 1 个月左右，要铲除腿表面上积存的层黏糊状的血水和油腻混合物，再行整修。

(3) 浸泡、晾晒和整修　经过整修的腿放入清水池中浸泡 2 小时左右（浸泡时间长短应由气候、腿的大小、盐分轻重而定）。浸泡后的腿要放入水中冲洗，然后将腿用绳系好悬挂起来晒 8 小时左右，再行整修。要求大腿部整修成橄榄形，小腿部整修正直，膝、踝处无皱褶，脚爪部整修成镰刀形后，再放日光下晒 4～5 天，要求晒至腿皮坚而红亮出油为度，最后上架发酵。

(4) 上架发酵　发酵一般选在 3～8 月份进行，发酵场地必须保持一定的温度和湿度，并要求通风。发酵架摆挂，经如上处理过的腿，按大、中、小腿的不同分别摆开发酵，同型腿与腿之间上下、左右、前后必须保持一定距离，发酵 3～4 个月即成为火腿成品。

(5) 火腿质量鉴别方法　火腿色泽深红；肉质坚实，具有浓厚的香味，而且选用做火腿的腿肉，其蛋白质含量高，而脂肪含量极少，故为老幼皆宜的肉食品。火腿质量的好坏主要从以下几个方面鉴别。

① 观火腿的外表　火腿肉块外表应干燥，清洁，无虫蛀现象，肉质坚实。若发现火腿肉块表面湿润、松软或有霉烂、虫蛀，皮上有黏液者，则为劣质火腿。

② 查看肌肉弹性和色泽　上等质量的火腿肌肉应紧密，且富有弹性，其切面为深红色，色泽均匀；若见肉质松软，切面色泽不均匀，且呈灰色、褐色或黑色者为劣质火腿。

③ 看火腿上的脂肪　凡火腿上的脂肪质地坚实，其色泽黄者为质佳火腿；若发现火腿上的脂肪松软，呈金黄色者为劣质火腿。

④ 闻气味　优质火腿应闻不到酸败味或哈喇油味；若闻到火腿有酸败味或哈喇油味，则是劣质火腿。检查时，最好用竹签刺入火腿肌肉深厚处，嗅一下从肉中拔出的竹签上有无上述气味，并按此法检查不同部位的肌肉，但每刺入肌肉深处一次均需另换一根竹签，以免气味混淆。

▶ 34. 怎样制作香肠?

香肠具有味道鲜美、香醇可口、色泽鲜艳，并能较长时间保存和便于携带等特点，成为深受消费者喜爱的食品。香肠宜在春、秋和冬季腌制。其配料按各地居民口味不同而定。普通香肠的配料和腌制加工方法介绍如下。

（1）选料和配料　选用干猪肠衣，要求宽度 3 厘米左右。配料：选用猪后腿肉或夹心肉（瘦肉占 70%，肥肉占 30%），瘦肉以大脾部位最好，肥肉要求是厚硬膘，掺入精细盐 30 克。上等酱酒 25 毫升、白糖 20 克、50 度高粱酒 15 毫升、硝酸钠 1 克，备用。

（2）调制加工　先将瘦肉除去皮、骨和筋络后顺肉纹方向切成 1.5 厘米厚的肉片或 0.8 厘米长宽的小方丁；肥肉洗净后切成 0.8 厘米长宽的小方块，肥瘦肉分开放置缸内，掺入硝水并拌匀，约 4 小时后，见瘦肉桃红色后合并肥肉，并用双手搅拌均匀，再掺入盐、酱油、白糖等混合调料拌匀拌透，然后放高粱酒搅拌即可灌入肠肉，灌肠前需将干猪衣浸温水中至略软，用漏斗把上述调制好的原料袋压入肠衣内，不得灌得太满，基本灌满后在肠衣末端打上结或用线扎紧，每隔 12 厘米结扎一股绳，如肠内有空气，用针在肠的两面戳孔眼，泄出肠内空气，同时用手挤抹肉丁，使其分布均匀，用麻线将肠两端扎紧，拣干冷的晴天悬挂在阳光底下暴晒 5 天左右，风冷，阳光好，香肠一点一点干硬起来。再放置于通风处晾约 1 个月，见香肠变得干硬、反皱、有光泽即可为成品。

35. 怎样制作牛肉松？

牛肉松是营养丰富、美味可口的肉食制品。现将牛肉松的制作方法简介如下。

(1) 原料肉的处理　将牛肉顺其纤维纹路切成肉条，再横切成3～4厘米长的短条。

(2) 配料　肉松的配料标准很多，一般用牛肉50千克、酱油11千克、白糖2千克、茴香60克、生姜500克。

(3) 制作方法　把切好的牛肉放入锅中，加入与肉等量的水，然后按以下3个阶段进行加工。

第一阶段：要把牛肉煮烂。用大火煮沸以后，撇去上浮的油沫，直至煮烂为止。如肉未煮烂水已干时，需酌量加水，煮至肉纤维稍加压力能自行分离为止，此时可加入调味料，并继续煮至汤快干时为止。

第二阶段：进行炒压。用中等火候，一边用锅铲压散肉块一边翻炒。炒压不要过早，否则肉块未烂，不易压散；但也不能炒压过迟，否则肉块太烂，容易产生焦锅煳底现象而降低质量，造成损失。

第三阶段：炒干阶段。炒干火候要小，连续勤炒勤翻，操作轻而均匀。直至肉块全部松散和水分完全炒干，这时颜色由灰棕色转变成灰黄色即为成品肉松。

(4) 包装和贮藏　肉松的吸水性很强，应及时包装和妥善贮藏，以免吸潮后发霉变质。若肉松需要短期贮藏，可将肉松装入防潮纸内或塑料袋内。若长期保藏，可将肉松包装在消毒和干燥的玻璃瓶或铁盒内，放在干燥场所，可以保存6个月不变质。

36. 怎样制作猪肉松？

(1) 原料肉的处理　选用猪后腿肉或其他部分的瘦肉，切去肥肉，去掉油脂、筋膜，顺横纹切成10厘米长的条块，洗净沥干后备用。

(2) 配料　肉松的配料方法很多，因各地的习惯品味而异，如江苏、上海的猪肉松配料为：猪瘦肉40千克，酱油3.15千克，白砂糖 5 千克，精盐 0.75 千克，生姜 0.15 千克，味精 25 克。福建的猪肉松配方为：猪瘦肉 50 千克，白色酱油 9 千克，白砂糖 3.2 千克，红糟 3.2 千克，虾干 1.5～2.5 千克，净猪油 0.3～0.35 千克。

（3）制作方法　将猪瘦肉顺其纤维纹路切成肉条，再切成 3 厘米左右的短条后放入锅内，添加与肉等量的清水，用急火煮沸，去除上层的浮油沫。待肉条煮烂后加入配料，继续煮至汤快干时，改用中等火头边烘边压散肉条（或送入炒松机炒松），以后逐渐改用文火继续炒（或送入炒松机内）。操作要轻而用力均匀，当肉条全部松散、完全炒干时，即颜色由灰棕变为灰黄色，再变为金黄色并有特殊香味时即为成品。

（4）包装与贮藏　肉松吸水性很强，要注意防潮。短期贮存可装在防潮纸袋或塑料袋内。较长期贮存应装在经消毒的玻璃瓶内，并放置干燥处防潮。

（5）成品特点　形似猴毛，疏松柔软，色泽淡黄或金黄，甜中带咸，鲜美可口。

37. 怎样加工猪蹄筋？

（1）猪蹄筋加工方法　猪蹄筋是以胶质蛋白、脂肪和肌肉纤维等为主要成分的肉食品，也是中国传统的出口商品，换汇率高，供不应求，深受外商欢迎。现将其加工技术介绍如下。

① 抽筋　猪肉开边后，用清水洗过猪蹄上的毛血及污垢，再用尖刀在筋头左右两侧划破皮层，用手或用剪钳抓住筋头，割断蹄尖与蹄筋的联系，随后抽出蹄筋，切去肉头，放入水中。

② 浸泡　抽出的鲜蹄筋应在石灰水中浸泡 5 小时以上，反复搓洗，直至完全洗去血迹，生石灰和水的比例为 4：96。水温 30～40℃，其目的是脱脂，增加色泽，使蹄筋表面油皮发胀，以便刮制整修。

③ 修整　刮去油皮，用刀切去鲜蹄筋上的肉头，同时刮去叉筋和背面的油膜，并修剪整齐。

④ 再次浸泡　将刮制修剪后的蹄筋放入冷石灰水中（比例同前），并用力在水中搓洗，直到将油皮、油脂全部清除为止，如在

水中加入少许明矾，浸泡蹄筋 1 小时，捞起晾干备用。

⑤ 硫黄熏色　把漂洗晒干后的蹄筋均匀摆放于竹筛中，放入熏房（或灶）中用硫黄熏制 3～4 小时，取出用清水洗净蹄筋后干制，熏色后的蹄筋既白又防腐。

⑥ 干燥　经熏色、洗净后的蹄筋，必须干制后才能交售，干制可晒，可烘烤。在日晒或烘烤时，温度由低到高逐渐上升，干制过程中应注意随时翻转，以免因受热不均而弯曲，影响产品质量，不管是日晒还是烘烤，最高温度不能超过 45℃，最后包装出售。

(2) 香辣牛蹄筋

① 选料　牛蹄筋 350 克，料酒、干红辣椒、花椒粒、姜、蒜片、老抽、生抽、醋、糖、鸡精各适量。

② 制作方法

a. 牛蹄筋洗净，和花椒粒放入清水中煮沸约 3 分钟，捞出牛蹄筋沥干水分，切成小块备用。

b. 锅中放油烧至 4 成热，先将干红辣椒剪碎放入，辣椒籽颜色变深时，放入姜、蒜片爆香，然后放入牛蹄筋大火翻炒，最后放入料酒、生抽、老抽、醋、糖、鸡精和没过食材的清水，小火炖烂即可。

➲ **38. 怎样加工出口冻兔肉？**

兔肉是中国大宗的出口商品，中国出口的冻家兔肉已成为中国出口贸易中的拳头商品，每年出口量约占世界的 70%，远销欧、美、亚、非等 10 多个国家和地区，居冻家兔肉世界贸易量的第一位，在国际市场上深受欢迎，为中国提供了大量外汇。加工冻兔肉出口价格有时高出猪肉 40%，可见，增加冻兔肉出口利国利民。出口冻肉加工方法如下。

(1) 原料要求　出口冻兔肉的原料必须从非疫区挑选体大、肉质好、经检查健康无病者方可送宰。在宰前应经过 12 小时以上断食休息，但需供给充足的饮水。

(2) 屠宰、加工　活体肉兔屠宰方法较多，一般采用电压 70 伏左右、电流 0.75 安培左右的麻电器，触及兔耳的后部，然后宰杀放净血，放血时间不少于 2 分钟。经擦洗、剥皮、去尾、截肢、剖腹等工序,再作必要的修整后即成肉兔原体。中国出口的冻兔肉主要分为去骨兔和带骨兔两种。

(3) 分级包装 中国出口的带骨兔肉按重量可分为 4 级,其分级标准是:特级为每只净重 1500 克以上;1 级为每只净重 1001～1500 克;2 级为每只净重 601～1000 克;3 级为每只净重 400～600 克。去骨兔肉根据解剖部位分割,如前腿肉:自第 2 颈椎至第10～11 胸椎,向下至肘关节进行分割,剔出椎骨、胸骨、肩胛骨,沿背线劈成左右两半。背腰肉:自第 10～11 胸椎至荐椎进行分割,剔出胸椎和腰椎。后腿肉:自荐椎向后,下部至膝关节进行分割,剔出荐椎、尾椎、额骨、股骨及胫腓骨上端。

出口冻兔肉的包装要求带骨兔肉包装前将两前肢尖端伸入腹腔,两后肢须呈弯曲状,然后用无毒塑料薄膜将每只带骨兔包卷一圈半(背部包两层)袋装。纸箱或塑料箱大小以 57 厘米×32 厘米×17 厘米比较适宜,每箱净重 20 千克。用无毒塑料薄膜包装去骨兔肉,每箱装 4 块,净重 20 千克。

(4) 冷冻要求 出口冻兔肉一般采用速冻冷藏法。即将分级、装箱后的兔肉送入温度为 -25℃以下、相对湿度为 90% 的速冻车间,分层排列在铁架上。速冻 60～70 小时,待肉温达到 -15℃以下时,即转入冷藏库,冷藏库车间的温度应保持在 -17.5～-19℃,相对湿度为 90%。温度要保持稳定,若忽高忽低则易造成兔肉质干枯和脂肪变质而影响兔肉的品质。

第二节 乳制品加工

39. 怎样制作酸牛奶?

酸牛奶为乳酸菌纯培养物作为发酵剂生产的一种乳制品,不仅营养丰富,有强身活血的功效,而且酸甜可口,有促进消化增加食欲的作用。其加工的原料为鲜牛奶,通过过滤消毒、杀菌和发酵而制成。其加工方法如下。

(1) 选料和过滤消毒处理 原料乳应选用新鲜优质牛奶,经分析测定：乳脂率不得少于 3%，原料乳加工前，应用扎有 3～4 层纱布的乳桶过滤，滤后放置于 85℃ 左右，温度保持 30 分钟消毒杀菌，再放置冷水池冷却，待温度 40～45℃ 即可进行发酵。

（2）发酵剂的制备　取脱脂奶放置于无菌容器中，经 100℃ 30 分钟 3 次间歇高压消毒杀菌以后，冷却至 40～45℃ 时，加入混合发酵剂接种，并充分搅匀放置于 40℃ 温箱中，培养成为母发酵剂。再按生产量 3%～4% 过滤消毒的原料乳，经 90℃ 高压 30 分钟杀菌后，冷却至 40～45℃ 时，加入原料乳 1%～2% 量的母发酵剂，混合均匀，放置恒温箱中培养发酵，直至凝固成工作发酵剂，保存在 0～5℃ 冰箱或冷库中备用。

（3）发酵　按原料乳量 3%～4% 加入工作发酵剂，搅拌混合均匀后立即装瓶、封盖，发酵要放置在 37～40℃ 恒温箱中进行，3～4 小时检查其味，有酸味可口的感觉即成酸牛奶，放置于 10℃ 中贮备作饮料。

此外，还可家庭简易自制酸牛奶。方法是将鲜牛奶烧煮开放冷后，掺入奶油、白糖、食盐、白醋等配料调成混合体，配料的用量按各地习惯确定，然后装入干净消毒的白瓷罐内密封、冷冻即成乳牛奶饮料。

▶ 40. 鲜牛奶怎样杀菌消毒？

新鲜牛奶中不免落入一定数量的尘埃、杂质、污物和微生物，从而加速牛奶的变质，因此新鲜牛奶必须经过净化杀菌消毒装瓶或装袋后，才能直接供应消费者当天饮用。新鲜牛奶的常用杀菌消毒方法介绍如下。

将经检验符合标准的牛奶作为原料，经过过滤或净化，除去奶中的尘埃、杂质和污物后，使用各种型号的均质机，使牛奶均质，防止脂肪上浮，并提高牛奶的消化吸收率。牛奶均质后应立即选择适当的杀菌方法进行杀菌。目的是为了杀灭存在于牛奶中的病原菌及绝大部杂菌，使灭菌鲜奶能保持一段时间不致变质，保证消费者饮用安全，同时要求尽可能保持奶中营养成分不被破坏。

（1）巴氏低温杀菌法　即低温长时间杀菌法。此法是将鲜奶加热到 61.5～65℃，并保持 30 分钟。主要应用消毒缸等杀菌器杀死奶中的病原菌。使用这种方法杀菌简单，奶中的病原菌可以被杀死，但需要一定设备，劳动强度大，且需较长时间，故在生产上很少采用。

（2）高温短时间杀菌法　即使用转鼓式、管式杀菌器及片式热交换器等杀菌设备，将杀菌温度提高，保温时间缩短。一般应用75℃、3～5分钟，85℃、1～5分钟，90℃、数秒钟等几种方法。由于杀菌温度提高，保温时间短，且杀菌效果好，可以实现连续生产，适宜于大规模生产的需要，因此，用此法杀菌已被广泛采用。

（3）超高温瞬时杀菌法　此法又称超沸点瞬时杀菌法。即将牛奶加热至130～150℃，保持0.5～2秒钟，即可杀死奶中绝大部分病原微生物。

上述3种杀菌方法不论选用哪一种，在杀菌完结后均需迅速使奶降温，以免加热对奶质量的影响。牛奶经杀菌后，在以后各项操作中仍有被污染的可能，为了抑制牛奶中病原微生物的繁殖，提高鲜奶的保存性，杀菌后应放入4℃的低温室中，室内必须清洁通风。饮用时先煮沸再饮用。如用片式热交换器杀菌时，奶通过冷却区段后即可冷却至4℃，奶经冷却后应防止外界杂物、微生物及异味对消毒奶的污染，故需将消毒并冷却的牛奶及时灌装与封盖。灌装牛奶可采用自动装瓶机和封瓶机，并与洗瓶机直接连接。洗净奶瓶装满奶之后，移动到封瓶机用纸盖将奶瓶封好，再加封纸罩，及时进入冷库冷藏。瓶奶由于不能冷结冷藏，因此，冷库的最低温度不能低于-1℃，一般要求为0～7℃冷藏。冷却后的奶可及时分装，立即送给消费者饮用。

41. 牛奶怎样初步加工处理？

挤出的牛奶必须及时进行初步加工处理，才能防止变质，符合质量要求。如不及时加工处理，落入奶中的微生物大量繁殖，酸度增高致使变质。其初步处理过程简介如下。

（1）收纳　挤出的牛奶中不免混入一些污物和杂质，使牛奶不洁和变质，因此必须将挤下的牛奶倒入扎有3～4层消毒纱布的奶桶中进行过滤。用纱布过滤时，要求每块纱布过滤的奶量一般不超过50千克，使用后的纱布应立即用温水清洗，并用0.5％的碱水洗涤后再用清水清洗，最后经煮沸10~20分钟杀菌后存放于清洁干燥处备用。奶从一个容器送到另一个容器，从一个工序到另一个工序，都要进行一次过滤。

（2）净化　牛奶经过多次过滤后，只能除去大部分杂质，对其中极微小的杂质和病原微生物难以用一般的过滤方法去除。为了使牛奶净化，提高其纯净度，必须采用离心净乳机净化或用奶油分离机净化。现代化乳品工厂多采用自动排渣净乳机或三用分离机（奶油分离、净乳、标准化）进行净化，净化后的奶可直接加工。如需短期贮藏时，必须及时进行冷却，以保持奶的新鲜度。

（3）冷却　挤出后的奶应迅速冷却，以抑制奶中微生物的繁殖，保持奶的新鲜度。奶的温度降低，被污染的程度越小，奶中含有的抗菌物质能抑制奶中细菌的繁殖，延长牛奶抗菌特性的持续时间。牛奶的冷却方法有很多，主要有以下几种。

① 水池冷却法　根据日产牛奶量的多少建造一个水池，水池下部设冷水进口，以使池水不断得到更新，池上部的冷水进口应与奶桶肩部同高，冷却时，先向池中放进冷水或冰水，池中水量应是被冷却奶量的4倍，然后再将装满奶的奶桶放入水池中，为了防止不满的奶桶浮起，混入冷却水，池面要有防止奶桶浮起的设备，并在最初几小时进行多次搅拌和及时更换池中的水，可使奶温冷却到比所用的水温高3~4℃，水池应每隔2天彻底清洗1次，并用石灰溶液洗涤1次。用此法冷却牛奶方法简便，适用于无制冷设备的奶牛场使用。

② 浸没式冷却法　即用一种轻便的浸没式冷却器插入水池、贮乳槽或奶桶里使奶冷却的方法。

③ 冷排冷却法　即用一种冷排冷却器使牛奶冷却的方法，适用于小规模加工厂和较大的乳牛场使用。

④ 片式热交换器冷却法　即用一种由许多不锈钢片压制成的带有一定纹路的薄片组成的片式热交换器冷却牛奶的方法。使用这种热交换器既可用冷水或其他冷却剂对牛奶进行冷却，又可使用热水或蒸汽对牛奶进行加热。

（4）贮存　奶经冷却后应在整个保存期内维持低温，才能保持其新鲜度。国际乳品联合会认为牛奶在4.4℃下保藏是确保牛奶质量的最佳温度。

42. 怎样制作炼乳？

牛奶不能久存，也不便携带，除加工成奶粉外，还可制成炼乳。炼乳是原料乳中的水分蒸发浓缩 1/4～1/3 的乳制品，有甜炼乳（加糖）和淡炼乳（不加糖）两种。炼乳便于贮存，营养价值也更高。

（1）乳的标准化　为了使产品营养成分一致，所用的原料乳要标准化。如要求含脂量低，则可在乳中加入脱脂乳，要求含脂量高，则可在乳中加入乳油，但其酸度不应超过 18°T。并应确定乳对热的稳定性，方法是取 10 毫升原料乳，加入 0.6％的磷酸氢二钾 1 毫升，将试管浸入沸水中，5 分钟后取出冷却，如有凝块出现，则不适于高温杀菌。

（2）预热消毒　预热消毒温度为 95℃，保持 15 分钟，并观察蛋白质的耐热性，但酸度以不高于 18°T 为宜。

（3）加糖　如生产甜炼乳，可在预热后加入糖浆，用量可占乳总量的 16％～18％。糖的用量计算方法是：标准乳（千克）×糖制品中含糖量（％）×标准乳中无脂干物质（％）＋100 倍成品乳中非脂固体物（％）。

（4）浓缩　有真空法和平锅法两种。①真空浓缩法：将乳放在空气稀薄的空间，从 100.6℃下降到 48.8～54.4℃，最高不超过 60℃。真空度维持在 620 毫米汞柱以上，乳就开始沸腾，喷洒成为气体，水分迅速蒸发。乳在真空低温下沸腾，可保持其固有的物理化学特性，使营养成分不遭破坏，保持了乳的质量。真空锅的体积大，直径 90～210 厘米，由不锈钢等金属制成。锅有锅底、锅体、锅盖三个主要部分。乳在锅中加热后，体积逐渐膨胀，密度变小，乳向上浮至表面时，水分蒸发，因浓缩而密度增大，遂又下降，从而达到浓缩的目的。②平锅浓缩法：即用一般加热蒸发水分的方法，使原料乳浓缩。此法设备简单，适合于一般奶牛专业户采用。但最高温度不能超过 60℃，以免使乳的成分遭到破坏。

（5）冷却　如系加工淡炼乳，即从锅内放出，用纱布滤入冷却器中，冷却至 8～10℃。如系甜炼乳，可迅速冷却到 30～32℃，加入占乳量 0.025％的乳糖，然后徐徐搅拌 40～50 分钟，再冷却到 17～18℃，继续搅拌，促使结晶成极细的颗粒。

(6) 加入稳定剂 如果检查发现乳样品的酸度超过 40°T，表明耐热性差，高温杀菌时易发生沉淀，这时可加入碱性盐类，如小苏打等。为防止微生物破坏，在装缸杀菌前，可加入 0.02％～0.05％的磷酸氢二钠作为稳定剂。

(7) 装缸 淡炼乳的装缸温度以 10℃为宜，甜炼乳以 17～18℃为宜，但必须在搅拌后 1～2 小时内进行。

(8) 高温杀菌 温度 110～117℃，时间 15 分钟。

(9) 振摇 杀菌后将乳缸放在振摇器上振摇，促使乳内凝结的干酪素软块粉碎，防止缸底沉淀蔗糖。振摇时间为 10 分钟，转速为每分钟 20 转。

(10) 保温检查 振摇后将乳缸放入 37℃的保温箱内 8～10 天，检查杀菌效力。如果杀菌不彻底，在微生物的作用下会产生气体，致使缸内压力增加，乳缸膨胀变形，这种产品必须检出。

➡ 43. 怎样加工牛奶粉?

牛奶不仅是滋补身体的最佳食品，而且也是家庭保健辅助治病的良药，它具有较高的食疗价值。由于牛奶中适宜细菌繁殖，可导致牛奶变质。如果将牛奶冰冻后出现凝固蛋白质和上浮脂肪团现象，会使营养价值下降，因此将牛奶加工成奶粉便于贮藏，并可以保存一定的营养价值。

牛奶奶粉大规模生产需要机械化设备，但投资较大，适用于专业化养牛单位。据有些地区小型生产奶粉的经验，可采用平锅法加工，现将简易加工操作方法介绍于下。

(1) 原料 用已分离出奶油的脱脂鲜牛奶或加入 1/3 的全脂鲜奶。

(2) 奶粉加工方法 一般采用平锅法加工奶粉，工艺简单，所制的奶粉溶解度高。

(3) 投料和蒸发 将上述已分离出奶油的新鲜脱脂牛奶或加全脂鲜奶的原料，分次倒入平锅内，牛乳下锅每次投放不宜过多，以防水分不易蒸发，过少会粘锅，因此每次投料至锅内 1～2 厘米深度即可。然后加温，一开始温度升高到 65℃，持续 40～50 分钟，并不断搅拌，以后将温度下降至 60～62℃，持续 20～30 分钟，也要不断进行搅拌，待原料乳呈稠黏状时，用木铲推刮锅底，防止煳锅。然后再将温度降至 55～60℃，持续 30～40 分钟，待乳液呈糊状后，用铁铲将乳平铺在锅底，厚度在 0.5 厘米左右，每分钟抹锅 1～2 次，同时加入 2％的蔗糖。最后将乳液中的含水量蒸发（含水量不超过 15％）成乳片为止。

（4）烘干和包装　将乳液蒸发成乳片后，自锅中取出，摊在盘中，放进烘箱烘干，烘箱温度应控制在 55℃，直至将乳片烘至可研成粉末状的团粉后过筛，再放入烘箱内干燥烘干，使奶粉中的含水量降至 3％～3.5％，即为牛奶粉成品，可趁热装瓶或袋装密封贮藏。

（5）鉴别奶粉质量的方法

① 成袋的奶粉，用手捏包装袋的下部，如果发出"吱吱"声，是真奶粉；发出"沙沙"声，则是假奶粉。

② 真奶粉一般呈天然淡黄色，假奶粉有结晶无光泽，或呈白色或其他不自然的颜色。

③ 真奶粉有奶粉味，假奶粉奶味很小或没有奶味。

④ 把奶粉放在嘴里品尝，真奶粉细，发黏，容易粘在舌头或上腭上，溶解慢；假奶粉粗，甜度大，有一种凉爽感，溶解较快。

⑤ 在凉开水中，真奶粉必须搅动才溶解成乳白色悬浊液；假奶粉不须搅动便很快化解或沉淀。

🔵 44. 怎样制作奶油？

奶油是把原料乳经分离后所得的稀奶油再经成熟、搅拌、压炼而制成的一种乳制品，又称乳酪和黄油。奶油含有丰富的维生素，其中的脂肪消化率较高。

（1）加工设备　有分离机、搅拌器、奶油制造机。

（2）工艺流程　原料乳→分离→稀奶油→中和→杀菌→冷却→发酵（甜性奶油不经发酵）→熟化→搅拌→排出酪乳→水洗→加盐→压炼→成品。

(3) 中和　中和物质有石灰和碳酸钠两种。因石灰来源广，价格便宜，应用普遍，故实用价值高。为此这里只介绍石灰中和法。首先将石灰调成 20% 的乳剂，在中和时再加入适量的清水，边搅拌，边慢慢加入。中和的极限酸度为 0.15%～0.25%。石灰添加量的计算方法：100 千克稀奶油，酸度为 0.6%，要将酸度中和至 0.25%，所需石灰多少？

先计算 100 千克奶油中乳酸含量 x：

$$x = 100 \times (0.6 - 0.25)/100 = 0.35 = 350（克）$$

再计算中和 350 克乳酸所需石灰 y：

$$y = 350 \times 37/90 = 144（克）$$

即用 144 克石灰加水配制成 20% 的石灰乳，加入到稀奶油中即可。37/90 是通过化学反应方程式计算而来，表示 90 份乳酸要 37 份石灰才能中和，计算时可直接套用。

(4) 杀菌　将中和后的稀奶油装于经消毒的奶桶中，然后将桶放在热水槽内，并向热水槽中通入蒸汽，使达到杀菌温度 85～90℃。杀菌后急速用冷水或冷盐水降温至 4～8℃。加工酸奶油，则冷却到稀奶油能发酵的温度。

(5) 发酵　加工酸性奶油，经过发酵可增加芳香风味，加工甜性奶油则不经过发酵。人工发酵多用乳酸链球菌或乳酪链球菌发酵剂，发酵酸度不超过 20°T（两种菌发育的最适温度为 30℃）。

(6) 熟化　加工甜性奶油时，在稀奶油冷却后立即进行熟化处理，加工酸性奶油则在发酵前后或发酵同时进行熟化，熟化是在 0～5℃ 的低温条件下进行，一般 12～24 小时。

(7) 搅拌　对充分熟化的稀奶油，在低温条件下进行搅拌。冬季以 10～11℃ 为宜，夏季以 8～10℃ 为宜。使用小型搅拌机时，由于温度变化较快，开始温度应在 8℃ 以下。搅拌前，应先将奶油过滤，除去不溶性的固体物。搅拌一般需要 30～60 分钟，当 pH 值在 4.2 时，搅拌所需的时间最短。

(8) 水洗和加盐　水洗是除掉残留的酪乳和臭味，同时调节奶油的硬度。一般洗 2 次，风味不良或发酵过度时可洗 3 次。水温可由奶油粒的软硬、气候和室温决定，一般要求在 3～10℃，夏季宜低、冬季宜高。如奶油过软需增加硬度时，第一次的水温比奶油粒的温度低 1～2℃，第二、第三次水温各低 2～3℃。

加盐可增加风味及延长产品的保存时间。奶油含盐量一般为 2%左右，因在压炼过程中要损失一部分，故加盐量可为 2.5%～3%。食盐在加入前应放在 120～130℃的烘箱中烘焙 3～5 分钟后，过筛再用。

(9) 压炼　即将奶油粒压成奶油层，使水、盐均匀分布以及排除多余的水分。压炼分三个阶段：第一阶段被压榨的奶油颗粒形成奶油层，同时表面水分被压榨出去，致使奶油的水分显著降低；第二阶段的末期，奶油中水分排出过程几乎停止，而向奶油中渗透水分的过程加强，奶油中水分又逐渐增多；第三阶段，奶油中水分显著增多，而且分散加剧。加工时可根据水分含量的变化规律，使水分含量符合标准。正常奶油的水分含量不超过 16%。

(10) 成品标准　奶油成品呈白色或淡黄色（指未加色素处理的奶油），具有奶油特有的芳香味。脂肪含量不少于 80%～82.5%，加盐奶油含盐量 2.5%，甜性奶油的酸度不超过 20°T。酸性奶油酸度可超过 20°T，含水量不超过 16%。适于 0～2℃低温贮存。

45. 怎样制作酥油？

酥油即溶化的奶油。其原料以牛乳为主，也有用羊乳制作的。酥油的脂肪含量高达 99%，而蛋白质仅为 0.1%，水分只有 0.7%，因此可以长期保存。每年 6～7 月份是炼制酥油最繁忙的季节。

酥油的制作方法是将牛乳收集于酥油桶内，放入量为桶体的 1/2。酥油桶是木制的，大小不一，一般容积为 100 千克左右。形状为长圆形，有盖，盖可拆卸，盖周围有 4～5 个小孔，便于排气和观察桶内情况。桶盖中间插一木棒，下端镶有一扁圆形的木杆，木杆直径略小于盖，便于上下往返捣击。在捣击时，从小孔发现大量泡沫流出时，就证明脂肪球已经从乳浊液中分离出来。由于反复上下捣击，部分空气混入，使之产生泡沫，脂肪球被泡沫反复接触，使得脂肪球膜破裂，进而使脂肪球互相凝聚，由小变大，形成奶油颗粒。然后开桶，这时许多大小不一的脂肪颗粒漂浮在上面，可用器具将其撇入木盆内，用水洗去脂干物质。然后倒入桶内，移至小火上熬炼直至没有水分，即成为酥油。

牛乳熬制的酥油呈黄色，羊乳酥油为白色，山羊乳酥油呈淡黄色。牛乳酥油为上品。酥油一般可贮存 2 年左右。夏季为液态，似植物油，天凉后成为松软的固体。由于牧区多用生乳作原料，再加上洗涤水未经消毒，所以在牧区生产的酥油实际贮存期限并不很长。

46. 怎样制作全脂乳豆腐？

全脂乳豆腐为一种新型营养食品，不但含有较多的乳蛋白和脂肪，在制作过程中可以保持成品中的乳糖含量，而且香脆可口，其质量比普通豆腐更佳。

制作全脂乳豆腐的原料是全脂鲜牛乳。制作乳豆腐时要先将全脂鲜牛乳过滤，其滤液放置于容器中，加入 3％～7％砂糖后加热至 70～72℃进行杀菌处理，并保温 60～65℃，待乳液滤液中水分蒸发浓缩到原体积的一半时，再按每 50 千克奶液中加入用少量冷开水、柠檬酸钠 50 克、磷酸氢二钠 25 克及六偏磷酸钠 50 克的混合溶液，然后继续加热浓缩到含水量只有 20％以下时，再加入花楸酸或其钠盐 5 克，直到蒸发浓缩呈浓稠半固体状态时，即可取出放在刻有花纹的模型中成型，待其冷却放置室温下晾干，即成全脂乳豆腐。

47. 怎样制作干酪？

干酪是以鲜奶为原料，用不同方法制成的硬质、发酵的蛋白质食品。蛋白质在成熟过程中，由于酵素的分解作用，使消化率大为提高。干酪中还含有大量的钙质、维生素 A 和维生素 B_2。

（1）设备　装有搅拌器的双层干酪槽和干酪刀。

（2）选料　酸度不超过 19°T 的新鲜奶。

（3）灭菌　采用 63～65℃、30 分钟保温灭菌法或 73～75℃、15～20 秒钟的高温短时间灭菌法均可。

（4）发酵　自然发酵易被杂菌污染，影响干酪的质量，生产中多采用人工发酵。将经灭菌的乳冷却到 30～32℃后，倒入干酪槽中，加入 0.5％～1.0％的生产发酵剂。

① 母发酵剂的调制方法 取新鲜脱脂乳两份，每份 100～130 毫升，倒入已经干热灭菌（150℃、1～2 小时）的母发酵剂容器中，用 120℃、15～20 分钟高压灭菌或 100℃、8 分钟进行 3 天间歇灭菌，然后迅速冷却到 25～30℃。用灭菌吸管吸取乳酸链球菌和乳酪链球菌接种，然后置于恒温箱中培养。凝固后再移植到另外的灭菌脱脂乳中，如此反复 2～3 次，待调制生产发酵剂时使用。

② 生产发酵剂的调制方法 取占实际生产量 1%～2% 的脱脂乳，装入经灭菌、用于调整生产发酵剂的容器中，以 90℃、30～60 分钟灭菌，然后冷却到 25℃ 左右，再添加乳酸链球菌或乳酪链球菌混合培养的母发酵剂（生产发酵剂用量为脱脂乳量的 1%），并充分搅拌，然后在 25℃ 左右的温度下培养 12～24 小时。

(5) 凝固和切块搅拌 加入发酵剂后，当酸度达到 0.18%～0.19% 时，加入色素 [常用安那妥（annatto），每 1000 千克奶加 80～120 克，可先用 6 倍水稀释]。然后（或同时）加入氯化钙（1000 千克加 100 克，先用水溶解成 10% 的溶液）。再加入皱胃酶或胃蛋白酶，用量以在 35℃ 保温条件下，经 30～35 分钟可以凝固切块为准。据对皱胃酶进行活力测定后的计算表明，用活力为 10 万单位的皱胃酶，添加量需占原料的 0.1% 左右。原料乳凝固后，用特制的干酪刀切成 4～5 毫米^3 大小的小块，然后进行搅拌，排出乳清。

(6) 加压成型 排出乳清后，将干酪粒堆积在干酪槽的一侧，用带孔木板挤压 5 分钟，使之成块，然后再切成砖块形，装入模具中成型。数分钟后。用布包好再放入模具中，用压榨器压榨 4 小时，在压榨过程中翻转 1 次，并进行整形。

(7) 腌渍和成熟 成型后取下包布，将干酪置于盛有盐水的容器中腌渍。上层的盐水浓度应保持在 22%～23%，下层应保持有一些盐粒，并要定期搅拌盐水。盐水温度应保持 8～10℃，腌渍 6～7 天。为了增加干酪的风味，腌渍后的干酪要成熟 2 个月左右。成熟的方法是：将干酪排放于架上，室温保持 10～12℃，相对湿度 90%～95%。每隔 1～2 天翻转 1 次，1 周后用 70～80℃ 热水浸烫 1 次，以增加干酪表皮的硬度。以后每隔 7 天水洗 1 次，如此保持 20～25 天。25 天以后，室温调整为 13～15℃，相对湿度为 88%～90%，每隔 12～15 天，用温水洗 1 次干酪。

（8）上色挂蜡　为增加美观和防止生霉，可将成熟完毕的干酪经清洗干燥后，用食用色素染成红色（或其他颜色），待色素完全干燥后，在160℃的液体石蜡中进行挂蜡。

（9）贮藏　成品干酪，可置于5℃、相对湿度为88%～90%的条件下进行贮藏。如有条件，可在-5℃、相对湿度为90%～92%的储存室内贮藏，如此可保存1年以上。

48. 怎样制作冰淇淋？

冰淇淋除了具有凉、色、香特点外，还有较高的营养价值。其制作方法如下。

（1）原料与配料　以全脂奶粉为原料，如全脂奶粉100克，鸡蛋1个，蔗糖150克，淀粉25克，食用香精数滴，另用清洁饮水500毫升。

（2）制作方法　先将蛋黄加糖调匀，掺入淀粉调匀放置在铝锅中用小火加热并搅熟呈糊状时冷却到0～4℃（最高不得超过5℃），用纱布过滤，将奶粉加适量水不断搅拌，溶解后用纱布过滤，除去杂质，烧开后，冲入厚糊内成稀糊状，冷后滴加入少许香精，并搅匀成混合料，装入桶类容器中，只能装八成满，因冻结后体积膨胀，盖紧桶盖后置于冰箱内，当温度在3℃时，使其黏度增加，液体开始变稠，底部开始凝结，如混合料中干物质愈多，黏度就愈高，成品的时间越短。这时取出汤匙搅拌3～5分钟，以使冰淇淋混合料松软，膨胀起泡，搅拌过的混合料立即装入模具内再低温冷冻，冷冻时间一般在10～20分钟。为了防止在冷冻时成品因膨胀而外溢，因此，混合料的放入量不可超过冷冻容器的一半。包装冰淇淋的材料，一般用涂石蜡的纸杯或用无毒塑料制作的容器装冰淇淋。

第三节　畜毛采收和贮藏

49. 怎样剪取羊毛？

（1）幼羊剪毛方法　中国饲养绵羊，习惯在幼羊生后第一个剪毛季节不剪毛，一直拖延到翌年。这样，幼羊断奶后，披着长毛熬过炎热盛夏，影响生长发育。近几年，有人根据家畜环境卫生生理理论和成年羊剪毛容易避暑、抓膘和增重，对细毛羊羔进行了剪毛，发现可以增加体重和提高毛量，剪毛羊羔比不剪毛羊羔体重增加3千克以上，按饲料效率7∶1计算，相当于补加21千克饲料的增重效果。剪毛比不剪毛的幼羊产毛量提高0.6千克。而体重和毛长的差异主要是在剪毛后的第一个月内形成。另外，提前剪毛可以早受益，早得利。剪毛又能促进幼羊生长发育，羊体增大，终生生产性能提高，提高了个体终生的产毛总量。此外，还可增强药浴效果。剪毛药浴是养羊生产的重要环节，剪毛后，去除被毛干扰药效，药液直接作用于羊体，增强了药浴效果。幼羊剪毛应注意不宜过晚，以免影响剪毛避暑效应。剪毛过晚，毛茬长不起来，影响越冬防寒。

（2）绵羊剪毛方法　春末夏初，正是绵羊剪毛时节，剪毛不当时，不仅羊毛产量要受影响，品质也会降低。要想得到质量良好的羊毛应注意些什么呢？首先，剪毛应保证有一个清洁的剪毛场所。因此，剪毛前，剪毛室或剪毛场地一定要打扫干净，以防各种杂质混入羊毛，降低羊毛品质。其次，剪毛应在羊体安全、羊毛干燥情况下进行。所以，绵羊在剪毛前12～24小时内，就要停止饮水、放牧和补饲，以防腹部过大造成损伤。如果绵羊刚淋过雨，切记不要立刻剪毛，一定要等羊毛干后再剪。因为潮湿的羊毛不但不好剪断，剪下后也不好保存，很容易发生霉坏。

为了熟练剪毛技术，剪毛应从价值最低的绵羊开始。对不同品种类型的绵羊，可先剪粗毛羊，后剪杂种羊，最后再剪细毛羊。对同一品种类型的绵羊，应依次剪幼龄羊、种公羊、种母羊。患有疥癣或痘疹病的绵羊，应留在最后剪，以免传染疾病。剪毛过程中，每剪完一个品种类型的绵羊之后，必须把场地重新清扫1次，再剪另一品种，否则不同羊毛相混，会影响毛的品质，最后要注意，剪完毛后，发现毛茬留得不齐时，不要剪二刀毛。因为剪下的二刀毛很短，没有纺织价值，不如不剪留着再长好。羊毛剪完后，最好立刻分类包装，送往毛纺厂或收购单位。包装前，可把羊毛大致分一下等级，把带有粪块的毛及腿部、腹部的毛、有色毛以及疥癣毛等，都挑选出来，分别包装。细毛、半细毛和粗毛不能包装在一起，要分别包装。公羊、母羊和羔羊的毛也要分别包装。包装袋要用塑料袋，不能用麻袋。因为麻袋上的麻丝会混到毛里，降低毛质。包装完后，即可送出。若不能立刻送出，可把毛包放在阴凉、干燥、通风良好的地方保存，要防止羊毛受潮和虫蛀。

▶ 50. 怎样剪抓和鉴别绵羊毛？

绵羊毛纤维细而均匀、柔软，具有拉力大、弹性好、吸湿性强、导热性差等特点，是中国毛纺织工业的重要原料。它的各种制品色泽好，不变形，轻便耐用，御寒性能好，可纺制各种呢绒、哔叽、毛绒、毛毯、毡子、毡帽、毡靴和各种毡垫、工业用呢以及地毯、毡帐篷等。

(1) 剪抓羊毛 剪抓绵羊一般在 4～5 月份春末夏初进行，但还要结合本地区气候变化情况进行。如果剪抓羊毛时间过早，羊体受冻容易着凉患病；剪抓羊毛时间过晚，被毛顶绒脱落，影响羊毛的产量和质量。剪抓毛的具体时间为谷雨前后抓毛，小满前后剪毛。春季产的羊毛称为春毛，特点是纤维长，油汗大，呈亚白色，多成套。夏季不宜剪毛，这时剪的毛称为伏毛，特点是纤维很短，使用价值低，同时剪伏毛会影响秋毛的长度。一般以 8～9 月份（立秋后至白露前）剪毛为宜，这时剪的秋毛特点是纤维较粗短，油汗小，但弹性好，光泽强，毛洁净，多不成套。剪抓羊毛的方法介绍如下。

① 剪抓毛前的准备 备好剪抓毛的工具，如剪毛机、剪、铁抓、羊体消毒工具等。同时要清扫剪抓毛的场地，以免剪抓下来的羊毛污染草屑等杂质而影响品质。

② 剪毛方法 目前用电剪剪羊毛，工效较高，代替过去劳动强度大、工效较低的手工剪毛。

③ 抓毛方法 抓毛前先将羊的毛被梳通，然后用铁抓子将细绒毛抓下来。抓毛多呈爪状，称为毛爪。

(2) 绵羊毛的质量鉴定 主要靠观感鉴定法。在纤维检验部门和毛纺织生产单位采用仪器检验（简称毛纤维检验）。羊毛观感鉴定法主要是凭眼看和手摸。绵羊毛的感官鉴定应从品种、路分、细度、长度、弯曲、油汗、弹性、强度、色泽、水分含量等几个方面进行。其中细度、长度、弯曲是构成路分的基本条件。现将绵羊毛品质鉴别的几个主要方面简述如下。

① 形态和产毛季节的鉴别　从外形上看，前肩、脊背和体侧（肋部）等主要部位是小毛嘴，毛丛较开放（半封闭型），那就要从侧部看。取下一簇毛样放在小黑板（或照相底片里衬纸）上，仔细观察毛纤维细度的均匀度和弯曲，若纤维匀细弯曲，匀密正常，则属于良种毛。如果从外形看，前肩部毛丛较细，毛嘴较粗短，其他部位毛嘴较细长，绒毛丰厚，油汗较本种羊明显增多，但从整个毛被看仍未脱离本种形态。再看毛被里层毛根部，尤其是后臂部，看粗发毛和干死毛的含量多少。如含量不大，则属于低代数次杂交改良毛。如果发现毛纤维内含有两型毛，说明是在杂交改良过程，尚未达到良种标准的细毛。如果是毛嘴细长，绒毛不够丰足，毛被较松散，油汗也较少，再翻看毛里部有发毛和少量干死毛，此种毛属于本种细毛类型；如果毛嘴较短，毛丛卷曲较差，发毛较多，干死毛也较多，是属于本种粗毛。秋毛与同种春毛品质比较相差明显，其特点见前所述。

② 长度的测定　绵羊毛的长度测定方法是从腹侧（肋部）取得毛样，保持原有的自然弯曲，不得抻拉，然后用米尺测量其长度。

③ 强度的鉴别　毛纤维的强度是指毛纤维的拉力。检验方法是用两只手拇指和食指拉住毛纤维的两端，适当用力拉直，然后用无名指轻轻弹动，听其发出的弦音，发音越大音质越清脆品质越好，反之则品质较差。

④ 色泽的鉴别　绵羊毛基本色泽为白色，也有些为黑灰色、褐色（如三北羊毛），色泽明显，很易鉴别。但也有杂交改良羊毛的白色里含有黑灰或较浅的暗花毛，鉴别时要翻过毛被察看其根部。

⑤ 非活羊剪毛的鉴别　非活羊剪毛包括生熟皮剪毛和抓毛、干退毛、灰腿毛、絮套毛和生熟剪口毛等，这类毛的加工工艺价值较低。

⑥ 杂质的鉴别　绵羊毛中含有沙土、草屑、苍耳子等杂质。

羊毛中所含的杂质可用百分数表示，含杂率＝杂质重量/原毛重量×100%。去杂的方法有两种：一种用水洗；另一种用手抖。方法是把羊毛放在案子上，用两手上下抖动，可抖掉羊毛中的杂质。为了使羊毛成为净货，最好将绵羊毛放在17毫米×17毫米的铁丝编制的筛子（俗称五分眼筛子）上，用双手将毛抓取，然后再向筛子上摔抖，每把摔抖2～3次并拣出草刺、粪块及其他杂质，使羊毛成为"过案净货"。

羊毛中还有一些因遭受雨淋、水浸而没有及时晾晒，致使羊毛成为水黄残毛，或饲养管理不当、营养不良或患病引起的弱节毛（又称脊瘦毛），或羊圈舍不洁，粪尿浸蚀毛被，损伤毛纤维，使羊毛变为黄色，成为圈黄残毛，影响了羊毛产品的质量。此外，羊毛中残次毛还有疥癣毛、虫蚀毛以及因病油汗分泌不正常，而被毛密度较大粗细不匀，粗毛与绒毛交叉生长，使毛套黏结在一起形成的锈片毛等。

▶ 51. 怎样抓剪取和鉴别羊绒？

山羊绒通称羊绒，是从山羊体上抓剪下来的细绒毛。羊绒具有保温、细柔、耐磨等优良性能，为毛纺工业的精梳原料，如纺织开司米的原料。成品有呢料、羊绒衫裤、围巾等，美观耐用。

羊绒有白色、紫色和青色3种颜色，白色为上色，可以染成各种颜色，紫色和青色只能制成本色织品。为了保证羊体健康，提高羊绒品质，增加羊绒产量，一般宜在4～5月份抓取羊绒。如果抓取时间过早，绒短，色浅，拉力差，产量低。如遇到寒冷天气，羊只不能适应，常引起患病死亡；如果抓取时间过晚，发生顶绒，自然脱落，俗称"开花绒"，产量减少，有的形成套片，绒纤维脆弱。因此，抓绒季节应根据当地气温变化情况，结合羊的体质灵活掌握。

(1) 抓取羊绒 抓取羊绒应根据羊只体质，体强的先抓，体弱的后抓。抓取羊绒先抓脊背部，后抓两肋，最后再抓腹、头、腿部。羊绒抓取方法一般分为以下几种。

① 活羊抓绒 即从活羊体上抓下来的绒。为了提高工效，保证羊绒质量，抓绒工具使用手型式抓子。从活体上抓下来的绒大多

呈爪状，有抓花，含短撒毛少，绒长，光泽好，有油性，手感柔软，质量最佳。

② 活羊剪（拔）绒　即从活羊体上把毛和绒一起剪下，然后再拔去粗毛。不呈爪状，呈散片状，有明显剪口。

③ 生皮抓（剪）绒　即从山羊生皮上抓（剪）下来的绒。绒纤维短，含短撒毛少，光泽暗，油性差。

④ 熟皮抓绒　即从熟制过的山羊皮上抓（剪）下来的细绒。绒纤维短，较脆，光泽发暗，无油性，手感发涩，有剪花。

⑤ 油绒　抓取羊绒生产者为了省力，在抓子上抹油润滑抓子，形成油绒，可降低绒的质量；个别生产者为了增加绒的重量，在羊身上涂油，污染了羊绒。因此在抓取羊绒时必须注意避免产生这两种情况，以免影响绒的品质。

（2）羊绒品质的鉴别　除看绒爪底面的颜色以外，还要根据短撒毛含量多少，结合羊绒的长短、粗细、绒内所含的杂质多少确定等级。

▶ 52. 怎样收集和手工加工猪鬃？

猪鬃是中国出口创汇的传统商品，近年来出口量大，价格渐升，猪鬃加工简单，不需多少投资和设备，一般家庭都可进行，是一项致富的好门路，其收集和加工方法介绍如下。

（1）收集猪鬃的方法

① 活猪拔鬃法　过去生产猪鬃都是宰杀肥猪时才拔取，所以，猪鬃产量少，没有充分挖掘生产潜力。采用活猪拔鬃不会影响猪的正常发育。由于拔鬃刺激，不仅可以增进猪的食欲，加快长膘。猪活体拔鬃是一种方法简单、产量高的方法，收益较高，活猪身上拔鬃最好在春夏季节进行。此时正是换毛脱鬃期，拔鬃不会影响猪的生长，第一次拔毛开始前5分钟，给猪喂一些酒糟类的饲料，以使猪的毛孔得到舒张，然后趁猪吃食或静卧时，用一只手轻摸猪身，另一只手轻推轻拉猪鬃，试试是否轻轻一拔就掉，如毛根已松动，这时拔取最为适宜。当判知毛根松动时，可以用木梳在猪的鬃甲部由后向前梳，鬃毛就可以梳下，整理后在预先准备的纸袋中贮存起来。如毛根还不十分松动，可先用拇指、食指和中指掐住3～5根

鬃毛往上拔，1～3天拔1次，每次不宜拔取过多，直至拔完为止。这样只要拔毛及时，1头100千克体重的猪可拔取鬃毛1～2千克。

注意事项：a. 猪窝要保持干燥，以防止由于拔鬃而引起的皮肤感染；b. 切勿一次拔得过多，宜采用稀拔、少拔的方法，不要一整片一整片地拔，应逐步拔完，然后等下次长成后再拔；c. 对不易活拔的猪鬃不可硬拔，以防止猪鬃折断或猪鬃连肉带皮一起拔出。

② 猪鬃收集方法

a. 双刨法：冬季杀猪后，最忌讳皮带入猪鬃，影响质量，若用小钉做一把针刷，杀猪后用热水烫麻猪身，先用钉刷刨刷猪皮，再用铁刨刨下猪毛，这样毛质最佳。

b. 分养法：当前，以黑鬃价高，白鬃稍次，花鬃最次。因此杀猪时应集中先杀白猪，然后杀黑猪，再杀花猪，杀花猪时，动作要稍慢，尽量黑白鬃分开。

c. 梳鬃法：此法适用于公、母猪，春秋季是活猪换毛季节，此时可用铁梳刮种猪全身，每3天1次，这样既可使猪毛脱落和便于收集，又可刺激皮层生长出新毛。

(2) 猪鬃的手工加工方法　用手工加工猪鬃，技术简单，一般中小企业甚至家庭均可进行作业，其方法如下。

① 由原料加工成毛铺或混合猪鬃。

a. 按毛色将猪毛分类，并剔除其中腹毛、尾毛、霉毛及杂物。

b. 挑选好的猪毛加水发酵24小时后取出捣松肉皮，使皮毛分散。

c. 将松散的猪毛用水洗后，再用铁梳将绒毛、皮屑等梳除并洗净。

d. 将净毛烘干或晒干即成毛铺，可以出售。

② 毛铺制成半成品　将毛铺用绳捆在木板上，放在锅内蒸，使弯曲条蒸直并增加光泽，除去腥味，达到消毒杀菌作用。

③ 制成成品

a. 用梳子由根到尖依次梳剔分级放置，先长后短。

b. 用两手掌轻搓，挤出倒尾，然后头尾理顺。

c. 分级捆把后，用梳子梳匀。

d. 经初检、复检后进行磨根，即用木板打齐，把凸毛剪去。

e. 检验合格即行包装。装箱应排列整齐，每层撒以樟脑粉，以防虫患，每箱的标准重量有净重 50 千克及 60 千克两类。

（3）猪鬃的质量标准　无论黑、白鬃，如完全具备下列各项质量标准，可列为一等品，缺少 1～2 项者，质量稍差，为二等品，缺乏 2 项以上的为三等品。

① 黑鬃的质量标准

a. 颜色纯黑而有光泽；

b. 无黄色毛尖；

c. 毛根粗壮；

d. 岔尖不深；

e. 无杂毛、霉毛；

f. 不潮湿；

g. 无肉皮、灰渣等杂物。

② 白鬃的质量标准　不带黄黑色；油毛少；其他同黑鬃标准。

▶ 53. 怎样采收和贮存兔毛？

长毛兔的主要用途是采毛。合理采毛，能促进兔毛的产量和质量。首先，要选择最好的采毛时间。良种长毛兔生长 75 天，毛长达 4.6 厘米以上，这时剪毛最适宜。采毛最好在晴暖天气进行。在采毛以前的半个月，要加强饲养管理，多喂一些麦麸或豆饼等精饲料，使兔毛油润光亮。

（1）长毛兔采毛方法

① 梳毛　兔毛容易结毡，应经常梳理，否则就丧失纺织的价值，影响售价。为了把兔毛疏通，不使缠结，一般每周应梳 1 次。梳毛可在桌上或膝上进行，最好垫上麻布或塑料布，以免兔滑脚。采用黄杨木梳。梳前应将指甲剪短，手洗净。梳子分疏、密 2 种，用疏者先梳，梳透后再用密梳。梳毛手势为顺插顺梳，两肩及尾根最易结毡处，留意多梳疏，不可强行将毛拉下。梳毛步骤：先梳颈后部，然后梳肩部、背部、臀部，再提起两耳让兔头抬高，梳颈部和前胸；提起颈皮梳腹部及大腿内侧和脚毛，最后梳理头部毛。遇到结块毛团，先用手慢慢撕开，再细心梳理。具体方法如下。

a. 将兔平放，握住两耳，梳颈及两肩，然后梳背部。

b. 将兔腰部提起，两前脚着地，梳臀部及尾根两侧和后腿。

c. 握住两耳使兔坐立，梳前胸颈肢下及两前肢。

d. 提起兔颈皮，两后脚尖着地，梳腹下。

e. 最后将兔平放，梳额毛、颊毛、耳毛。

幼兔断奶后即可开始梳毛。用左手将幼兔或青年兔的颈皮、两耳握住提悬空中，用梳环绕全身梳匀即可。经常梳毛，使兔子养成习惯，以免采毛时惊恐不安。梳下的毛应单独存放。

② 采毛 采毛方法分两种。仔兔生后 50 天剪去胎毛，以后 70～85 天可采毛 1 次，年采毛 3～4 次。

a. 拔毛。拔毛又名拉毛。拔毛时用左手将兔固定在桌上，先将毛梳理好，再用右手的食、拇两指拣取上层较长而成熟易脱的毛以及比较浓密的毛，紧控住其毛尖，顺着皮肤平面的垂直方向拔下长毛。一般 40 天进行 1 次。原则上拔长毛留短毛，每次只拔全身毛的 1/3。拔下的毛按等级存放。对于皮肤嫩的幼兔、怀孕母兔、哺乳母兔以及配种期公兔都不适合用拔毛的方法。

b. 剪毛。剪 1 只兔毛一般要 5～10 分钟，对幼兔、怀孕前期的兔、哺乳兔和配种期公兔都无不良影响。剪毛前准备好理发用的剪刀。可用中号的理发剪，或家用裁衣剪亦可，把周身兔毛不管长短全部齐根剪下。一般的剪毛程序是：先用左手抓住领皮及两耳，使兔仰卧桌上，剪取腹部和四肢内侧的毛，自后剪向前，逆毛一行行地剪，剪时要加以小心，不可剪掉母兔的奶头，或剪破公兔的阴囊。再抓住两耳剪光头面耳毛及脊背部的毛。自臀部开始，刀口向前，在背脊中线逆毛一直剪到颈后，开一条路，然后把毛分向左右两侧，左右都从后向前，逆毛一行行地直剪。然后提起两耳，使兔坐立，剪左侧的毛。从左腋下开始，刀口向上，自腹部向背部一行行地横剪，剪到腰部时，将两耳再往上提，使兔站立，把左臀的毛剪光。接着剪右侧的毛。以右腋下开始，刀口向下，自背部向腹部一行行地剪，剪到腰部为止。最后剪两胸及两肩的毛，从沿颈及下巴开始，自右向左，一行行地横剪，剪至两前足。然后将兔放平，将兔的头部藏匿在剪毛者的左腋下，左手按住兔的腰背，剪右臀部及尾部上方及两侧的毛，自左向右，一行行地横剪。然后用两手剪尾毛，修短如一绒球。用两手修剪两前足。顺手剪短后脚毛，但不要修薄脚后跟的毛，以防发生脚皮炎。

待兔全身毛剪净后，把不平整的地方再略加修整，并用毛刷刷去周身的碎毛，剪毛即完毕。需要记下这次的产毛量和剪毛日期。下次剪毛，应相隔95天。

③ 剪毛注意事项

a. 紧绷皮肤来剪，防止连毛带皮一起剪下。

b. 剪刀张口宜小，缓慢进行，但可摆平刀口剪，剪后平整，且可避免剪破。如果剪力张口大了，远处的毛就不能齐根，剪后毛若形状像波浪，再剪两刀修整，不但降低工效，而且长毛被剪断了，影响质量。

c. 兔毛严重结毡，手指已不能扯松，又无法入刀时，在采毛过程中应按长短优劣不同等级将兔毛分开，并除去污物杂质，再按不同等级装入含化纤类（最好是涤纶）织成的口袋内，放入钻有孔的干燥纸箱和木箱中，以免出售前仍需整理1次。

(2) 采收的兔毛贮存方法　兔毛现剪现卖，品质好，经济效益高。如果有某些原因暂时不能出售，需要保管一段时间时，应注意以下几点。

① 储存兔毛的方法　通常储存兔毛的方法有袋储、箱储、缸储、橱储4种。

a. 袋储。将兔毛装在布袋内，并在袋内放几个樟脑丸袋，挂在通风干燥处，让其自然散湿。

b. 箱储。选择干燥的木箱或纸箱，箱底铺1层白色油光纸，四角及中央各放一个装有樟脑丸的纱布袋，然后装兔毛至20厘米厚时，轻轻压一下，同时在箱内选四点各放1个樟脑丸。以后每装20厘米厚就轻压一下，并放上几个樟脑丸。箱子装满后，上面再放几个樟脑丸袋，即可合上箱盖保存，放置在离地60厘米的通风干燥处。每隔半个月左右选晴天开箱盖（阴雨天不能开）通气2～3小时。若发现兔毛潮湿、霉变，应将毛取出晒1～2小时，再晾4～5小时，待兔毛晾干后，再装入箱内储存。

c. 缸储。选清洁干燥的缸（放过咸货的不能用），缸底先放一层石灰块，再放一块3厘米厚的接近缸底大的圆形木板或清洁干燥的马粪纸，再铺一张洁白的纸，纸的四周和中央放上樟脑丸袋，然后将兔毛按箱储方法装缸，装满后上面铺一块干净纱布，布上再放几个樟脑丸袋，即可加盖保存。储存期同箱储一样，应每半个月检查一下。

d. 橱储　用橱柜储存，选用干燥被絮在橱内打底，上面铺白纸或被单，四周和中央放上樟脑丸袋，再将分好等级的兔毛层层装入橱内，每放 1 层兔毛，就均匀地放上几个樟脑丸，兔毛放满后，闭门保存。同其他储存方法一样，应每隔半个月左右检查 1 次，发现异常现象及时处理。

② 防潮湿　兔毛为鳞片层结构，纤维表面有许多孔，特别是兔毛的化学成分中含有亲水游离极性基团，增加了兔毛的吸湿性。国家收购兔毛的质量要求是"长、松、白、净"。由于兔毛吸湿性强，一旦受潮便会黏结成块，发黄变质，所以梅雨季节须特别注意防潮。采毛兔体表要清洁干燥，并选择晴天剪毛；采下的毛应装进预先备好的干燥纸箱内（内垫防潮纸），不要重压，也不要多翻动，以免黏结；盛兔毛的箱或麻袋应放在或挂在干燥阴凉通风处，每隔 1 周检查 1 次，一般可保管 4～6 个月。

③ 防高温　兔毛长时间在高温下会失去水分，使兔毛纤维变得粗糙，强度减小，并分解产生氨和硫化氢，变成黄色。因此，兔毛宜存放在通风和阴凉的地方。千万不可放在太阳下暴晒。

④ 防污染　梅雨季节应注意笼舍、食具、饲料的清洁消毒，保持兔身清洁。盛放兔毛的工具和场地，避免与煤油、煤炉接触，特别要严禁与碱性物质接触，因为碱对兔毛有较大的破坏作用，导致纤维颜色发黄，强度下降，发脆发硬，光泽暗淡。盛兔毛的纸箱应盖好，为防老鼠做窝，可每天在箱外敲几次。安放处不应太阴湿，发现虫蛀应立即剔除蛀毛。兔毛保存期不宜太长（一般以半年内为宜），农户在注意上述几点的同时，应密切注意兔毛的市场行情，抓紧时机出售；如一时难以销完，也应尽量贮新售陈。

⑤ 防虫蛀　保存时间较长时，兔毛包装箱（萃袋）内要放置樟脑球。而且樟脑还需用小布袋或纸袋装好，切不可让其直接与兔毛混合接触，以免兔毛发黄并失去了光泽。

▶ 54. 怎样采收骆驼毛？

骆驼毛系骆驼身上脱落的被毛，每年脱换 1 次。骆驼毛纤维，除无干死毛外，与粗绵羊毛纤维类型较近似都属于异型毛，可供作纺织原料制作绒大灰呢、花呢、毛毯和针织绒衫、围巾、毛帽、毛袜和手套等较名贵的纺织品。

骆驼脱毛的季节多在 6～7 月间，开始是内毛层，绒毛脱离表皮，而外毛层的粗毛与皮肤的深部仍保持着比较牢固的连接，这时可用剪刀剪取驼毛。除对喉、颈、峰、腿部粗毛不能用手工拔毛外，其余部位的毛也可用手工拔取。其品质主要取决于绒毛纤维和粗毛纤维含量的比重多少，以及颜色、光泽的强弱和毛丛的松软、紧密程度，然后划分等级包装、贮存，供作纺织原料加工制品。

55. 怎样剪收马鬃和马尾？

马鬃是马、骡颈部粗长的刚毛。马尾是马、骡尾巴上粗长的刚毛。马鬃和尾毛有很强的强度和拉力，并有一定的长度。马鬃和马尾原料通过混合搭配加工，可织成细罗筛底、工业上的特殊衬布，马尾可制乐器琴弦和摘除公鸡睾丸用线。

剪收马鬃宜在 4～7 月间进行；剪收马尾宜在 10 月以后没有蚊、蝇叮咬马匹时进行。过早剪尾毛会使马失去驱赶蚊、蝇叮咬的武器，有损马体健康。剪收马匹鬃尾时，应将马拴好作妥善保定，或由饲养员一边喂给马匹爱吃的饲料，一边执剪采收，以防发生伤人事故。剪马鬃应将剪刀保持水平，马尾应剪长留短，也不要把马尾剪秃而影响美观，要一束一束地剪，分别按马鬃、马尾长一把、短一把整齐地扎成束后，放至 10% 的碱水中揉搓、漂洗，切勿全部洗干净，放在草席或苇席上晾晒干，或用 40～50℃ 的温火烘干，即可将经过加工处理的马鬃和马尾原料包装调运。

第四节　畜（兽）毛皮剥制

56. 畜（兽）毛皮适宜在什么时期剥制？

(1) 皮的季节特征

① 冬皮（立冬至立春所产的皮）特征是：针毛稠密整齐、底

绒丰厚灵活，色泽光润，皮板细韧，油性好，呈白色，尾毛丰满，品质最佳。

② 秋皮（立秋至立冬所产的皮）特征是：早秋皮针毛粗短，稍有底绒，夏毛未脱净，皮板厚硬，呈青色或黑色，稍有油性，尾毛短；中秋皮针毛较短而平伏，底绒稍厚，光泽较好，仅头、颈部有少数夏毛，皮板厚，呈青色，有油性，尾毛较短；晚秋皮针毛整齐，或有少数硬针，底绒略显空疏，光泽好，皮板较厚，颈部或臀部呈青色，有油性，尾毛较丰满。

③ 春皮（立春至立夏所产的皮）特征是：立春皮毛绒较弱，光泽减退，底绒稍欠灵活，皮板颈部呈粉红色，略显厚硬，油性差，尾毛略有弯曲；正春皮，针毛略显弯曲，底绒已黏合干涩无光，皮板发红而厚硬，枯燥无油性，尾毛勾曲；晚春皮针毛枯燥、弯、凌乱，底绒黏合或浮起，皮板厚硬，呈红黑色，尾毛脱针。

④ 夏皮（立夏至立秋所产的皮）特征是：仅有粗毛而无底绒，稀、短且显干燥，皮板枯白，薄弱，尾毛稀短，大部分无制裘价值。

上述原料皮的皮板与被毛随季节变化而呈现的特征，仅是一般规律，由于毛皮动物饲养地区的气候生活条件及动物品种的不同而有所差别，在检验皮张品质时也要根据不同情况区别对待。

（2）制革原料皮的季节特征

① 秋皮（立秋至霜降所产的皮）特征是：板质坚实，有油性，纤维组织紧密，拉力和弹力均好，皮质呈肉红色或青灰色，被毛短而平顺，光泽好，以晚秋皮品质最佳。

② 冬皮（立冬至雨水所产的皮）特征是：板质较好，稍有油性，纤维组织松弛，拉力和弹力不如秋皮，板质呈黄白色或乳白色，毛长绒密，有光泽，板质品质略比秋皮差。

③ 夏皮（小满至立秋所产的皮）特征是：皮板枯瘦且薄，多呈白色，品质很差，大暑至立秋气候转凉，如饲料营养好，皮板纤维组织逐渐紧密，皮板多呈青色，被毛短稀，稍有光泽，但皮板品质比春皮好。

④ 春皮（立春至立夏所产的皮）特征是：皮板逐渐瘦弱，油性消失，皮板纤维组织松弛，拉力小，弹性差，皮板呈灰黄色，无

油性，薄弱而枯干，被毛黏乱，光泽差。

(3) 毛皮动物适宜取皮时期

要准确地确定毛皮动物的最宜屠宰取皮时间，主要是在屠宰取皮前，对毛皮成熟情况进行鉴定。其毛皮成熟程度标准是毛绒丰富，针毛直立，被毛灵活有光泽，尾毛蓬松；动物转动身体时，颈部和躯体部出现条条"裂缝"；吹开被毛，能见到粉红色或白色的皮肤；试宰剥皮观察皮板，如躯干皮板已变白，尾部、颈部和头部皮板略黑，即可屠宰取皮。各种毛皮兽最宜取皮时间分述如下。

① 水貂适宜取皮时期　秋分后水貂脱落夏毛，生长冬毛，11月末或12月初冬毛成熟，小雪后开始取皮，在人工饲养条件下水貂取皮时间一般在正冬季节（大雪前后），水貂冬皮全身针毛笔直、平齐，分布均匀，色泽光亮，底绒丰厚适中，整齐灵活，皮板呈粉黄色或粉白色，品质优良。所以取皮期在11月中旬至12月上旬，如果取皮时间过早或过迟，适时取皮期已过，不易刮净脂肪。测定水貂皮是否成熟，主要根据其毛绒的长度、密度以及通过试宰，观察皮板颜色、厚薄。一般成熟的表现是：全身夏毛脱净，针毛平齐、灵活、光亮，绒毛细柔，丰厚适中，尾毛蓬松；吹开毛绒时，可见皮肤表面呈粉红色；当水貂转身时，周身毛绒有明显的裂纹，颈部尤为明显；皮板通体呈乳白色、黄白色或粉白色。处死剥皮后，成熟的貂皮皮板颜色呈白色；未成熟的貂皮皮板颜色呈黑、红或灰色。由于水貂的年龄、性别、体质、膘情等状况不同，水貂皮的成熟期也有差异，如幼貂比老龄貂成熟早；雌貂比雄貂成熟早；瘦弱貂比肥壮貂成熟早。因此，要根据水貂的具体情况，适时分批组织宰杀取皮。

② 紫貂适宜取皮时期　紫貂的屠宰取皮时期主要取决于毛皮的成熟度，毛皮成熟大致在每年小雪到冬至前后，选择紫貂冬皮针毛高密、灵活、底绒丰厚，色泽光润、油亮、皮板白、质量最佳的时机适时取皮。

③ 狐的适宜取皮时期　狐的屠宰取皮时期主要取决于狐毛皮成熟与否，毛皮成熟的标志可从外观上看，狐全身毛锋（针毛）长齐，尤其是臀部和尾部，毛长绒厚，被毛丰满，有光泽，灵活，尾毛蓬松。北极狐走动时颈部和躯身毛绒呈现明显毛绒裂。也可通过

检查皮肤颜色来鉴定。当皮肤为淡蓝色或玫瑰色时，皮板呈白色，皮板洁白是毛被成熟的标志。

取狐皮时间要根据各地狐毛皮成熟程度来决定。狐皮品质与季节有关，冬皮是小雪以后产的，毛锋齐全而高爽，底绒丰足，灵活，油润光亮，皮板轻薄，呈白色，制裘价值高。所以狐的取皮时间一般在每年12月～翌年2月，通常在小雪以后到冬至前后，如银黑狐取皮时间大致在12月中、下旬；北极狐略早一些，大约在11月中、下旬进行。

④ 貂适宜取皮时期　取貂皮时期应根据貂冬毛和貂皮成熟程度决定，一般在11月中、下旬（小雪季节前后）进行。因为貂皮成熟的冬皮毛绒丰厚，毛锋齐全，尾毛蓬松，针毛尖爽、细密、色泽光润，皮板洁白，板质肥壮，有油性。刚成熟的冬皮最美观，最有利用价值。如取皮过早则绒毛短小、空疏，针毛不平齐，皮板较厚；取皮过晚则毛绒光泽减退，针毛弯曲，板质薄弱，无油性，貂毛皮质量受影响，利用价值差。

⑤ 肉狗适宜取皮时期　肉狗的取皮时期一般在肉狗生长发育达到成熟时进行，一年四季均可屠宰。肉狗适宜屠宰期应根据增生速度最高、饲料利用率最好、出肉率最多、皮肉质好以及市场的需求等综合效益来确定。屠宰期过于提前或推迟，既不经济，又影响胴体品质。如果过于提前屠宰，体重小，其生长发育未达到成熟，肥育不够，胴体内的脂肪少，水分多，胴肉品质差，屠宰率低，很不经济。如果过于推迟屠宰再继续喂饲，饲料消耗相应增多，肉狗体重增重到一定时期后，日增重并不随着饲料消耗量的增加而增长，日增重停滞在一定的水平上，脂肪大量沉积，饲料转化率越来越低，而增加了饲料的成本。若利用其皮毛，应在冬季寒冷季节（毛皮一般在11～12月份成熟）屠宰，因为冬皮毛绒丰足，色泽光润，板质肥壮，品质最好，狗皮价值高。春季次之，4月份以后毛绒开始脱落，无制裘使用价值，但可以制革。为了适时掌握取皮时间，屠宰前应进行毛皮成熟鉴定，毛皮成熟标志是：毛绒丰满，针毛直立，被毛光泽，尾毛蓬松。狗板皮一般是在晚春到秋初期间生产，秋季产的质量最好。此时产的狗板皮，毛绒稀疏有光泽，皮板绷韧，有油性，弹性好。晚秋产的皮质较好，针毛较长而平顺，底

绒尚未成熟，光泽较暗，皮板较厚。晚春生产的由于正值毛绒脱换季节，所以皮板枯燥，薄弱，无油性，弹性差。

（4）獭兔适宜取皮时期　獭兔要适龄适季取皮，一般在进入青年兔阶段进行。獭兔发育成熟时皮毛光泽、美观，适时体重时出栏取皮，根据獭兔生长规律及皮毛质量测定，脱毛期取皮以 4～5 月龄、体重达到 2.5～3 千克为宜，健康、换毛期已过，最好是在冬季，皮毛长齐即可宰杀取皮。切忌在换毛期取皮，或病兔取皮。如果年龄过小皮毛尚未丰满，或年龄过大，皮毛品质粗糙，都会降低皮毛使用价值。对于成年兔或淘汰种兔，屠宰取皮适宜在皮毛品质最佳的冬季进行。

（5）野兔适宜取皮时期　野兔冬皮毛足绒厚，锋毛略粗，毛绒细密平齐，色泽光润，板质洁白而柔韧；秋皮毛绒较短疏，颜色较深，光泽较暗，板质较厚；春皮毛长绒稀，颜色较淡，针毛有脱落现象，皮板略瘦薄；夏皮稀无绒，无制裘价值。

第五节　畜皮剥制方法

⟐ 57. 畜（兽）原料皮怎样剥制和初步加工？

（1）剥皮　屠宰家畜、野兽后要及时剥皮，久放尸体变僵容易撕坏皮张。一般用手工割去蹄、耳、唇、骨等，再用铲皮刀铲去皮上的残肉和脂肪，然后用清水洗去毛上的泥土、粪便和凝血等脏物。

剥皮方法主要有筒状剥皮法和片状剥皮法两种，其中筒状剥皮法又分为不开后裆的和开后裆的两种。

① 不开后裆的筒状剥皮法　剥皮前先擦净毛被上的水、血污及其他杂质，用钩子钩住上腭悬挂起来，将嘴岔皮割开，使皮肉分离，以退套的方法剥至前腿处，将腿切开，把骨、筋肉切去，爪留在皮上，继续向下剥至后腿处，后腿与前腿剥法相同。剥至肛门，在肛门处切断大肠，从肛门中把尾巴掏出，抽出尾骨，保持头、腿、尾完整无缺。

② 开后裆的筒状剥皮法 先从肛门处用刀，沿着背腹毛的分界处挑开后裆，从后向前剥（剥腿、爪法同①）即成开后裆的筒状皮。

一般价值较高的小毛皮兽，采用筒状剥皮法，便于配角和就料，如水獭、狐狸或黄鼬等。在剥皮时，不要用力过大或撕剥过急，以免损伤皮张。

③ 片状剥皮法 为便于加工保管，一般是先从腭下开刀，沿腹中线直挑到尾根，再从尾根挑到尾尖，然后再挑开四肢。挑腿皮时从里向外弯挑，从前腕后跗正中处直线挑到蹄根，避免造成反爪而降低出材率。剥中小畜兽的皮张，最好用手向四面揣剥；剥制大型兽的皮张，需要用刀时，要防止发生描刀、刀洞等伤残。另一种是按筒状剥皮法将皮剥下后，再用刀从腭下开刀，沿腹中线直挑到肛门处，然后将腿皮挑开。

（2）初步加工方法

① 刮油处理 剥下的鲜皮常有油脂、残肉和凝血，这些污物不仅影响皮板的整洁，而且不利于生皮的保管，容易造成油烧、霉烂、脱毛等，降低使用价值，所以必须在初步加工中及时除掉。在刮油整理时应注意以下几点。

a. 用力不要过猛，以免损伤皮板。

b. 由于大部分畜皮的毛绒在皮板上是向后倾斜生长，所以在皮板底面刮油时，应由臀部向头部顺着毛根刮。千万勿从头向尾刮。如果逆着毛根刮，就会造成透毛、流针等伤残。

c. 应将皮板展开，以免刮破皮板。如是筒皮，应毛朝里套在圆形木楦上，将毛理顺，皮板按平，然后再刮。

d. 要避免刮下的油脂、肉屑等污染毛绒。

② 皮形要求 剥完后的鲜皮，在清理污物后，要根据不同品种的不同要求，及时按自然形状和伸展程度，展平或适当撑楦成型晾干。如果拉撑过度，会造成板薄毛空，毛被上的花纹和斑点改变，影响质量，如果达不到自然伸展程度，皮板又会皱缩。

▶ 58. 牛皮怎样初步加工、整理和贮存？

牛皮是重要的制革原料。由于牛皮的皮张幅有大有小，板质有厚有薄，皮粒面有粗有细，并具有耐摩擦、拉力大、弹性好的物理特性，所以牛皮作制革原料皮可以生产各种革制品。在制革加工中剩余的边角下料，还可熬制皮胶。

　　牛皮皮张（图 2-1）品质以秋、冬皮最好，可生产较好的革皮。开剥用"单眼剥皮法"，并要求尽量减少描刀、刀洞、开偏、撕破、沾污血水和粪便等人为伤残缺陷。农村一般用晾晒干燥防止新剥牛皮腐败，因皮层组织有可塑性，特别是对青草板皮和中、小张母牛皮应在晾晒时注意整形，四肢和边肷部都要向皮心方向收缩，以不出大的皱纹为限，以增加牛皮的厚度，板质坚实。待牛皮晒至八成干时，即可将毛向里、板向外折叠入库。新剥的鲜牛皮的皮张剥下来以后，去净肉屑、油脂，除掉耳根、尾骨、角、蹄、杂质，最好采用干制法。按加工方法分类，可分为淡干皮、盐干皮、水牛撑板皮（黄牛皮不撑）3 种。

图 2-1　牛皮单眼剥皮法

　　（1）淡干皮　皮张经处理后，在平整干净的地面（水泥磨光地面较好）上铺平，皮板面向上晾干。待干至六成左右时，再翻过来晒毛面。全皮晾至七成干时，扫净皮上的灰尘杂质，开始折叠。折叠方法是皮的毛面朝内，板面朝外，先折头、腿，然后顺背脊线对折。次日再摊开晾干，待全部干燥为止。干后按原法折叠保存。

　　（2）盐干皮　将鲜皮铺在水泥地、石板地或腌池内，板面向上，毛面朝下，铺平后均匀撒上一层盐，每 100 千克鲜皮用盐25～30 千克，擦匀擦透。如数量多，可逐张撒盐、擦盐，堆叠起来。

一般 5～6 天翻堆 1 次，把上层的皮翻到下层。再过 5～6 天，皮腌透后拿出晾干。晾干、折叠方法同淡干皮。

（3）水牛撑板皮　将鲜皮用竹竿撑好晒干。撑皮步骤视皮张大小而定，在皮边缘 2 厘米以内等距离割撑眼 56～60 个，左右对称。先撑头部，用小竹 1 根，横撑在皮的板面；主撑 2 根，以固定全皮的基本形态，撑竹要求稍粗，肚撑 4 根，与主撑竹固定全皮的形态；斜撑 6 根，毛面、板面各 3 根，左右对称，逐对上撑；立脚撑 4 根，使皮能竖立，撑竹要求稍粗壮；挑尖 2 根，也叫关门撑，是全皮最后 2 根撑竹。全皮斜撑 14 根，肚撑 4 根，头撑 1 根，小横撑 9 根，共计长短撑 28 根。

撑竹长度、粗细和撑力强弱根据皮张的大小和撑位决定。撑竹以淡竹和石竹为好，两端削成叉形，以便顶入叉眼。撑竹交叉重叠处应用绳扎紧固定。撑好后先晒毛面，后晒板面。炎热的天气不能在烈日下暴晒，以免皮质晒熟，应斜面朝阳，早晚晒，中午放置于阴凉通风处。晒至九成干时，卸下撑竹，沿背脊线对折（不要多折），毛面朝内，以后再在阳光下晒至干透。

牛皮内含有大量的蛋白质和水分，容易发生虫蛀或霉烂变质，为了使牛皮品质不受损失，屠宰后及时初步加工整理，妥善入库贮存保管。皮张入库前必须进行逐张检查，淡干板牛皮自然水分在 12%～16% 之间才能入库，入库贮存期间皮肉水分过高或过低，都会使皮张受到损失。牛皮入库贮存保管方法与猪皮相同。存放的地面要垫好枕木，逐张摆平码垛，不是及时调出的，不要打捆贮存，以免生虫和发霉变质。淡干皮码垛时要求背部朝外，盐干板要腹肷朝外，生虫季每月要检查垛 1 次。盐干皮最好贮存在严密的库内，尽量减少潮气进入，以免发生盐皮发霉变质。同时，要做好防虫、灭虫工作，库内四周墙根、垛底、窗台和常出入的闸口以及皮垛内都应施用防虫药剂。

⊙ 59. 怎样开剥、加工和鉴定山羊板皮？

山羊板皮的表皮层约占全皮厚度的 2%，真皮层中胶原纤维组织紧密，含脂肪很少，成革后轻薄柔软、粒面细致、光泽较好、弹性较强、不易松面。山羊板皮适于制作皮鞋面、皮衣、皮夹克、手套、皮帽、皮包等。山羊板皮是我国传统出口商品之一。

山羊板皮（图 2-2）加工需要经过屠宰剥皮、整理、浸泡、搓洗、药液浸泡处理和铲皮晒干等工序，其加工的具体方法介绍如下。

(1) 剥皮 山羊宰杀后。从山羊身上剥皮要及时，以免发臭脱毛变质。因此，要做到在山羊体温未凉时将皮剥完为好。山羊皮有两种剥法：一种是掌剥法，把宰杀的山羊放在板子上，腹部朝上，用刀以腹部中间直线向下划开，再由前胸划到前蹄处。由肛门处划到后蹄。用刀划时不能偏斜。划完后，一手拉开羊腹部挑开的皮边，一手用拳头捶肉。一边拉，一边捶，羊皮很快就会剥下来。另一种是挂剥法，用铁钩把山羊挂住，挂在木架上或木梯上，用刀以羊身的腹部直线剥开，从挑开的头皮开始，顺序拉剥至尾部，最后抽掉尾骨。

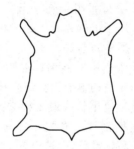

图 2-2　汉口路山羊板皮皮型

(2) 整理 剥下的山羊板皮要及时整理，否则时间一长就会发臭、脱毛、变质。首先用刀刮去板皮上的肉屑、脂肪和凝血，再去掉口、唇、耳朵、蹄等，将皮张按自然形状展开放平。加工整理后的皮张要及时晾晒，晾晒时皮张的毛面向下，板面向上，展开平铺在木板、席子、草地或干净的沙地上。最好放在干燥通风的地方阴干或在较弱的阳光下晒干。晚上和阴雨天可将皮的毛面向下，搭在室内通风处的竹竿或绳子上，待皮干到八成时，就应将皮张平压2～3天，使皮张平整后再散开置阴暗处晾，不能用火烘烤。

(3) 浸泡处理

① 清水浸泡处理　将晒干的生羊皮放入大缸内，加清水浸泡

1～2 天,使其软化后,用刀刮去皮里的残肉和油脂,再用清水冲洗,并用碱、肥皂、洗衣粉等搓洗皮毛,直到全部洗干净为止,晾干。

② 药液浸泡处理 药液配制:将芒硝、食盐、米粉、水按 1∶2∶20∶100 的比例备料。配制方法是:把 1 份芒硝、2 份食盐溶于 100 份水中,用两层纱布过滤,去掉泥沙杂质,静置过夜,取其上清液,然后将 20 份米粉放入搅匀即可。一般一张羊皮需用 50 克芒硝、100 克食盐、1 千克米粉。药液配好后,放入缸内,将洗净晾干的羊皮逐张放入盛有药液的大缸中,以药液淹没皮张为宜,反复挤压均匀,然后把缸盖好,每天应翻动 1 次。浸泡的时间,夏季 7～8 天,冬季需 20～30 天,当皮张四肢内侧靠近体躯无毛处,用手指轻搓表皮即掉时,选好天气出缸,捞出晒干。

③ 铲皮晒干 将干皮铺平,在皮里喷少许水,待皮板润潮即可,切勿喷水过多,然后每张组合在一起,再用钝刀铲皮,先横铲,后顺铲;直到整张皮子铲软为止。最后将皮晒干,除去毛上的面粉,放入樟脑丸,用塑料布包好。

(4) 修理 鲜皮或干皮中的残肉、油脂、凝血、尾骨、腿骨、阴囊等杂质应在不损伤皮质的情况下全部除掉。同时对毛面附带苍子、杂草、血污等杂质,应用竹板或木棒去掉,使毛绺松散平顺,然后入库。修理工序包括刮油、剁腿、打苍子,以使外观整洁美观,提高品质,做到商品标准化。

(5) 贮存 为了保证山羊板皮的皮质不受损失,必须搞好贮存。山羊板皮贮存应注意以下事项。

① 山羊板皮板质薄,有油性,极易油烧、生虫,怕热、怕水,故不宜露天贮存,尤其是滋生皮虫的季节和梅雨季节,以防造成损失。

② 皮张应存放在干燥、凉爽、有通气窗的仓库内,当库温过高时,仓库的通气窗可在早晚天气凉爽时打开通风。

③ 入库前应逐张检查,除虫,并逐张撒施防虫药物。如发现有的山羊板皮褶皱卷边应挑出晾干后才能入库。入库后要经常检查皮张滋生皮虫情况,滋生皮虫季节每隔 2 周左右检查 1 次,以免滋生皮虫造成损失。

(6) 鉴定山羊板皮品质

① 鉴定路分品种 山羊皮产区、路分和质量各有不同，山羊皮的品质鉴定是按外观形态和品质特征鉴别定级。因此要根据路分品质特征鉴定路分品种。

② 掌握季节特征 山羊板皮品质受季节气候影响很大，如北路山羊皮的春皮板质瘦弱，没油性，色微红，两肷有很多皱纹，毛绒呈现一簇簇的毛束，光泽减退，而显干枯。这种皮适于制裘和退毛制里子革。夏皮青草板（夏季浅毛皮）板质轻薄，弹力较差，可鞣制低档革皮；晚夏产的伏皮板质薄厚均匀，肥瘦适中，被毛稀疏而平顺，可鞣制较好的革皮。秋皮板质肥厚足壮，纤维组织紧密坚实，拉力大，弹性强，被毛平顺而有光泽，并有稀疏短矮的底绒，可鞣制高级的羊革。冬皮板质肥厚，被毛丰足，可鞣制高级羊革，也可用作制裘原料皮。晚冬春初季节板质较好，介于肥瘦板之间的两型板皮，属于裘革兼用皮。

③ 鉴定伤残缺陷 每张皮或多或少都会附带一些伤残缺陷。伤残处数，是软伤还是硬伤，有哪几处伤残，伤残面积的大小，以及轻重程度，联系制革使用价值全面衡量确定等级。常见伤残缺陷主要有疮疤、癣癞、破洞、死羊淤血板、描刀、烟熏板、油烧板、回水板、冻糠板、土板、剪毛板、缺材、皱缩板、霉烂、受闷脱毛、虫蚀、钉板、陈板、撕破口、老公羊皮等。

(7) 山羊板皮的鉴定方法

① 干板皮鉴定方法 先用双手拿住腹部中间边缘部分，毛朝下，板朝上，两眼与皮板保持35～37厘米距离，利用太阳光线直射到皮板上（人面部与太阳形成45°的斜角）。鉴质时，两手拿皮，身体直立，使目光察看全皮的伤残，通过手的感觉，体察皮板的厚薄和弹性的大小。检查弹性时，用双手把皮板折弯90°，折1～2次，不要对折、硬折。如果皮板焦脆，切勿折弯90°，以免折裂皮板，可用手感厚硬。皮张拿起后，首先两眼目光集中，察看全皮，判断是什么季节产的皮，板质是否足壮、细密，是否有油性、光泽及伤残缺陷情况；有时会遇到伤残轻重程度对制革使用价值的大小不能肯定时，可用左手拿住皮的腹部边缘，右手在有怀疑的伤残部位将毛分开，对准阳光照看一下，以便肯定伤残的轻重程度。看完

皮板后必须将皮翻过来，看毛面有无脱毛等缺陷，再最后确定等级。

②鲜皮鉴质方法　先将鲜皮毛面朝下、皮板朝上平展地铺在案子上或平地上，通过手的感触体察皮板的薄厚和弹性的大小。鉴别山羊板皮鲜皮张幅面积残伤后，再鉴别鲜皮板质的肥瘦，应注意凡颈部、腹肷和尾根有残油脂块，两硬肋无皱纹，毛中小的都是肥板皮。如果腹肷、尾根也有少量的残肉油脂，硬肋出现较多皱纹而且毛大绒足的，大部分属于两型板皮。如腹肷、尾根既无油脂，整个脊背又有很多大小不同的皱纹，这种皮多是瘦板皮。如整个皮板的颜色是深粉红色，这就是死羊皮。

此外，察看鲜皮品质还要翻看毛面，要从中脊部翻过半边，板对板地合在一起，看完半面再看半面，晾皮时再将合在一起的皮揭开晾晒干燥。

(8)鉴定绵羊板皮品质的方法　鉴定绵羊板皮品质的方法与山羊板皮基本相同。首先根据皮板的厚薄、油性大小和板面的细致程度，判断板质的好坏；再联系检验伤残缺点的轻重和面积大小，最后根据品种、生产季节、制成品皮板柔软性和延伸性，按照收购标准，全面衡量，确定等级。

绵羊品种很多，品种不同的绵羊板皮品质也不一样，不能机械地用一个标准去衡量。例如，在本种绵羊皮上一般表现为皮板肥厚，厚薄均匀，有油性，板面细致，弹性强；在改良绵羊板皮上一般表现为皮板较薄，厚薄基本均匀，腹肷部略薄。具体到各个品种表现也不一样，品质有好有差。

▶ 60. 怎样加工山羊皮革?

这里主要介绍山羊皮平纹服装节（皮衣）的加工方法。

(1)选料　选择皮板伤残少、纤维紧密的原料皮。

(2)浸水、称重　转古液比6，常温，雷米邦A 1%，JFC渗透剂1%，转停共8小时（转动100分钟）。去肉、称重。

(3)浸水　液比6，常温，次氯酸钠0.5%，转停共14~16小时，停古过夜。

(4)酶处理　液比1~1.2，温度38~40℃，166蛋白酶300~

350 单位/毫升，硫酸铵 0.2%，苯酸 0.1%，纯碱 1%，pH8.5，慢速转动 30 分钟后停止 5～6 小时。要求头颈部位留有一小撮毛，其他部位的毛能顺利退去为宜。

(5) 脱大毛→称重→水洗。

(6) 净小毛　液比 1，温度 26～28℃，液碱（30%氢氧化钠）0.5%，转动 20 分钟，停 30 分钟，再转动 10 分钟，pH 值 9.5 左右，净毛剂 3%～3.5%，转动 30 分钟，熟石灰 3%～3.5%，转动 60 分钟，停古过夜，次日再转 30 分钟后出古。

(7) 去肉→理细毛→称重。

(8) 水洗→脱碱→水洗　脱碱液比 1.2，温度 30～32℃，硫酸铵 0.6%，盐酸 0.5，转动 15 分钟。脱碱废液 pH 8.5～8.7。

(9) 浸酸　液比 1，常温，食盐 10%，明矾 0.5%，甲酸 0.2%，硫酸 0.9%，转动 45 分钟，pH 3.5～3.6。

(10) 初鞣→搭马　利用浸酸废液，加入碱度 0～5°的铝铬液（以红矾计为 3.2%），转动 30 分钟后，pH 值为 2.5～2.6；红矾 1.8%，转动 2 小时；大苏打 8%（10 倍水化），60～90 分钟加完，再转动 90 分钟；大苏打 0.2%（溶化后加），转动 2 小时出古，pH 3.8～3.9。

(11) 挤水→滚木屑→削匀→称重　削匀单层厚度要求 0.8～1.0 毫米。

(12) 复鞣→控水→称重　液比 2，温度为 40℃，高碱度铬液（以红矾计为 1.1%），转动 60 分钟；大苏打 1%，转动 60 分钟静置过夜。

(13) 水洗→中和→水洗→控水　中和液比 2～2.5，温度 26～28℃。碳酸氢钠 1.3%，转动 90 分钟。

(14) 染色（以黑色为例）　100%的直接元素 1.95%，100%直接红棕 M0.26%，120%直接黄棕 0.13%，100%直接耐酸朱 0.03%，100%酸性毛元 1.5%，100%直接酸性朱 GR0.15%，33%乳化油 6%，硫化蓖麻油 1.5%，SWS 油 1%，生鱼油 0.4%，SCM1.5%，防霉剂 0.4%。以上原料搅拌均匀后装入塑料袋，加入转古内转动 60 分钟，加热水 150%调温至 50℃，转动 30 分钟，蚁酸 0.8%，转动 30 分钟。

（15） 水洗→搭马→晾干。

（16） 铲软→伸展→剪边。

（17） 揩浆→晾干 揩浆配方：黑色揩光浆 100 份，硫酸化蓖麻油 10 份，进口蜡 A 5 份，柔软剂 SCM 2～4 份，分散剂 WA 2 份，进口金属络合黑 30 份，软树脂 10 份，水 200 份。

（18） 喷头道浆→晾干 头道浆配方同揩浆。

（19） 拉软（扳刷机拉 1 次）→刷灰→拉皮。

（20） 喷二道浆→晾干 二道浆配方：按头道浆量加入路龙 V15 份，软树脂 5 份。

（21） 喷硝化棉光亮剂→晾干 光亮剂配方：国产硝化棉 1 份，进口硝化棉 1 份，水 1 份，再加入占总量 1%～3% 的甲醛。

（22） 拉皮→量尺→验级→成品。

◉ 61. 怎样初加工和鉴定羔皮品质？

（1） 羔皮的初加工 羔皮是自绵羊羔躯体上剥取之皮，并包括屠宰母羊从腹中剖出附有被毛的、母羊怀孕后期流产的以及产出后到未经第 1 次剪毛前死亡的羔羊或是宰羔如小湖羊皮和三北羔皮等所剥取之皮。各种羔皮都应及时剥皮，开剥的刀口与大羊皮相同，不得大抹头横切。在剥流胎羔、三北羔皮等皮板较嫩的羔皮时，应将手指甲剪短，用力要轻，并注意不要将毛沾上血污，剥下皮后，应将皮上所附残肉全部除净，并除去耳软骨、尾骨、腿骨及大小蹄角。小毛羔和大、中毛羔皮要展平晾成长方形，并保持全头、腿。如是胎羔皮或三北羔皮，剥皮后，按照规格要求的形状和原皮的面积，将羔皮平整地钉在木板上（图 2-3）。晾至八成干时将皮取下，毛对毛，每张皮中间铺一张白色麻纸，用木板压平 12～24 小时之后，放在凉爽处通风晾干，再压平 12 小时，然后再逐张撒上精萘粉，毛对毛、板对板的每 20 张用细麻绳捆好。如果没有钉皮的木板，可按规格要求式样，展平贴在整洁的白墙壁上，干后取下压平，将皮板上沾的土质扫掉，然后撒上防虫药粉，捆好入库。总之，无论采用哪一种方法晾干都要防止日光暴晒或使皮板受冻出现冻糠板。

（2） 羔皮品质的鉴定方法 鉴别羔皮品质的重点在于被毛。羔

图 2-3 羔皮

羊皮一般都是板质薄嫩，小、中、大毛羔皮一般板质都较足壮，各种羔皮都是以面积定等级。量皮方法：从颈部中间至尾根，选腰部适当部位，长宽相乘（量皮不去肷）。在鉴别羔皮品质时，除了注意张幅大小和伤残缺陷外，还应注意鉴定被毛的长度，毛纤维的均匀度，被毛具有的花纹、弯曲和毛卷情况，如小毛羔皮的被毛有圆花和片花两种类型。鉴质三北羔皮要熟悉花形图案的样式哪些是优等，哪些劣等，并要掌握毛卷的弹性、手感、色泽等方面的鉴质方法。如羔皮的色泽，主要以白色居多，此外，还有黑、黄、灰色，还有黑紫羔皮等。

各种羔皮必须要求头、腿、尾齐全（三北羔、小湖羊要带阴囊），如割掉头、腿则品质级别降低。大、中、小毛羔皮粗直毛无花弯者品质都要降低；被毛过短，不能弥盖线缝的胎羔皮无使用价值。

62. 怎样加工小湖羊皮？

小湖羊皮的毛细短，无绒毛，毛根发硬，有弹性，花纹呈波浪形，卷曲分明，色白有丝光，皮板轻柔。染色后，根据皮毛面大小、花纹形状，可制成各种毛朝外女式皮大衣、童装。头、腿和耳皮可缝制成皮褥子。

小湖羊皮被称为世界上"四大羔皮"之一,是中国传统的出口商品。小湖羊皮是刚出生的羔羊,未经哺乳即宰杀所取的皮。如经哺乳,由于生理上的变化,会使皮张质量降低。羔皮一年四季均可加工。

一般小羊在1.5千克以上的可钉成大片皮,杀时用右手捏住羊的一条后腿,左手捏住小羊头,羊背朝地稍向左倾,然后用尖刀从羊的耳根以下喉管刺进;不足1.5千克的羔羊,只能钉成小片皮,宰杀应从前胸心脏处直刺,或从下颌正中把皮层挑开6厘米左右,切断血管杀死。宰杀后放净血液,从左后腿蹄壳处到脚腕处挑开皮肤打气,使羊身膨胀为开片剥皮作准备。

(1) 大片皮开片　首先由羊尾处开始,沿腹中线直至嘴唇切开1条纵线,再向四肢末端切开,后肢从蹄间至肛门,前肢从蹄间至前胸,不要切歪。四肢蹄冠处作环状切开。小片皮的开片,第一步与大片皮开法相同;第二步由后腿脚蹄间开至脚腕处,注意从脚腕处向肛门方向开时,应向上偏2~3厘米,直至肛门成半月形;第三步由前肢蹄壳处开,稍靠里斜开至前脑约8厘米,使形成尖端稍圆的宝塔形。

先用左手拇指和食指捏住胸皮,用右手拇指嵌入皮层轻轻撕开,使皮层与肉质脱离,依法剥制下腹,直至后腿,割断羊爪,再挑去尾骨,使自前胸至臀部及后腿皮层与肉质部分离。然后翻过来,剥至前爪,割断爪骨,直到颈部、耳根处,稍用力拉,使耳根突出,用刀割断耳根,挑开眼皮和嘴唇皮,使全皮脱离肉体剥落下来。

(2) 洗皮　剥下来的皮应浸泡在清水中,漂净血水,洗去毛面脏物,并将浸水的毛皮梳洗干净。洗净后,用铁钩从鼻孔中钩住挂起,沥去水。对于不易洗掉的脏物,可用温热洗衣粉水清洗,但洗后应用清水冲洗干净。

(3) 钉皮　钉皮顺序一般是先钉两边,再钉下排,最后钉上排。钉与钉之间的距离要均匀。用钉数视皮大小而定:一般150~200枚,多用3厘米的圆钉。钉板必须用核木,长约2米,宽约0.7米,厚2厘米,两头、中间用横木加固。

(4) 晒皮　皮钉好后,置于通风向阳处晾干,不宜在烈日下暴晒，夏季的中午应将皮收至阴处。如用烘房烘干，要防止烘烤过度，皮板之间要多调换位置。烘干或晾干后，应待晾透时再去钉板，以免引起卷缩。

（5）修毛、梳理　毛皮晒干后需剪修边毛，梳理毛面。修剪时要先将毛面刷干净，除去浮毛，理顺毛峰，使花纹显露清楚、柔润。对隐花纹的皮张，可在梳刷后轻抖数次，使花纹恢复原状。

⯈ 63. 怎样开剥、腌制和加工猪皮？

利用猪皮制革及其制品既是提高养猪经济效益的一项重要措施，又能解决市场对牛皮制品原料的不足，所以猪皮制革是中国制革业发展的方向。

猪屠宰后开剥猪皮应注意与牛、羊皮剥皮相区别，因为猪皮的皮下脂肪太厚，必须用剥皮刀刮，在用剥皮刀刮猪皮时要小心，避免因发生描刀、刀洞、中伤等而降低质量等级。

屠宰新剥的猪皮必须全部用腌制干燥法进行初步加工，以防止细菌繁殖，可增加防腐作用。在腌制前用清水将猪皮上所附的污物洗净，然后将皮下脂肪全部刮净，用盐腌制。每千克鲜皮需用食盐150克左右，切勿将开剥的猪皮晾晒成板皮，农村分散收购的鲜猪皮应设法创造条件腌制成盐干皮。

猪皮腌制干燥初步加工后必须分等存放，地面垫好枕木，逐张摆平码垛，不能及时调出的不宜打捆贮存，以免生虫、发霉变质。盐干板要求腹肷朝外，生虫季节每月要检查倒垛1次，盐皮最好存放在严密的库内，尽量减少潮气，以免发生发霉变质。春季气候转暖极易滋生虫，除在入库前加强检查外，库内四周墙根、垛底、窗台和门口以及皮垛内部都应喷洒防虫药粉。近些年来，猪皮采用新工艺加工使皮革的质量更优。其新工艺是将猪皮洗净去污，刮去脂肪，浸入亚硫酸盐溶液中2～3天，取出后用清水漂洗10分钟，吊挂在漂白室内，通入二氧化硫进行漂白处理。由于亚硫酸盐溶液浸泡，猪皮原有的组织结构没有改变，因此制成的皮革不会收缩，韧性强。制成的皮革制品色泽鲜艳、经久耐用，很少变形。

64. 怎样加工猪皮革？

猪皮具有弹性、透气性和耐磨性，不易起层和松面等特点，虽然在拉力、弹性等物理性能方面不如牛皮，但其产量多，用途广，潜力大。有很多皮革制品都可用猪皮来制作，如用它生产底革和箱子革、装具，还可以生产鞋面革、衣服革、手套革、里子革等轻革。所以利用猪皮制革是中国制革工业发展的方向。

(1) 季节品质特征 猪皮的品质不受季节影响，凡是屠宰的肥猪开剥的皮，其肥板皮全部适于制革用。

(2) 猪皮的开剥 猪皮的开剥可采用片状剥皮法，先从腭下开刀，沿腹中线直挑至尾部，然后再挑开四肢。挑腿皮时从里向外弯挑，从前腕后跗正中处直线挑开蹄根。用刀开剥时，要防止发生描刀、刀洞等伤残。尤其是猪皮的开剥与牛皮、羊皮不同，因猪皮的皮下脂肪太厚，必须用剥刀刮猪皮，最容易产生描刀、刀洞和片伤等。

(3) 猪皮的防腐、贮存与运输 猪皮内含有大量的蛋白质和脂肪，在微生物的作用下，生皮中的各种蛋白质很容易发生变化而水解，脂肪也会氧化和发生脂肪酸败，使生皮腐烂变质，失去使用价值。因此屠宰场开剥的鲜猪皮不能及时加工处理的必须全部进行盐腌制法干燥成盐干皮，不可晾成淡干板皮。在加盐前须将皮里层附带的污物用清水冲洗干净，然后将皮下脂肪全部刮净，再用盐腌制，否则会影响其吸收盐分。腌皮用盐以中等粒度为好，常用量每100千克用盐35千克，撒盐时一定要均匀，如撒盐厚薄不匀，干燥后即出现花盐板或盐霉板，严重的腐烂变质。

猪皮已经成为腌制后晒干的干板皮，如在外界湿度增大时还会吸收水分，为微生物的生存和繁殖创造条件，使生皮霉烂变质。所以，原料皮未能及时加工必须搞好贮存保管和运输，防止猪皮品质产生新的损失。猪盐干皮贮存在严密的仓库内，要尽量减少潮气进入，仓库内保持阴凉、干燥、清洁卫生，库内温度不超过30℃，相对湿度不超过60%～70%。猪皮入库前地面垫好枕木，逐张摆平码垛。此外，贮存原料猪皮时需要经常检查，不仅需要防潮防霉，还需防虫、防鼠。如在皮张入库上垛前应在皮板上洒精萘粉、二氯化苯等，并配制毒饵，如在食品中加 5％磷化锌或用鼠夹、捕鼠笼等诱杀灭鼠。

原料生皮需长途运输加工时，装运前原料皮必须经过检疫、消毒后方可装运，以防病菌传播。同时在运输过程中应注意防雨和透风，防止原料皮返潮、发霉变质。

(4) 猪皮革的加工方法 猪皮加工经验介绍如下，供参考。

① 选料 选用盐腌良好、无明显描刀伤的盐腌湿皮或鲜皮。

② 浸水 洗去污血、盐分等污物，使生皮恢复鲜皮状态，并用机械方法去油、肉，称重。

③ 脱脂 转古液比 2，纯碱 2.5％，洗衣粉 0.3％～0.5％，常温下转动 3 小时，要求皮张无油腻感，然后洗净碱液。

④ 拔毛→称重→水洗。

⑤ 碱膨胀 液比 2，常温，液碱（30％氢氧化钠）3％，转动 2 小时，加水淹没皮，再转动几分钟后静置过夜。

⑥ 剖层（双层厚度 4.6～5 毫米）→称重→水洗。

⑦ 脱碱→脱毛 沥干调温水，温度 39～40℃，硫酸铵 1.5％，166 蛋白酶（3 万单位）0.6％，胰酶（25 倍）0.03％，适量锯末，pH 8.5，转停共 60～70 分钟，要求毛基本脱净，水洗。

⑧ 浸酸 液比 0.8，食盐 8％，硫酸 0.7％～0.8％，常温，转动 60～70 分钟，pH 值 3～3.3。

⑨ 油预鞣 在废酸液中进行，阳离子油 1％～1.5％，转动 30 分钟。

⑩ 脲醛预鞣→碱化→水洗 在⑨中废液中进行，脲环 1# 树脂 3％，转动 3 小时。纯碱 2.8％～3％，转动 3 小时，pH 8～8.3。要求耐温 80℃左右，毛孔清晰，丰满而有弹性。

⑪ 初鞣 液比 0.3～0.4，红矾（还原后碱度 35％～38％）0.5％，硫酸 0.3％～0.4％。转动 3 小时。pH 5 左右。

⑫ 挤水→滚木屑→削匀→称重 双层厚度 2.2～2.4 毫米。

⑬ 复鞣→搭马→称重 液比 1.5～2，温度 45℃，红矾（还原后碱度 45％～48％）3％，苯干液 1％。转动 3 小时，要求 pH 4.2 左右，耐煮沸 5 分钟。

⑭ 水洗→中和→水洗 先水洗，中和液比 2，常温，小苏打

0.8％，转动 40 分钟。再次水洗。

⑮ 染色（以黑色为例）→加脂　液比 1.5，温度 50～55℃，直接元青 0.6％，酸性元青 0.4％，硫酸化油 1％，软皮白油 3％，合成加脂剂 0.5％，转动 40～60 分钟。要求无色花和油腻感。

⑯ 挤水→揩油→挂晾→贴板→静置→伸展→挂晾→伸展→晾干。

⑰ 净面→刷底浆（底浆配方：黑色颜料膏 100 份，软Ⅰ树脂 200 份，渗透剂 JFC 2 份，10％干酪素液 50 份，7.5％乳化蜡液 20 份，水 150 份）→晾干→铲软→烫平→喷浆（喷浆配方：黑色颜料膏 100 份，10％干酪素液 100 份，软Ⅰ树脂 80～140 份，中Ⅰ树脂 80～140 份，10％酸性粒子元液 100 份，水 30～50 份）→晾干→喷光（光泽剂配方：10％干酪素液 20 份，中Ⅰ树脂 100 份，水 200 份）→晾干→固定（固定剂配方：甲醛液 100 份，水 20 份）→晾干→量尺→验级→成品。

（5）品质鉴别　猪皮品质的鉴别主要注意板质品质、张幅大小与伤残对制革的影响程度等方面。要求板质薄厚比较均匀，鲜猪皮色纯正，无臭味，无浆毛和腐败现象。干猪皮不油烧，不僵板。猪皮除育成期死亡的克郎猪皮品质次外，肥板皮全部适用于制革。不同的猪种的猪皮品质鉴别，主要取决于猪的品种、年龄、性别和饲养管理。伤残主要注意描刀、刀洞对制革的影响。此外，猪的年龄和性别与猪皮品质也有一定的关系，如当年猪的皮板较薄，皱褶较浅而少，粒面较细致，1 年以上猪的皮板厚，皱褶深而多，粒面粗糙。种公猪的皮板较厚，但不均匀，在其颈肩部的皮板特厚而坚硬，俗称"盔甲皮"，皱褶深而多，粒面粗糙，一般不适于直接制革。老母猪皮质薄厚不匀，脊背特厚而坚硬，粗面粗糙，皮质松弛，并有两边乳房；产过仔的母猪，腹部皮板较薄，俗称"甩边皮"，这种皮品质较差，可制成车马挽具或熬制皮胶。

猪革与牛革、羊革、马革等几种家畜的皮革的鉴别：猪革的粒面孔圆而粗大，较斜地伸入革内，毛孔排列 3 根 1 组，构成三角形图案，粒面凹凸不平，有特殊花纹，纤维束交织紧密，所以有较高的耐磨强度。另外，猪革毛孔穿透革层，故有良好的透气性。

第六节 毛皮兽剥皮与毛皮加工

65. 怎样剥取和初步加工水貂皮?

水貂皮是一种珍贵细毛皮,有"裘皮之王"之称。其品质优良,兼有紫貂皮和水獭皮的优点,针毛光亮、平齐、均匀,绒毛丰厚、稠密、细软,色泽光润,板质坚实。鞣制后适于制作毛朝外的大衣、皮帽、夹克衫、披肩、围巾和服装镶边等。中国的水貂皮基本上是水貂饲养场生产的。现将水貂宰杀取皮方法及皮张初加工方法介绍如下。

(1)宰杀处死方法 水貂的宰杀方法很多,常用折断颈椎脱节法,即用手抓住水貂后再用木板猛击吻部致晕,然后折断颈椎致死;或用右手戴上棉手套,捏住头部,左手按住貂身,然后用右手向后猛折,折断颈椎致死。数量多的可采取触电法,即将两个小金属棒的一端分别接在电源上,一支棒插入水貂肛门或按在趾掌上,另一支棒让水貂咬住,通电后即可致死。也可用药物司可林肌内注射,使水貂麻醉致死。宰杀后的水貂尸体还有一定温度时进行剥皮,放置过久会影响毛皮质量。剥皮前先清除毛绒上沾染的粪便、泥土、血污等,然后经挑后裆,挑尾,剥前、后肢,剥离后成为完整的筒皮(图2-4)。

(2)操作方法

图2-4 水貂皮

① 挑后裆　用尖刀从后足掌处下刀，沿着后肢内侧长短毛分界线向前挑开，横过离肛门 2 厘米处直挑至另 1 后肢爪掌处，然后再由尾根肛门后缘开始，沿尾部腹侧正中线挑至尾尖。留下带肛门的小块三角形毛皮。挑后裆要注意挑正，如挑偏会使背腹两面不齐，影响出材率，并注意不要挑破骚腺。

② 挑尾　从肛门沿着尾底面正中挑至尾尖。

③ 剥前、后肢　剥前肢时割掉整个前爪，抽出腿骨和筋肉，成不带爪的圆筒；剥后肢时，由后腿根部直挑至足掌，去掉腿骨和筋肉，保留爪尖，成片。

④ 剥离　挑裆、挑尾和剥前、后肢后，洗净挑开处的污血。剥离肛门和尾皮后，将 1 条后腿挂在钉子上，两手抓住皮板用力以退套方法向下剥，剥到耳根和眼、鼻尖与头骨的贴连处割开；剥至唇边时，挑开上下唇与齿龈的贴连处，即可剥下完整的筒皮。

（3）初步加工　剥下的水貂皮带有残肉和脂肪，必须按以下工序初步加工。

① 刮油　剥下的貂皮经过几分钟冷却脂肪凝固后，即可用刮油刀将皮板上的残肉、脂肪刮掉。方法是将水貂皮筒毛朝里板朝外套在与皮筒粗细、长短相适应的圆筒胶管上，用刮油刀先刮尾皮上的残肉和脂肪，然后由臀部向头上方向刮去残肉和脂肪。有条件的大型毛皮加工厂可使用刮油机刮油。

② 洗皮　刮油后的貂皮，需用小米粒大小的锯末或玉米芯粉（不可使用麸皮）洗净皮板上的油脂，直到皮板不沾锯末为止，再将皮板上的锯末（或玉芯粉）扫净，然后把皮张翻过来，用干净锯末搓擦毛绒（搓板面锯末切勿用于搓毛面），直到毛面干净，有光泽为止。

③ 上楦板　即将洗净的筒皮套在特制的水貂皮专用楦板上，使貂皮保持一定规格的形状和幅度。为避免皮板与楦板粘连，鲜皮在上楦板前要用报纸把楦板缠上，然后皮毛朝外套在楦板上，楦板的尖端顶于鼻端，两手均匀地将筒皮向后拉直，并适当拉长（雄貂上楦板长度与活体长比为 1.57∶1，雌貂为 1.52∶1）。用图钉固定，先摆正背腹皮呈自然状态，固定背皮，再整理固定尾巴皮，在整理尾巴皮时两手拇指和食指用力横拉，由尾根至尾尖反复拉 2～

3次，使尾巴呈三角形，平铺植板上，为保持这个形状，要用与貂皮臀部宽窄相同的硬纸片或铁纱覆盖在尾巴皮上，用图钉固定，最后固定腹部。并用拉尾巴的方法尽量拉宽两后腿皮，拉好后将两腿皮顺直平铺在植板上，用硬纸片或铁纱覆盖固定。

④ 干燥　水貂皮上植板应立即进行干燥，以免皮板发霉，受闷脱毛。貂皮干燥一般采用机械鼓风常温干燥法较好。当电源接通时，鼓风机将冷空气吹进风箱，把风箱的气嘴插入上植板的貂皮嘴岔里，让风箱里的空气由气嘴吹出，通过皮的腹腔，在室温20～25℃条件下，24小时即可风干。也可将上好植板的皮张放在晾皮架上，室温保持18～25℃，相对湿度55%左右。皮板晾干至筒皮发硬，貂皮8～9成干时即可下植板。

⑤ 下植板和整理　下植板前，先拔除各部位的图钉，然后将鼻尖挂在钉子上或用钳子捏住，两手握住植板下端，抽出植板。如果鼻尖过于脆硬可蘸水回潮再行下植，切忌猛拉，以防撕裂皮张。水貂皮下植板后需要再次用锯末搓擦，除掉灰尘和油污，使毛绒光亮，并梳通缠结毛；最后将整修好的皮张平放摞起，上面放1块木板，木板上面再压上重物，使皮张回软。

⑥ 初步分等成捆　整修好的水貂皮根据商品收购规格要求分等、包装。分开雄雌皮，背对背，腹对腹，每20张成1捆，用纸包好头部，捆好后放在木箱内（箱里撒入一定量的防虫药剂），装好后置于干燥处，要求温度为5～25℃，相对湿度60%～70%，妥善保管。

(4) 毛皮品质鉴别　不同品种的水貂，其毛绒品质亦不相同。品种可影响毛绒的色泽、密度和长度等，水貂皮的品质随着年龄的变化而异。年龄越大的水貂，毛绒的缺陷也越多，如老貂毛干燥、无光泽、底绒不齐、峰针沟卷，老母貂皮出现白针和皮板厚硬等。幼貂皮最佳。产于东北地区的水貂皮，毛足绒厚，颜色黑褐，针绒毛密度大且比例适当；产于西北地区的水貂皮针毛较长，针毛与绒毛的比例不大适当。青海水貂皮针毛勾曲较重。南方各省的水貂皮针绒密度较差，色泽较淡，但比例适当且光泽特别好。

鉴别标准色水貂皮以毛绒品质为主；鉴别彩色水貂皮以毛绒色

泽为主，要求色正、鲜艳，不带老毛，然后再结合伤残缺点定等级，以尺码大小计价时公貂皮与母貂皮分开计价。具体检验方法是：一手压住貂皮的尾臀部，另一手捏住头皮，上下抖动，使全毛绒坚立，恢复自然状态，然后观察毛绒是属于标准色水貂皮还是彩色水貂皮的哪一种，背腹颜色是否接近，是否油润光亮，针毛与绒毛高矮差距大小如何，观察针毛的粗细、疏密是否适中，毛干的形状是否笔直、平齐；观察伤残缺点是否严重。水貂皮患慢性疾病不愈会造成水貂皮有缠结毛。轻微的缠结毛能梳开，无痕迹，不飞绒，不算次皮。毛绒缠结严重的若进行梳毛，会造成绒毛空疏并使针毛受损，影响毛皮质量。水貂皮收购规格等级如下。

一等：毛色黑褐、光亮，背腹部毛绒平齐、灵活，板质良好，无伤残。

二等：毛色黑褐，毛绒略空疏。若水貂皮主要部位具有一等皮的质量，而次要部位如鼻尖、眼周稍带有夏毛的按二等皮收购。对彩色水貂皮也适用于以上规格，但要求色正、鲜艳，不带老毛。花貂皮除指定育种场外一律按等外皮处理。

等外皮：不符合等内要求或受闷脱色、开片皮、白底绒、毛峰勾曲较差的为等外皮。

注：1. 收购标准（黑）貂皮实行分色比差收购，即根据皮色深浅执行不同价格（其他规格要求不变）。

2. 收购彩貂皮按色型标准彩貂皮价格收购，杂色貂皮按等外皮以质论价。

▶ 66. 怎样剥取紫貂皮与毛皮加工？

紫貂又名"黑貂""赤貂""林貂"。属哺乳纲，食肉目，鼬科。形似黄鼠狼，但体型比黄鼠狼大。体长 38～56 厘米，嘴尖、耳大呈三角形，腰细身长，四肢短，爪细尖锐，善于爬树。尾短而粗，长 11～19 厘米，尾端毛长而蓬松。体色棕黑或黄褐色，头部较浅，背毛呈棕褐色或褐色，掺有少数白毛针，腹毛为淡褐色。

紫貂皮的毛绒厚，细柔而轻，底绒丰足，富有光泽，在黑褐色针毛中衬托着稀疏而均匀的白色针毛，精致美观，板质细韧。紫貂皮制裘后，适于制作各种高级皮大衣、皮帽、皮领、袖头以及围巾等。产于新疆维吾尔自治区的紫貂，毛长绒足，呈黑褐色，张幅较太。

（1）处死方法　采用折断颈椎脱节法。宰杀紫貂常用的方法，即用右手戴上棉手套抓住紫貂后再用手捏住头部，左手按住貂身，然后用右手向右手后猛折，折断颈椎致死，或采取静脉注射空气处死法或电击处死法，详见狐处死法。

（2）紫貂皮的加工　剥皮要求皮形完整，头、耳、须、尾、腿、爪齐全，抽出尾骨、腿骨，除净油脂，开裆后，皮板朝外，圆筒晾干。紫貂皮加工具体方法如下。

紫貂处死后要尽快剥皮，如果放置时间过久会影响毛皮质量。剥皮前先清除毛绒上沾染的粪土、泥土和血污等。紫貂毛皮以筒状剥离，先将紫貂尸体头向下倒挂起来，然后围绕后腿肘将皮割开，再从割开处用刀挑割到肛门，后裆切开，要用类似脱裤子的方法从上往下将皮剥离。剥至前腿时，将两前爪从肘部切掉。剥到头部必须小心，要求头、耳、尾、腿、爪须齐全，保持皮张完整（图2-5）剥皮时应防止血液和油污染绒毛和皮板。抽出尾骨、腿骨，并用钝刀除净油脂，切勿损伤皮板，开后裆，皮板朝外，剥下的鲜圆筒皮先刮油，刮油后撑展晾干。紫貂皮初加工可参照水貂皮初加工方法。

图 2-5　紫貂皮

（3）紫貂皮的品质鉴别　应以绒毛长度、密度、灵活性、有无黄眼圈，针毛的颜色、光泽、弹性和白毛针的多少、分布是否均匀等为主，结合面积大小，伤残缺点，皮形是否合乎标准，有无缺腿、尾、爪、须等情况确定等级。具体验质方法如下。

① 检验皮板与皮形　首先观察皮板的颜色，以便确定生长季节和毛绒品质；然后检验皮形是否为毛朝里、板朝外、开后裆的圆筒皮。

② 检验毛绒品质　一般先将后臀部皮板用手揉搓几下，使皮板变软，再将皮张头朝里、腹部向上托在手中，将两个前爪对扣起来，顺着头部方向按倒，托皮的手将皮筒的背、臀部握住，用另一只手的食指、中指压住前腿下的腹部，向脊背部方向顶去，同时握皮手向头部方向捋皮。当皮筒翻过 2/3 时，右手握住尾根部，轻轻拍打几下，使毛绒恢复自然状态，注意勿划伤皮板。

a. 冬皮：针毛长密、灵活，底绒丰厚，色泽光润，油亮，皮板白，有油性。质量上乘。

b. 秋皮：晚秋皮针毛平齐，底绒略短疏，色泽光润，皮板较厚，臀部略显青灰色。早秋皮针毛稀短，底绒稀薄，光泽较差，皮板厚硬，呈青黑色。

c. 春皮：早春皮毛绒虽太，但略显空疏，针毛稍显勾曲，底绒略有黏结现象，皮板发黄，色泽发暗。晚春皮针毛稀疏而弯曲，底绒黏结发乱，干燥无光，有脱落现象，皮板薄软，呈红色。

d. 夏皮：毛绒脱落，针毛稀疏，凌乱，无制裘价值。

注：紫貂皮收购等级规格如下。

一等：毛绒丰厚，灵活，针毛齐全，呈深褐色并带有均匀的白色针毛，色泽光润，板质良好，完整无缺，无伤残，面积 580 厘米^2 以上。

二等：针毛齐全，呈褐色，绒毛发黄或颜色较淡，背部白色针毛较多或分布不匀集成一撮，面积 580 厘米^2 以上，或具有一等皮毛质、板质，面积比一等皮小。

三等：毛绒略空疏或颜色灰黑暗淡，面积 580 厘米^2 以上，或具有一等、二等毛皮质、板质，可带轻微伤残。

不符合等内要求的为等外皮。

67. 怎样开剥和初步加工狐皮？

狐狸皮毛细绒厚，色泽光润，御寒性强，适宜制作大衣、皮帽、皮领等。除做全狐皮衣外，还可利用狐体各部位的特点，如狐头、狐肷、狐脊、狐膝分别拼凑成裘，图案新颖，也可将整张狐皮镶上新颖的图案做围脖，轻暖美观。

(1) 处死方法 处死狐的方法很多，本着处死迅速，毛皮不受损伤和污染，而且经济实用的原则，现将常用的药物处死、心脏注射空气处死和电击处死方法介绍如下。

① 药物处死法 一般用肌肉松弛剂氯化琥珀胆碱，每千克体重 $0.5 \sim 0.75$ 毫克，皮下注射或肌内注射后，$3 \sim 5$ 分钟死亡。

② 心脏注射空气处死法 保定后在狐胸腔心脏部位（在心脏跳动处）用注射器注入空气 $10 \sim 20$ 毫升，使血管发生空气栓塞，血流中断而死亡。

③ 电击处死法 将连接 220 伏火电（正极）的电击器金属棒插入狐肛门内，待狐前爪接地时，接通电源，狐立即僵直，$5 \sim 10$ 秒钟死亡。

(2) 狐皮开剥 狐处死后尸体不能堆积在一起，以免闷板脱毛。僵硬或冷凉后的尸体剥皮十分困难，所以应在狐尸体未僵硬冷凉以前及时进行剥皮，剥皮前先擦净毛被上的水和血污及其他杂质，剥皮时应按照商品规格要求头、腿、尾、爪齐全，抽出尾骨、腿骨。剥筒皮保留四肢趾爪完全（图2-6），但也有前肢肘关节下不要，具体剥皮与初步加工方法如下。

① 挑裆 用剪刀从一侧后肢掌上部挑开，沿腿内侧长短毛交界处向前延伸挑至肛门前缘，横过肛门，再挑至另一后肢掌上部，然后由肛门后缘沿尾中夹挑至尾尖方向中下部，最后再将肛门周围连接的皮肤挑开。

② 剥皮 挑裆后先剥下两侧后肢和尾的皮，保留足垫和爪在皮板上。抽出尾骨，并将尾皮沿腹中线全部挑开。然后将后肢放在钩上悬挂起来，做筒状剥离，从后向前翻剥，雄狐当翻到尿道口时剪断，以防撕坏腹皮。前肢也做筒状剥离，剥到前肢处，在腋部向前肢内侧挑 $3 \sim 4$ 厘米的开口翻出前肢爪和足垫，将腿骨、筋肉与

图 2-6　狐皮（皮筒）

爪切开，翻剥狐头时按顺序将耳根、眼睑、嘴角、鼻皮割开，保留眼睑、鼻和口唇都完整无缺地在皮板上。

（3）毛皮初步加工

① 刮油　剥下的鲜皮常带有油脂、残肉和凝血，不利于生皮的保管，容易造成油烧、霉烂、脱毛等损坏，同时也影响皮板的整洁，降低使用价值，因此必须及时进行刮油处理。除净油脂后进行修剪整理。方法是将狐皮毛朝里套在直径10厘米的粗胶管上，用竹刀或钝的电工刀由后（臀）向前（头）一段一段刮掉皮板上的油脂、残肉和凝血。刮油用力要均匀，切勿用力过猛，以免损伤毛囊和毛皮。尤其刮到公狐的尿道口和母狐的乳头处，因皮板轻薄要轻刮，狐头和狐开裆处的脂肪残肉不易完全刮净，需要用剪刀贴皮肤仔细修剪，把皮板上的脂肪和残肉全部刮净。刮油和修剪切勿损伤皮毛。

② 洗皮　刮净狐皮上的油脂和残肉后，先用小米粒大小的半湿杂木锯末搓洗皮板上的附油，不可采用树脂的锯末如松树锯末洗皮，然后将皮翻过来擦洗毛被上的油和各种污物，先逆毛搓洗再逆毛搓洗，直到毛皮洗净为止。洗完后将锯末抖掉或用小木棍敲掉。大型养狐场毛皮数量大，可利用转鼓和转笼洗皮。通过洗皮使狐皮清洁、光亮、美观。

③ 上楦板和干燥　狐皮洗净后为了防止干燥后收缩和褶皱，先用旧报纸折成斜角缠好楦板，毛朝里上到固定规格的楦板上或放到室外自然干燥，待半干时再翻转毛皮使毛朝外，再上到楦板上晾干。狐皮上楦板时头部、后腿和尾摆正，使皮左右对称，下部要拉齐，然后用小钉固定在楦板上。大型养狐场可将楦板上毛朝外的狐皮移到具有调温湿设备的干燥室中，每张楦板上的毛皮分层放到吹风干燥机上，并将气嘴插到皮张的嘴上，让干气流通过皮筒。一般每分钟每个气嘴吹出的空气为 $0.28 \sim 0.36$ 米^3，在干燥室内控制适宜室温为 $18 \sim 25 ℃$、相对湿度 $55\% \sim 65\%$ 的条件下，狐皮一般经 35 小时左右干燥。狐皮干燥后从干燥室内取出放室内，在常温下继续晾干一段时间后，对狐皮上大的油污还需再次用新鲜半湿杂木锯末反复清洗，直至使整个狐皮蓬松、光亮、美观为止。对皮毛上的缠结毛，要用排针梳梳开整理。最后，根据市品规格经检验分级后分别包装。保管时需防虫害和鼠害。

(4) 毛皮品质鉴别与利用　鉴别狐毛皮品质应根据商品规格，毛绒质量，毛皮成熟度，针毛完整性，绒毛厚度，结合皮板质量优劣，头、腿、爪齐全，伤残缺点、张幅面积大小及色泽深浅，按照毛皮收购规格标准检验，确定毛皮等级。狐皮毛细绒厚，色泽光润，针毛挺直，底绒细密，御寒性强。狐皮品质与季节有关。每年取狐皮季节在 12 月至翌年 2 月，小雪以后的狐皮，毛峰齐全而高爽，底绒丰足灵活，油润光亮，皮板较薄，呈白色，是制裘的优质原料皮。狐夏皮毛绒稀疏，皮板厚硬，无制裘价值。

▶ 68. 怎样开剥和初步加工貉皮？

貉皮品质与季节有关，貉的冬皮毛大绒厚，紧密细柔，保暖性能好。貉皮针毛较长，富有弹性，毛峰齐全，针毛尖大，细密，色泽光润，板质肥壮，油润光滑，是较名贵的制裘原料皮。貉皮有两种使用方法：一种是用毛绒兼用制裘，称为貉皮；另一种是拔去针毛，利用绒毛制裘，称为貉绒。制裘后的貉皮轻暖耐用，御寒性能较强，可制作毛朝外大衣和皮褥子、皮帽、皮领等。

(1) 处死方法　貉取皮前需要停食 1 日，以保证所取毛皮的质量。处死貉的方法很多，一般选用药物处死、心脏注射空气处死和普通电击处死方法，使用上述处死方法，能使貉处死迅速，貉皮毛不受损伤，而且经济方便。具体处死方法可参照处死狐的方法进行。

（2）剥皮技术　貉处死后尸体不能堆积在一起，以免闷板脱毛。所以貉尸体未凉以前应及时进行剥皮，如果貉尸体僵硬或冷凉后剥皮十分困难。剥皮时应按照商品规格要求剥成，并保留四肢和趾爪完全（图2-7）。具体剥皮方法如下。

图 2-7　貉皮

① 开裆　用剪刀从一侧后肢爪跖中部挑开，沿腿内侧长短毛交界处向前延伸；挑至肛门前缘，横过肛门，再挑至另一后肢爪跖中部，然后由肛门后缘沿尾腹面中线挑至尾中、下部，再向肛门后缘中央分别斜向挑至各肢开裆线处，保留肛门的小块三角形毛皮。

② 剥皮　挑裆后先剥下两侧后肢和尾的皮，保留足垫和爪在皮板上，抽出全部尾骨，并将尾皮沿腹面中线全部挑开，然后将其后肢挂在固定的钩上悬挂起来筒状剥离，从后向前翻剥，翻剥公貉皮剥至尿道处，可将其剪断，以防撕破腹皮。剥到前肢处，在腋部向前肢内侧挑3～4厘米开口翻出前肢爪和足垫，将腿骨、筋肉与爪切开，保留足垫和爪在皮板上。由于此处皮板较薄，剥皮要小心，防止损伤皮板。翻剥貉头时，按顺序将耳根、眼睑、嘴角、鼻皮割开，保留耳、眼睑、鼻和口唇都完整无缺地在皮板上。

（3）毛皮初步加工

① 刮油　剥下的鲜皮常带有油脂、残肉和凝血，不利于生皮的保管，容易造成油烧、霉烂、脱毛等损坏，同时也影响皮板的整洁，降低使用价值，因此剥下的鲜皮必须及时进行刮油处理，除净

油脂后进行修剪整理。刮油方法是将貉皮毛朝里、板朝外套在一头粗一头细的木棒上，用竹刀或钝的电工刀由后（臀）向前（头部）一段一段刮掉皮板上的油脂、残肉和凝血。刮油用力要均匀，切勿用力过猛，以免损伤毛囊和毛皮。尤其刮到公貉的尿道口和母貉的乳头时，因此处皮板薄要轻刮。貉头和貉开裆处的脂肪、残肉不易完全刮净，需要用剪刀贴皮肤仔细修剪，把皮板上的脂肪和残肉全部刮净。

② 洗皮　刮净貉皮上的油脂和残肉后，先用小米粒大小的半湿杂木锯末搓洗（不可用含有树脂的锯末如松木锯末洗皮）皮板上的附油，再将皮翻过来搓洗毛被上的油和各种附物，先逆毛搓洗，再顺毛搓洗，直到毛皮洗净为止。洗完后将杂木锯末抖掉或用小木棍敲掉。大型养貉场毛皮数量大，洗皮可利用转鼓和转笼洗皮。通过洗皮使貉皮清洁、光亮、美观。

③ 上楦板和干燥　貉皮洗净后，为了防止干燥后收缩和褶皱，先用旧报纸折成斜角缠好楦板，将貉皮毛朝外上固定规格的楦板上，貉皮上楦板头要摆正，使皮左右对称，下部要拉齐，包括后腿和尾部都要用小钉固定在楦板上。有条件的将貉皮毛朝外上楦板后放到具有调温湿设备的干燥室中，室内控制室温 $18\sim25\,^{\circ}\mathrm{C}$，相对湿度 $55\%\sim65\%$，每张楦板上的毛皮分层放到吹风干燥机上，并将气嘴抻到皮张的嘴上，让干气流通过皮筒，每分钟每个气嘴吹出空气为 $0.28\sim0.36$ 米^3，待貉皮干燥从干燥室中取出后还要放在室内常温下继续晾干一段时间。对貉皮上大的油污还需再次用新鲜半湿杂木锯末反复搓洗，最后将皮上的缠结毛用排针梳梳开，用细梳子梳理，最后根据商品规格要求整理，经检验分级，然后分别用包装纸包装后装箱到毛皮市场上出售。保管时需严防虫害和鼠害。

(4) 皮毛品质鉴别与利用　鉴别貉皮品质和其他兽皮一样，要掌握取皮季节，根据毛绒成熟程度，毛绒厚薄，色泽情况，针绒毛完整性，结合张幅大小，板质优劣，伤残缺点，头、腿、爪齐全，按照毛皮收购规格标准初步检验确定等级。貉的夏皮、晚春皮毛绒短而空疏或无绒，呈枯黄或红黄色，较枯燥，针毛弯曲而凌乱，板质薄弱、无油性，皮板发硬，皮无制裘价值。

69. 怎样处死肉狗？怎样开剥与初步加工肉狗毛皮？

狗皮可加工成狗绒皮和狗板皮两类皮制品，不仅御寒，防潮性能好，而且毛色美观，是国内外皮货市场的紧俏产品。狗绒皮是加工制裘皮的原料皮，主要用于加工制作皮毛服装、皮褥和靠垫等；狗板皮主要用于制革，可做各式编织凉鞋等。

(1) 处死方法　屠宰前给予适当休息和禁食。因为捕狗时引起剧烈活动，通过适当休息可使狗在屠宰时放血充分，一般为 24～36 小时为宜，不宜时间过长，否则严重掉膘，肉中酸碱度值降低。而且适当休息和禁食有利用于肉的贮存，减少肉的微生物污染程度，排空肠胃的内容物，便于屠宰时操作。屠宰时先要清洁狗体，防止毛皮污染影响质量。屠宰方法为击昏后放血，为了放血充分，宰前先用棍棒及其他机械或用电重击狗额部使之昏迷，立即将其吊挂放血，采用此法放血快且充分。

(2) 剥皮技术

① 开裆摘除内脏　剥皮后 30 分钟内要及时开裆将内脏摘除干净，否则内脏中的细菌繁殖使内脏腐烂变质。开膛和摘除内脏的刀具应洗净消毒。摘除内脏时应注意防止划破胃肠壁，防止胃肠内容物污染腹腔。经屠宰后的狗肉首先割下无食用价值的爪、尾及头，然后割去有害的腺体。

② 剥皮　肉狗屠宰前应停止喂饲，屠宰后应把尸体散放在干净凉爽的地方，切忌堆放，以免尸肉余热引起脱毛。屠宰后应在尸体尚有一定温度时剥皮，因为僵硬或冷冻的尸体剥皮十分困难。如果屠宰后来不及及时剥皮，应将尸体放在 -10～1℃ 处保管。否则，温度过高，微生物及酶容易破坏皮板；温度过低容易形成冻糠板，均影响毛皮品质。

狗放血后应及时剥皮，剥皮时先清洗狗身上的泥土等污物，再用钩钩住狗上颌部，挂在柱子上，用刀将嘴岔处的皮肉割开，使该处皮肉分离后向后剥皮。狗皮剥皮时要按照商品规格清除狗皮上的肉及油腻物，并要求皮形完整，头、腿、尾齐全。防止各种伤残，如刀洞、描刀、缺材、撕伤等，而降低毛皮品质。如果剥皮方法不当，极易造成各种伤残，降低毛皮品质。剥皮方法有圆筒式、袜筒式、片状 3 种。圆筒式剥皮方法：剥皮前用无脂硬锯末或粉碎的玉米芯把屠宰后狗尸体上的毛被洗净，然后将后肢和尾部挑开，从后裆开始剥皮，使皮向外翻出，要求剥成圆筒皮，剥皮过程中应随时用小刀轻轻地刮掉板上附着的肌肉和韧带。所有的脂肪都应在皮板干燥前去净，否则，皮板干燥后难以刮净。再沿中线从腭下开口直挑至尾根，然后将前肢和后肢切开，最后剥离整个皮张成片皮，展平晾干（图 2-8）。用此法容易去油和便于晾晒，不易造成贴板并干燥均匀，可以更合理地利用毛皮。但防腐、贮藏、管理有困难，因此要沿腹中线切开成片皮，展开后置阴凉通风处晾干堆垛、保存。

图 2-8　狗绒皮

（3）毛皮的初步加工　皮从狗体剥离后，如温度适宜，生皮不及时防腐鞣制，在存放过程中易受细菌和自溶酶的作用，会使蛋白质分解，造成腐败变质，降低生皮的利用价值，所以由狗体刚剥下的，未经加工处理的鲜皮称为生皮，不能直接用于制成皮货，必须及时加工。如近期不能加工处理，应冷却 1～2 小时，及时降低温度和鲜皮中的水分，或利用防腐剂、消毒剂或化学药品等处理，来消灭细菌或阻止酶和细菌对生皮的作用。狗生皮的加工方法有很多，狗皮简易硝制方法介绍如下。

①清洗　将狗皮上的肉和油脂清除干净，平放在木板上，用粗砂布或砖块磨至略见粗毛根。用油茶饼（油茶籽榨过油后的饼粕经粉碎）250 克加水 2500 克，煮沸后倒进盆中，冷却后，用石头把狗皮压入水中浸泡 12 小时后取出，用肥皂水反复冲刷，消除臭味。

② 固定　用明矾 500 克加水 2500 克，煮沸后倒入盆中，待冷却将狗皮浸入其中，约 24 小时后取出，毛面朝下放在木板上，张开绷紧并用铁钉固定。

③ 涂硝水　狗皮固定后，将 50℃的皮硝水（一张适当大小的狗皮所需皮硝水，可按皮硝和水各 250 克，煮沸至 150 克左右即成），反复均匀地涂在皮板上，稍干后狗皮即可起泡。若个别处没有起泡，可再次涂上，直至起泡为止。

④ 平展　待起泡后的狗皮干后，用细砂布仔细磨平。如用手抓狗皮能成团，放开后慢慢地展开即可。

（4）毛皮品质鉴别与利用

① 鉴别皮毛绒的方法　鉴别毛绒应察看针毛的生长分布是否匀密和发育是否成熟。察看时需用手指趟摸，有无触及皮板的感觉，再翻看皮板的颜色，并注意边缘皮毛的长短和底绒的稀密。常见的伤残缺陷是：火燎、剪花（毛绒剪短处多）、沙毛（有针毛而底绒空缺，使用价值较低）、无针毛、癣癫皮肤造成的毛绒空疏、表皮有大量白痂及其他皮张伤缺，鉴别品质时还应注意从生产季节、狗的年龄、品种等方面全面衡量，再按照收购规格标准定等级。

狗皮品质与毛的长度有很大关系。一般分为小（短）毛（毛长 2 厘米左右）、中毛（毛长 3 厘米左右）、大毛（毛长 5 厘米左右）、长毛（毛长 7～10 厘米）。根据狗皮毛的长度可以决定狗皮使用价值的高低。

② 鉴别皮板的方法　狗皮板的等级确定主要以板质状况来检验，首先检验皮板的厚度，看厚薄是否均匀，弹性和油性的大小等确定板质优劣，然后结合伤残特点的轻重程度、面积大小，根据收购规格标准，全面衡量加以评定等级。常见伤残缺陷是油烧板、破洞、缺材、虫蚀、霉烂陈皮等。

③ 狗皮张面积计算法　为了合理利用狗的皮张，狗皮张面积的计算方法是从耳根至尾根，选腰间适当部位，长宽相乘求出面积。以上狗皮面积的计算，要求皮形完整，头、腿、尾齐全，形成片状，宽度应除去欸。圆筒皮应加倍计算，对于鲜皮或撑楦过大、皱缩板，要根据实际情况适当伸缩。

狗的毛皮是国内销量很大的高档皮货。狗的毛绒皮属于大毛细毛原料，皮毛绒丰厚，色泽光润，板质细韧，御寒性能好，主要用于制作防寒制裘品，如毛绒较短薄的可制成毛朝外大衣、皮库、皮鞋里；毛绒丰厚的可制成袄、皮背心、皮褥子、皮帽、皮领。板皮加工后主要用于制革或热胶，用途大价格高。

70. 怎样处死、剥制獭兔皮？

獭兔，又称力克斯兔。又因力克斯兔的绒毛平整直立，富有绚丽丝光，手感柔软，故又称"天鹅绒兔"。獭兔是一种典型的皮用型兔。由于獭兔全身长有短齐浓厚细密的绒毛，很似珍贵毛皮兽"水獭"，故有"獭兔"之称。獭兔产于法国，是由普通兔发生突变后选育发展而来的。20世纪30年代以后，英国、德国、日本、美国相继引入饲养，并培育出各种色型的獭兔。我国的獭兔生产是20世纪50年代初，从原苏联引进饲养的，至今已有60多年的历史。1986年中国土畜产总公司从美国引进300只獭兔饲养繁殖。獭兔产品以皮为主，以肉为辅，被誉为"兔中之王"。

(1) 处死方法 取獭兔皮一定要破除长期以来宰杀肉用兔形成的先屠宰放血，后剥皮的老办法，采用先处死、后剥皮、皮肉分离后再放血的新工序，这样做可以保证毛皮少受损。小规模宰杀獭兔可用颈部移位法，左手用力握住其颈部，右手托其下颌往后扭动，因颈椎脱位而死亡。农村少量饲养獭兔简便而有效的处死方法是棒击法，即左手将兔子后脚擒起，然后用圆木棒猛击一下兔两耳根之间后方的延脑部使其致死，或用电麻法，用电压40~70伏、电流0.75安培的电麻器在兔耳根让其触电致死。

(2) 剥皮技术 处死后的兔子应立即剥皮。手工剥皮一般先将左后肢用绳索拴起，倒挂在柱子上，用利刀切开跗关节周围的皮肤，沿大腿内侧通过肛门平行挑开，将四周毛皮向外剥开翻转，用退套法剥下毛皮，最后抽出前肢，剪除眼睛和嘴唇周围的结缔组织和软骨。在退套剥皮时应注意不要损伤毛皮，不要挑破腿肌或撕裂胸腹肌（图2-9）。

(3) 初步加工 獭兔生皮出口，要求去头、去尾、去上肢，剥制成"毛朝里，皮朝外"的扁形筒式标准撑板皮。其程序是：将兔的右脚用绳拴起，倒挂在柱子上；截去上肢（从飞关节处截断）和

图 2-9 獭兔手工剥皮方法

尾巴；用利刀自后脚关节处，沿两后肢内侧、阴部上方的直线挑开；将四周毛皮向外翻转，用退套法，一人用双手护住兔的腹背，另一人将整张兔皮筒状拉下，到耳根处再将头面皮割断，即成毛面朝内的圆筒皮。

　　鲜筒皮在清除血污、粪便及泥沙之后，即可按原样头部向上、尾部向下套在撑皮架上。去掉残留在皮板上的脂肪、肉屑，摆正腹背，理顺皮筒，让其自然伸展，皮张下端用夹子或小绳固定好，不让其回缩卷边。然后挂到通风干燥处晾干，也可在不强烈的阳光下晒干。干透后即下撑皮架，沿腹部中线用利刀剖开。

　　撑皮架可用竹条制作，长 1.2～1.4 米，宽 10～12 厘米，中段熏成"且"形，用砂纸擦光。上顶端的圆弧圈直径为 10 厘米左右，下端自然撑开，使套上筒皮后，有一定的弹性将皮板撑开（图2-10）。如撑皮架基部过大，可用细绳控制，以免将皮撑破。

　　（4）家庭兔皮硝制简易方法　獭兔生产在我国农村发展起来之后，时有少量兔皮需在家庭硝制，要求设备简单，方法简便，药品易购。现将适合农户加工生产的兔皮硝制方法介绍如下。

　　a. 剥皮：有些地方把兔皮剥成皮筒，里面塞些稻草、麦秸，背阴晾干。但这种方法不可取，因为稻草或麦秸上有许多霉菌，兔皮容易发霉、掉毛，影响皮的质量。因此，在秋冬季节剥下来的兔皮，最好修整后展开贴在墙上，或钉在木板上晾干，也可展平贴在水泥地上晾干，翌年春进行硝制。家庭硝制兔皮，一般要在清明前

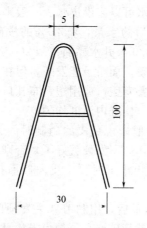

图 2-10 撑架（单位：厘米）

后，室温维持在 20℃为宜。

b. 干铲：兔皮晾干后，用比较钝的小锹、铁铲或刀等，铲去皮上附着的油脂与残肉。兔的皮下血管伸入真皮层，且很牢固，因此，不能用手去撕。否则很容易撕破皮，影响质量。

c. 回软：硝制前将铲过的皮浸入清水中 1～2 天，使兔皮又变成鲜皮状态。

d. 潮铲：将兔皮铺平，一般铺在木板上，再用钝刀铲刮 1 次。

e. 脱脂：兔皮硝制得好不好，脱脂是关键环节。我国传统方法是用石碱（面碱）粉涂在潮湿的皮面上（没有毛的一面），尽量避免碱水接触兔毛，以免兔毛尖发脆。3～5 分钟后用清水洗净，可视情况再重复一次。然后用洗衣粉适量，温水调和后，浸泡整张皮，连毛一起洗，几分钟后用清水洗净，再视情况也可再重复一次，以保证脱脂的质量。取出后晾至半干时再入硝。现在市场上新型洗涤剂很多，均可试用。

f. 入酸：硝皮的主药是皮硝。皮硝又叫芒硝，学名叫硫酸钠。要注意切不可用硝酸钠。后者腐蚀性强，不但胶毛，连皮板都可烂掉。一般中药房的芒硝杂质很多，溶解后需将沉淀物滤去。可从西药店中购买精制芒硝。

一张兔皮要用多少硝呢？以调好的水能淹没皮张为度。所以在洗皮时要量一下多少水可以淹没皮张。一般来说，皮越多而硝相对要省一些。根据测量后的水量，将 20% 的皮硝、25% 的糯米或大米粉加入水中，即 1000 毫升水要加芒硝 200 克、米粉 250 克和匀。切不可用面粉代替米粉。面粉虽能发酵，但在毛上粘得很牢，硝层不易拍掉。盛皮的缸要有盖，或用塑料布扎口，以免长霉，皮入硝后，要每天翻动 1 次，使缸内温度均匀。

g. 硝制时间：一般来说兔皮的硝制时间为 3 周左右，可取出一点晒干，用手搓搓，如不发硬就好了，否则应延长时间。取出硝好的皮张晒干。当皮板半干时要将皮向四面拉撑一次，以免过度收缩。

h. 整理：兔皮晒干后，用利刀修去发硬的边缘，再用手搓皮至软熟，拍去米粉，就算硝好了。拍净米粉是比较费事的。有关材料报道，在兔皮硝制好未晒之前，准备一些 20% 芒硝水，将米粉洗去，效果更佳。但千万不能用清水洗，因为硝过的兔皮见水即硬，即所谓的"走硝"。

i. 保存：拍掉米粉的兔皮，再在烈日下暴晒几天，使残脂挥发，清除异味后，放上樟脑，用布包好过夏。可裁制各种裘皮制品。

(5) 毛皮品质鉴别　主要看獭兔皮的毛绒是否平顺、色泽是否光润，然后观察皮板质量。要求板质细韧，以油韧、厚薄适中的为佳。再结合皮张的面积、伤残缺点等确定等级。

71. 怎样捕捉、处死野兔？兔皮如何剥制？

草兔和山兔统称野兔。草兔皮毛绒细密、灵活，皮张较薄，鞣制后可制成皮褥子。山兔皮毛绒平齐，针毛略粗，色泽光亮。山兔皮鞣制后可制作皮帽、皮领、毛手套等。针毛是制作毛笔的原料。

野兔对农作物危害严重，捕捉野兔进行毛皮加工和制作兔肉食品可化害为宝。

(1) 捕获方法　野兔的捕捉方法有很多，常用以下几种方法捕捉。

① 踩夹　踩夹由两条铁弓构成，根据不同的野兔制夹型号各不相同，踩夹装置放在野兔出没的地方。每隔 5～10 米安放 1 副踩

夹，用时张开，有一弯曲弹簧钢板向上弹起，将兔死死夹住。正常情况下，傍晚放踩夹，第 2 天早晨取兔。以后还可照例在原处安放踩夹继续捕兔。踩夹法适用于一年四季捕兔。

② 套捕法　用下活套的方法可捕到不少中、小型兽类。取几根细钢丝，扭成一般粗的钢丝绳，一端弯成一个小圈，另一端从那个小圈中穿过，即为活套。套口大小约 12 厘米，离地 10～15 厘米高。根据发现野兔居住的洞口有成堆的粪便，把套吊放在兔经常走过的路上，另一端在树上或木桩上固定死，当野兔经过时，即被套住，愈挣扎愈紧。用马尾鬃做活套也能套住野兔。

③ 扣兔法　用长 75 厘米的 14 号铁丝，一头拴在 25 厘米高的木桩上，做成活扣（能来回拉动）。扣子要晚上下在野兔活动的小路上，早晨收。野兔最爱晚上出外食草，但不敢走草多的地方，怕扎眼睛，常到路边草地里吃庄稼。所以，圆形铁丝要对准野兔路过处，并离地 5～6 厘米。野兔如一头钻进去，便越挣扎越紧，无法逃脱，第 2 天早上就能捕捉它。用此法捕捉野兔效果较好。

④ 网捕法　用麻绳织成网（绳粗 2 毫米），网长 20 米，宽 1 米，网眼大小 5～10 厘米，发现野兔后，在其前面地形狭窄处设网，从三面哄赶，野兔从其躲藏地方跳起逃窜，撞在网上，网即倒下将其扣住。

⑤ 提网逮兔法　在低山丘陵野兔多的地区非常适用，具体做法是：准备好尼龙网，网宽 2～3.3 米，长 3.3 米以上，也可用拉鱼的大网代替，组织 3～5 人，在草丛茂盛的地方，将网拉长，再用竹竿支起，高度为 1～1.7 米，网后留有兜囊。网拉好后，人群排成口形，只要吆喝数声，手拿棍棒，向网的方向赶去，一路吆喝敲打。这样，窝藏在草丛、岩洞里的野兔被惊动，便往网的方向拼命奔跑，最后跑到网兜里，脚爪陷进网眼被绊住，惊恐万分，在网里碰撞翻滚，结果反被网紧紧裹住而不能动弹。有时一网可拦十几只野兔，用这种方法捕捉的野兔多且效果很好。

(2) 处死方法

① 棒击法　用左手将兔两耳拎起，右手用硬木棒猛击兔的后脑，一下便能使其昏迷毙命。

② 绞杀法　用麻绳或细铁丝悬梁，将兔头套入，然后放手使

之悬空，挣扎几下，半分钟即可勒死。

③ 灌醋法　给兔灌服食醋数勺，使兔呼吸困难而死亡。

④ 颈部移位法　固定兔的后腿和头部，使兔身尽量伸长，然后突然用力一拉，这样兔的头部向后弯曲，使颈部移位致死。

⑤ 放血法　将兔倒挂起来，然后用锋利小刀割断动脉血管，然后倒悬兔体，放尽兔体内血液致死。

⑥ 注射空气法　在野兔的耳静脉内注射空气5毫升，使之发生血液栓塞，很快死亡。用此法处死野兔最为干净利落。

(3) 剥皮　野兔毛皮初步加工与家庭兔皮简易硝制方法与獭兔皮毛初步加工相同。

(4) 毛皮品质鉴别　鉴别野兔皮（图2-11）的品质，主要看毛绒是否充足（草兔皮以绒毛为主，山兔皮以针毛为主）、皮张面积大小、有无伤残缺陷，再按照行皮规格标准确定等级。

图2-11　野兔皮

鉴别其品质首先看毛绒是否丰厚，这与取皮季节很有关系。冬季毛足绒厚，针毛较多，有光泽，皮板薄，呈黄红色；秋皮毛绒较短、稀疏，皮厚，呈暗灰色；春皮毛长绒稀，色泽减退，针毛有脱落现象，皮板略瘦薄；夏皮毛稀无绒，无制裘价值。其次再看面积大小和有无伤残缺陷，要按照规格标准确定等级。量皮方法，是从颈部缺口中间量至尾根，选腰间适当部位，长宽相乘，求出面积。其中以内蒙古自治区的草兔皮质量最好，其毛绒足，有光泽，呈灰黄色，针毛粗硬，弹性强，张幅大。收购等级规格如下。

甲级皮：板质良好，绒毛丰密平齐，毛色纯正，色泽光润，无旋毛，皮板洁净，无伤残，全皮面积在1100厘米^{2}以上。

乙级皮：板质良好，绒毛平齐，毛色纯正，色泽光润，无旋毛，绒毛略空疏或略短芒，皮板洁净；或具有甲级皮面积，在次要部位可带破洞两处，破洞的总面积不超过 2.2 厘米²；或具有甲级皮质量，全皮面积在 880 厘米² 以上。

丙级皮：板质较好，绒毛空疏或短芒，绒毛欠平齐，毛色纯正；或具有甲、乙级皮面积，在次要部位可带破洞 3 处，破洞的总面积不超过 3.3 厘米²；或具有甲、乙级皮质量，全皮面积在 660 厘米² 以上。

不符合等内皮标准的，列为等外皮。

野兔皮是毛、裘兼用的皮张，冬皮毛绒品质好。草兔皮的毛绒细密、毛长而蓬松，皮板较薄，可生皮出口或用于制成皮褥等出口。山兔皮毛绒平齐，针毛略粗，色泽光亮，染色后可制成皮帽、皮领等。峰毛可用于制笔原料。

📎 72. 畜（兽）原料皮怎样防腐、贮存与运输？

在各种原料皮中，都含有脂肪和各种类型的蛋白质等有机物，其中蛋白质在一定条件下很容易发生变化，而使原料皮具有易变性、易腐性和易吸湿性。为了提高毛皮质量，在原料皮的初步加工、贮存保藏和包装运输过程中要根据上述特性，除做好剥皮、晾皮和保管工作以外，还要采取相应的鲜皮防腐措施，保证生皮质量。

（1）鲜皮防腐　鲜皮含水分较多，又含有蛋白质等有机物，很容易在细菌的作用下腐烂变质，所以剥下来的鲜皮及时防腐是初步加工中最关键的一环。鲜皮一般采用干燥法和盐腌法两种防腐方法。

① 干燥法　常用自然晾干法，即将剥下来的鲜皮头、尾、前后肢用小竹竿撑开，把鲜皮肉面向外挂在通风干燥处晾干，或置于较弱的阳光下晾干。冬季可以挂在室内晾干，避免火烤和烈日暴晒，以防油烧，不能造成皮板焦脆和结冻。大型兽皮在晾到半干时，折叠好次日再展开，继续晾晒。一般是皮身部位先干，头颈部皮板较厚干得较慢。因此可在皮板八九成干时，把皮张排成梯形，仅露头颈在外面，直至全皮晾干为止。中小型皮张在晾到八九成干时码起来，上面覆盖一块木板，木板上压一重物，使皮张平整，第 2 天继续晾晒，直至全干为止，如大批干燥时，应该在干燥室干燥。

② 盐腌法　即在鲜皮晾晒前用盐腌。盐腌法又分撒干盐法和浸法两种：撒干盐法是将初步加工处理好的鲜皮毛面朝下，板面向上，平铺垫板上或水泥地上或水泥池内，把边缘、皮头、腿部拉开展平，在皮板的整个肉面上均匀地撒上一层食盐，然后再按此法铺上另一张生皮，再撒布一层食盐，层层堆码，直到堆叠成 1～1.5 米高的皮堆。铺开生皮时，必须把所有皱褶和弯曲部分拉平，厚的地方多撒盐，最上面的一张皮也必须多撒一些盐。为了防止花盐板，一般在 5～6 天翻动一次垛，即把上层皮张翻到底层，再逐张撒一层盐。盐腌期为 6 天左右，用盐量为皮重的 25%，盐腌透后取出晾晒。盐浸法是将初步加工处理好并沥干水分的鲜皮，按重量分类，然后将皮浸入 25%～35% 的食盐溶液中，经过 16～20 小时的浸泡，捞出沥干 2 小时后，再按上述方法撒盐堆积，堆时再撒占皮重 25% 的干盐。浸盐水时，温度应保持在 15℃ 左右，为了防止出现盐斑，可在食盐中加入相当于盐重 4% 的碳酸钠。

以上两种方法的用盐量，均为鲜皮重量的 25%，盐以中粗者为好，冬季盐腌的时间可适当长一些。盐腌后晾晒的盐干板，始终含有一定的水分，适用于长时间保存，不易生虫，但阴雨天容易回潮。因此，在阴雨季节须密封仓库，防止潮气。

(2) 畜（兽）原料皮储藏保管防腐防虫方法

① 仓库要建在高处，库内要透光、隔热、防潮，但要避免阳光直接晒在皮张上，仓库内应备有温、湿度计，经常检查温度、湿度，有条件的可装置通风器，调节库内空气。

② 原料皮如需长期存放，入库上垛前，要进行药物防虫处理。常用萘粉（俗名洋樟脑）进行处理。在进库堆叠前，将皮平铺于木板上，撒上一层萘粉，然后再进行堆叠。由于萘易挥发而产生特殊的气味，从而达到防虫的目的。此法由于费用较高，所以只适用于保存较贵重的毛皮。

如发现毛皮未晾干、晒干及附有大量的杂质，必须选出，再经过晾干、晒干及加工处理后方能入库储藏。

③ 在库房内堆叠时，同品种皮张必须按等级分别堆码。如果在一个库房内堆放相同的皮张，每 5 堆中间应留有翻堆用的空地，货位之间要隔开，不能混杂，盐干板和淡干板必须分开保管。垛与

垛、垛与墙之间应保持一定的距离，以便通风、散热、防潮。张幅较小、较为珍贵的皮张，一般要求使用木架或箱柜保管，每个货垛都应放置适当的防虫、防鼠药剂，特别是各种害虫容易繁殖的春夏季。如在库内发现虫迹，要及时翻垛检查，采取灭虫措施。目前，一般采用两种杀虫方法：一种是将生虫的皮张拿到库外，离库房较远处，用细竹竿或藤条敲打，使皮虫落地，随即踏死，喷洒杀虫药剂；另一种是在密封库房或用一块大型塑料布盖严货垛，下垂到地面，并用土压埋，只留一个投药口，每立方米货位放 3~5 克磷化锌熏蒸（用药比例：磷化锌 1 千克，硫酸 1.7 千克，小苏打 1 千克，水 15~20 千克）。操作方法：操作人员戴好防毒面具和耐酸手套，扎上耐酸围裙。操作时先在配药缸中放入水，将硫酸慢慢倒入缸中，再将硫化锌和小苏打装入小布袋并密封好袋口，将布袋轻轻投入缸中便开始产生毒气，投药后密封 72 小时可把皮虫杀死。操作时要十分小心，防止硫酸溅出，发生危险，也要避免硫酸与磷化锌直接接触，以免起火，并严防其他人员接近以防中毒。

库内防鼠除用水泥封堵鼠洞以外，也可在米饭或面粉等食品中拌入 5% 的磷化锌，因磷化锌 5~6 天后逐渐失效。所以要随用随配，还可用器械杀死老鼠。

(3) 畜（兽）原料皮包装运输方法 应根据各种原料皮的不同而采用不同的包装方法。为了使皮板平整美观，制革原料皮的包装可将同品种、同等级的皮张毛对毛、板对板平放在一起用绳捆成 1 捆。每捆的张数根据原料皮张幅的大小而定，大的皮张每捆 5~10 张，中张幅的每捆 20~30 张，小张幅的每捆 50 张，或 100 张用绳捆成一捆，每捆两道绳后装入木箱或洁净的麻袋里，防止尘土污染和阳光照肘，并撒入一定量的防虫药剂，最后在包装外面贴上标签注明品种、等级和数量。对于制裘大毛皮，因皮板较厚，毛被有花纹，切忌摩擦、挤压和撕扯，因此打捆时要选择张幅大小基本相同的，毛对毛，板对板，平顺堆码，撒上一定量的防虫药剂，外用麻袋装好后打成捆。如果包装不同品种原料皮时，可以混合打捆，可把小张皮放在捆的中间，大张或中张放在捆的上下两端，如果暂时不能卖给收购站或调度站，少数皮张可用线穿眼睛扎挂起来，防止鼠咬。不要放在潮湿的地方，避免发霉变质。天气转暖以后，要在皮张上撒些樟脑粉，防止发生虫蛀。

搬运时要抓捆绳，不能只抓皮张的边角，以免扯破皮张，应检疫、消毒以防病菌传播。运输途中必须防雨，若用火车运输时，车箱必须保持清洁、干燥、通风良好，并保持一定温度和湿度。装卸车时，尽量使皮张平放，以防折断，特别是干皮和冻皮应注意。用汽车、马车运输时，应备有雨布，防止日晒雨淋。由于干皮容易吸水、发霉以致腐败，所以应尽量缩短运输时间，而且尽量不在阴雨天运输。

🡒 73. 怎样鞣制与土法硝制毛皮？

皮张有制革原料和制裘原料之分。一般是毛绒厚密，色泽光润，并有良好保温性能的家畜、野兽皮，是毛皮兼用的一种皮张。如黄鼠狼皮、野兔皮、狐狸皮、狗獾皮等必须经过硝制后才能形成洁白、柔软、美观、富有弹性、保暖性好的各种皮货制品。生皮在硝制过程中，保护好表皮非常重要，因此，毛皮必须进行鞣制。

(1) 毛皮的鞣制方法 毛皮鞣制分为准备、鞣制和整理三道工序。

① 准备工序 鞣制毛皮时，首先需将生皮软化，恢复鲜皮状态，然后将不需要的皮下组织、结缔组织、脂肪和部分蛋白质等除去，这为准备工序。包括浸水、削里、脱脂和水洗过程，现将四个过程分述如下。

a. 浸水：浸水操作对制品质量影响很大，必须严格执行操作方法。浸水的目的，就是要使原毛皮吸水、软化恢复到鲜皮状态。即补足原料皮中失去的水分，使其含水量达到与鲜皮相同的程度，同时将附在皮上的血液、粪便等污物和食盐（指盐皮及盐干皮）完全除去。浸水的水温随原料皮的种类而异，一般以 15～18℃ 最宜。如在 18℃ 以上时皮的软化缓慢，20℃ 以上则细菌容易繁殖。浸水的时间，一般盐皮或盐干皮，在流水中浸泡 5～6 小时即可。如果是干皮或淡干皮则单靠浸泡不能达到目的，需采用物理或化学方法促进其软化，即用转鼓的机械作用使皮张伸展开来，或者加酸或碱促进其软化。通常 1～2 昼夜可以达到浸水的目的。浸水时水温不宜过高，防止发生脱毛，避免产品质量降低。

b. 削里：即除去毛皮无用部分，并进一步软化的一道工序。将浸水软化后的毛皮，肉面向上平铺在半圆木上（也称木马，图2-12），用弓形刀刮去附于肉面的残肉、脂肪等。为了不使弓形刀伤害毛根，可在半圆木上先铺一层厚布，再铺毛皮。脱脂时仅靠脱脂剂的化学作用不易把皮质内的脂肪脱尽，如果皮质中残留脂肪过多，则妨碍鞣剂渗入皮内，即不容易使鞣剂与蛋白纤维起作用，以致影响成品质量。通过削里去除不需要的皮下组织，并使皮质内的脂肪挤压到皮的表面，再用脱脂剂脱脂时，脂肪就很容易被除去。所以即使皮下组织已除尽，为了使脱脂操作顺利进行，仍需要用弓形刀挤压1次，以便使皮质内的脂肪挤压到皮的表面。

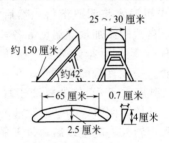

图 2-12　半圆木和弓形刀

c. 脱脂：脱脂是除去脂肪、清理毛皮的一道工序。在脱脂过程中，毛皮受碱的作用而除去脂肪，如果碱液浓度过高，容易破坏形成毛鞘的细胞，造成脱毛，即使没有脱毛，也会使光泽消失或使绒毛缠在一起。相反如浓度过低则脱脂不充分，产品变硬，并留有动物原有的臭味。同时由于残留脂肪的影响，鞣制过程不能顺利进行，使皮板僵硬而不耐用。毛皮制品质量的好坏很大程度上取决于脱脂效果。

脱脂方法：脱脂时在容器中加入湿皮重4～5倍的温水（38～40℃），再加入脱脂液5%～10%（脱脂液的配制是肥皂3份、碳酸钠1份、水10份，操作是先将肥皂切成薄片，投入水中煮开，使其全部溶解，然后加入碳酸钠，溶解后放凉待用）。然后投入削里后的毛皮，充分搅拌，5～10分钟后重新换1次洗液，再仔细搅拌，直至除去毛皮特有的油脂气味，同时脱脂液中的肥皂沫不再消失为止。如发现腹部或乳房部有脱毛现象，应立即从洗液中取出，并用清水漂洗。

d. 水洗：水洗是除去碱液及污物的一道工序。将脱脂后的毛皮，立即投入清水中漂洗。由于绒毛中间的肥皂不容易除尽，故需将初步漂洗后的毛皮从水中取出，将水沥尽后，再用清水重新漂洗1次。

② 鞣制工序　毛皮鞣制方法有明矾鞣、铬鞣、混合鞣及福尔马林鞣等。以明矾鞣比较简单而适用。明矾鞣的毛皮洁白而柔软，但是缺乏耐水性和耐热性。铬鞣具有耐热性，适于染色，如果不进行染色时，则毛上带有青色。

a. 明矾鞣法：先用温水将明矾溶解，然后加入剩余的水和食盐，使其混合均匀，食盐的添加量随温度等各种因素而定，通常温度较低时（10℃左右），应加食盐，温度如在20℃以上时，由于皮质膨胀，应多加食盐。一般食盐的添加量，可按1份明矾加0.7～2份食盐。鞣制时取温皮重4～5倍的鞣液于缸中，投入漂洗干净并经沥水后的毛皮。开始鞣制时，为了使鞣液均匀渗入皮质中，必须充分搅拌，最好采用转鼓，隔夜以后，每天早晚各搅拌1次，每次搅拌30分钟左右，浸泡7～10天鞣制结束。

鞣制结束时质量检查方法为：将毛皮肉面向外，叠成四折，在角部用力压尽水分，如折叠处出现白色不透明，呈绵纸状，证明鞣制已结束。

鞣制时如水温太低，不仅延长鞣制时间，而且皮质变硬，最好保持在30℃左右。鞣制结束后，肉面不要用水洗，仅将毛面用水冲洗一下即可。

b. 铬明矾碳酸钠混合鞣法：用这种方法鞣制的毛皮，贮藏中不致受虫害或吸收水分，且富有耐热性，适于染色。但用铬盐鞣制时，先需进行浸酸过程，这是由于铬盐溶液有很强的收敛性，浸酸可调节收敛作用，使皮质柔软而富有耐力。浸酸方法：将食盐及盐酸溶于水中，投入沥去水分后的毛皮，不断搅拌，由于酸浸速度很快，最初20分钟必须不停地搅拌，使浸酸液均匀渗入皮中（浸酸液的配合比例是工业用盐酸，食盐500克，水10千克），浸酸2～3小时后，沥去水分，即可移入鞣制工序。

铬明矾碳酸钠混合鞣液的配制是铬明矾 280 克，碳酸钠 56 克，食盐 410 克，水 10 千克。配制方法：称取水 1.5 千克，加入铬明矾，加热溶解，另外称取水 500 克溶解碳酸钠（浓度尽量高一些，不要过稀），这时由于两者作用的结果而产生泡沫，并使紫色的铬明矾逐渐变成绿色，再继续添加时，溶液中出现白色沉淀，在操作时一出现白色沉淀，需立即停止加入碳酸钠，如碳酸钠加入过量时，则白色混浊不再消失，变成氢氧化铬而失去鞣制作用。

鞣制方法：将剩余的 8 千克水倒入容器中，加入食盐促其溶解，再加入鞣制原液（铬明矾碳酸钠混合液）的 2/3，配制鞣液。然后将浸酸后的毛皮浸入其中，不断搅拌，使皮质均匀吸入鞣液。鞣液的温度，最好控制在 35℃ 左右，使蛋白质纤维在膨胀状态下进行鞣制，使成品柔软。第 2 天加入剩余的 1/3 原液，以提高鞣液的浓度，鞣制时所用的水量，为湿皮重的 3~4 倍，故需要按皮重计算鞣液的数量。

鞣制结束时质量检查方法：除参照明矾鞣制时采用的检查方法外，还可以切取鞣液中的毛皮一小块（约 2 厘米^2）投入水中，加温至 80℃，如不收缩，表示鞣制已结束，然后再放置 2~3 天使药液充分固定。

中和：铬鞣时，鞣液中的游离酸侵入皮中，使皮成酸性，这时如直接进入整理工序，则使成品变硬，影响质量，故需进行中和。中和方法：将铬鞣后的毛皮充分水洗，洗去过剩的药液，然后投入 2% 的硼砂溶液中，搅拌 1 小时后，切取一小块皮边，用石蕊试纸检查，呈微酸性时取出水洗，水洗后进行干燥。

③ 整理工序　包括染色、加脂、回潮、刮软和整形整毛过程。

a. 加脂：皮中原有的脂肪已在脱脂时被除去，因此使皮质失去柔软性和伸展性。为了使制品具有柔软性和伸展性，鞣制后需进行加脂。加脂方法：将加脂液（脂液配制是蓖麻油 10 份，肥皂 10 份，水 100 份。先将肥皂切成碎片，加水煮开，使肥皂溶化后，缓慢加入蓖麻油，使其充分乳化）涂布于半干态的毛皮的肉面，涂布后重叠（肉面与肉面重合）一夜，然后继续干燥。

b. 回潮：加脂干燥后的毛皮，皮板变硬，为了便于刮软，必须在肉面喷以适当水分，这一过程叫做"回潮"。回潮时也可用毛刷在肉面涂布少量水分，或用喷雾器将水分喷于肉面。如用明矾鞣制的毛皮，因其缺乏耐水性，最好用鞣液涂布。将回潮后的毛皮，肉面与肉面重合，用油布或塑料布等包捆后，压以石块，放置一夜，使其均匀吸收水分，然后进行刮软。

c. 刮软：为了使毛皮板柔软，将回潮后的毛皮铺于半圆木上，用钝刀轻刮肉面，这时皮纤维伸长，面积扩大，皮板变得柔软。由于皮板内含有空气，如果再用刮软机再刮 1 次，则效果更好。工业上大量生产时，用刮软机进行刮软。

d. 整形整毛：为了使刮软后的皮板平整，即将毛皮毛面向下，钉于木板上使其伸开，钉在板上的毛皮需进行阴干，切勿在阳光下暴晒。充分干燥后用浮石或砂纸将肉面磨平，然后从木板上取下，修整边缘。最后用梳子梳毛，过长的部位可加以修剪，使其完整美观。

(2) 土法硝制毛皮　中国民间采用米粉硝皮方法，历史悠久，积累了一定经验，该法所需的材料易取，操作简便，易于群众掌握，其硝制方法如下。

① 材料　按普遍中型兽皮皮张面积计算，每张皮需用米粉 500 克，皮硝 100 克，肥皂粉和碱粉各适量。如特大型或小型兽皮，每张所需的米粉、皮硝、肥皂粉、碱粉量可酌量增加或减少（使用的水磨米粉品种以糯米粉最好，其次是大米粉，再次是中熟米粉、黄米粉）。

② 工具

a. 大铲皮刀两把（钝刀与快刀各一把，包括铲刀弓）。

b. 木制或竹制圆铲杆一根（长 2 米以上，圆内径 8.3 厘米）。

c. 长条凳 2 条（板面长 1 米，宽 5 厘米，高 0.5 米）。

d. 捆牢铲杆用的麻绳若干条。

e. 硝皮缸 1 只（大小按硝皮张数而定）。

f. 用作过滤用的淘米罗或细篾编的菜篮 1 只，纱布或粗布 1 块。

③ 操作过程　先铲油皮，将要硝制的生兽皮头、脚、耳去掉，放在铲杆上铲去皮板油。如皮板上有油脂层，需先用钝刀铲去残肉和油脂。然后浸泡，使皮张吃透水。要根据各种皮张决定浸水时

间，一般浸3～5小时（如狗皮可浸1小时），多至12小时。第三道工序就是洗皮，对油脂大的生皮（包括毛面或板面），在温热水中放适量碱粉（不可多放，以免烂皮）。如每百张羊皮用纯碱1.5～2千克，或用肥皂3～6条；每百张狗皮用纯碱1.25～1.5千克，或用肥皂3～5条；野生兽皮每百张用纯碱1～1.25千克，或用肥皂2～4条。洗涤皮时首先把碱或肥皂用水化成稀释液，用肥皂粉较多时要搅拌均匀，才能把生皮放入。对油脂小的皮，除油洗皮，可先用肥皂粉洗。大量皮张要用大缸，用手搓或脚踩洗，并要上下翻动；小量皮张可在盆中用板刷在毛面和板面上涮洗。无论采用何种洗法，当生皮中的油污渗出后立即放入清水中漂洗，直至把油脂、碱水、肥皂沫等污物洗尽为止，然后拧干。

如果用纯碱洗皮，洗涤4～6分钟后应漂洗，以防绒毛脱落，影响裘皮的使用价值。所有皮毛板面朝上放到粗木杆上使水滴沥尽。

第四道工序是下缸浸泡。

a. 硝水过滤　在一只木桶中，用适量开水将皮硝溶解后，用双层纱布或粗皮，垫在米罗或菜篮中过滤硝水，待硝水全部滤完，再用开水浇洗纱布或粗布2～3次。切不可让脏物漏入硝水。如双层纱布滤不清硝水，可改用4层纱布。硝制羊皮，每张用大米250千克，带水磨成米浆，皮硝300克用开水冲泡，把硝水和水磨米粉混合后放入水缸中，加适量清水，尽量搅拌均匀，即成硝水硝液。

b. 测试硝水咸度：测试硝水咸度是用手指蘸硝水入口中舌尖品尝，以咸为宜，不大咸者不宜下皮，此时需适量追加皮硝水（仍需过滤），但过咸也不好，因皮硝过多会产生"缩板"现象。

c. 下皮：每一张生皮放入硝水溶液缸中时，要皮板朝下，绒毛朝上，生皮头先下，慢慢地放入硝水中，待全张皮都入硝缸后，用右手抓起生皮头部，用左手紧靠右手挤出硝水，依次把皮张上的硝水挤干；再全张皮浸入硝水；右手仍捏生皮头部，左手紧靠右手，由头部向尾部挤干硝水，双手提住皮张一侧前后腿，在硝水中浸浸，提起沥一会儿硝水，又浸入硝水中。硝水的多少，以皮张在缸中能上下转动为度，不能过多或过少。

d. 翻缸：待全部生皮入硝水缸后，再翻动皮张1次。方法是人站在硝缸一边，将对面缸壁上的皮张拉一张过来，双手提住生皮一侧的前后腿部，在紧靠自己的缸边沿缸壁浸入之后，再拿第2张浸入，翻动皮的次数应与下缸总数一样。然后用1～2张生皮毛朝上把缸头盖住。从下缸后的第二天开始，正常翻缸，每天早晚各1次，即把缸中的皮张从上而下翻动，每次翻动时间一般为4～8分钟。翻缸后，上面一层仍将皮板朝下，绒毛朝上盖好。铲水皮在下缸后3～4天时进行，就是将缸中所有的皮张提起沥水。沥过硝水后，一张一张铲水皮，然后重入硝缸中。在缸中的时间：气温在20℃以上者一般为3周；室内外气温超过30℃时，一般2周便可出缸，直到皮子硝好为止。

　　e. 起缸：随便取出缸中一张皮检验，在腿部用食指和中指捏住一小块皮，把硝水捏尽，如见所捏处的皮板呈现白色时（为皮子硝好的表现），就可以起缸。在缸口上方支撑一根竹竿或木杆，将所有生皮挂在上面沥尽硝水。

　　第五道工序是晒皮。将拧干或沥尽硝水的皮张，一张张的板面朝上，皮子头尾、腿拉直挂在绳子上晾晒或在草地上或清扫干净的水泥地面上晾晒，先晒皮板，待皮板面干后，再晒绒毛面，晒至干透为干。

　　第六道工序是钝铲、快铲。皮子晒干后所有要铲的皮张，需在铲前的头天晚上一张张地喷水至皮板润湿为度（不可过湿或过干）。然后将两张板面一合全部垛起来，上面盖严麻袋闷上1夜，第二天早上即可铲皮。先用大钝刀把皮板下残存的脂肪铲去，一张张地直铲、横铲各1次，然后再向四周铲开，使皮板铲至纤维松弛柔软。头尾左右铲展拉开以后，用老粉块涂满在板面上，沿皮张脊椎中线对叠，像揪毛巾样，把涂满老粉的皮张揪紧后再放开，板面向上搭在铲杆上进行快刀直铲、横铲各1次。进一步把皮板铲薄铲软，把皮下组织层与真皮相连的上层皮屑削除，铲到皮板发亮光滑、柔软为止；如皮张头部不易铲软，可满涂老粉再铲1～3次，使之成为制裘的好原料。钝、快铲操作，民间常在地上栽2个木板，将一根直径为10厘米左右的木棍固定在木板上。操作时，把皮张放在木棍上，不铲的部分用脚踩紧，左手握紧被铲的皮子，右手拿铲刀，从上至下，一下一下地在皮板上来回铲、削，直至把皮板削软为止。

最后一道工序是除灰，因硝制的皮张绒毛内含有米浆灰，故要打灰。待全部皮张铲好后，将毛面暴晒半日，趁热用小竹竿或用小树枝轻轻地拍打毛面。方法是：皮张对折，一般是左手捏住皮张头部，右手用小竹竿或小木棍从上至下轻轻拍打皮板，直至把浆灰打净为止。

④ 收藏备用 经数日晾挂，散去臭气后，视皮张多少，收藏在塑料口袋中，在毛内放 1 包卫生丸，扎紧袋口，经一段时间后，臭味消除，代之以卫生丸气味，这时即可收存。

各种皮张品种、厚薄、大小各不相同，硝皮所需天数也不相同，如狼皮、豹皮等需 22～26 天，狗皮需 15～20 天，兔皮、黄鼠狼皮、狐狸皮需 10～15 天（狐狸皮硝期尽可能短些，因其枪毛易掉）。还需根据整个皮硝期内的气温提前或推迟出缸，如气温较高可提前数天出缸，气温较低或时高时低可推迟出缸。但要勤检查皮张是否硝好，一旦硝好，就立即出缸，不易久硝。

硝皮的时间：如果室内可以保温，一年四季都可进行。如果没有保温条件，由于中国南北方气候温差较大，一般 3～12 月份为宜，因为硝皮要求在 5℃ 以上。每年硝皮时间，长江以南各地区 4～9 月上旬，长江流域至黄河流域 5～8 月，黄河流域以北高寒山区 5 月中旬至 8 月中旬为宜，以免皮子下缸时，使硝水增加盐分。同时，这种带盐分的皮张在气候温暖时发生潮解，致使皮板部分腐烂或不结实，影响毛皮穿着时间，市场上出售的羊皮衣服，有的在春、夏季节出现皮板潮湿带黏性，这就是皮板在硝制过程中盐分过重引起的。遇到这种情况，有的需要晾晒，有的需要重新硝制。

74. 怎样鉴定畜（兽）毛皮皮张质量？

目前鉴定兽类毛皮质量的方法有机械鉴定法和感观鉴定法两种。机械鉴定就是用各种工具对毛皮的长度、厚度、强度、细度（指毛被）和强伸度等进行仪器测定。感观鉴定是沿用中国毛皮传统的鉴定方法，通过眼看、手摸、嘴吹、鼻闻等手段来进行毛皮鉴别。

（1）眼看　通过视觉观察，鉴别毛皮的品种、产地、产季、毛绒、色泽、伤残和缺陷等，评定其兽类毛皮的质量好坏。看皮方法见图 2-13。

图 2-13　看皮方法示意图

（2）手摸　通过手的触摸、拉扯、摸捻、感觉查看兽类毛皮，可了解板质的足状与否，以及瘦弱程度、毛绒的疏密。对于小皮张用手拿住两端（头和臀部）加以抖动，以帮助察看伤残缺陷，并通过手的感觉测定绒毛的水分含量、弹力以及皮板的柔软程度。

（3）嘴吹　用嘴吹动毛绒便可观察。鉴别中、小细毛皮时，如水貂皮和黄鼬毛皮，对绒毛的丰足及毛绒有无损伤进行鉴别。吹的方法是，嘴距毛绒 20 毫米左右，逆毛方向吹气，将毛绒吹得四处分散，以检查底绒的疏密和伤残情况。

（4）鼻闻　各种动物的异味都是动物固有的，如狐有臊气、狗有腥气、羊有膻气，但有的兽皮剥皮后，因初步加工不好或贮存不当而发生腐烂或变质，这样的皮张会发出一种腐烂的臭味，这说明皮张质量已受到影响。通过鉴定者的鼻闻可以鉴别兽类毛皮质量的好坏。

此外，在进行鉴别时，还需要对毛皮的品种、路分、产季、板质、毛绒、张幅、皮形、色泽和伤残等方面结合收购价格，综合考虑，合理评价。同时，鉴定兽类毛皮质量时，还应掌握对正产季节从"宽"，非产季节从"严"；肥板皮从"宽"，瘦板皮从"严"；自然伤残从"宽"，人为伤残从"严"；硬伤从"宽"，软伤从"严"

的原则。

▶ 75. 怎样计算毛皮动物皮张面积？

为了合理利用毛皮动物皮张，现将常用的几种毛皮动物皮张面积计算方法简介如下，以供参考。

第一种量皮方法：从耳根至尾根，选腰间适当部位，长宽相乘，求出面积。此法适用于树鼠皮、巨松鼠皮、麝鼠皮、狗皮、狐皮、沙狐皮、豹皮、熊皮、獾皮、灵猫皮、花面狸皮、貉皮、青鼬皮、水獭皮等毛皮皮张面积的计算。

第二种量皮方法：从颈部中间至尾根，选腰间适当部位，长宽相乘，求出面积。此法适用于野兔皮、旱獭皮、獐皮、麝皮、羊皮、马皮、骡皮和骆驼羔皮。家兔皮是从颈部缺口中间至尾根，选腰间适当部位，长宽相乘。

第三种量皮方法：从鼻尖至尾根，选腰间适当部位，长宽相乘，求出面积。此法适用于水貂、黄鼬等动物毛皮皮张面积的计算。

第四种量皮方法：从两眼中间至尾根，选腰间适当部位，长宽相乘，求出面积。此法适用于紫貂皮、黄腹鼬等动物毛皮皮张面积的计算。飞鼠皮的皮张面积，可从背部毛密的部位为标准，长宽相乘，求出面积。

以上毛皮动物皮张面积的计算要求皮型完整，头、腿、尾齐全，形成片状，宽度应除去欠肷。圆筒皮宽度应加倍计算，对于鲜皮、撑楦过大或皱缩板，应根据实际情况适当伸缩。羔皮和幼兽皮钉板和皱缩板，也要酌情伸缩。

▶ 76. 怎样保养畜（兽）毛皮？

通常所说的皮货是指毛皮大衣、皮袄、皮褥子、皮帽等。在冬季穿戴过以后，开春换季就要收藏起来，这时由于保养得不好，皮货会出现虫蛀、板硬、掉毛问题。这时必须先找出皮货出现这些问题的根源。一般毛皮分为皮板和毛被两部分。皮板有三层，即表皮层、中层（最厚最紧密的一层，也叫真皮）、皮下组织。毛皮在加工过程中，主要是把真皮保护好。毛被是毛皮的毛纤维，它决定毛皮质量好坏。这两部分的化学组成基本上都是蛋白质，此外，还有水分、脂肪和矿物质等。在这些组成中，影响保养和穿用寿命的主要是蛋白质的变化，这也是毛皮发生板硬掉毛的物质。此外，毛皮在加工过程中所使用的一些制剂，如芒硝（也称皮硝）和食盐等也会影响皮货的保养。基于上述两方面的原因，因此在收藏皮货时需注意下列几点。

（1）避免受潮　皮张一经受潮就会发霉腐败，出现走硝而使皮板变硬、毛被掉毛。这是因为皮板受潮后芒硝极易被水溶去，使皮板变得僵硬腐坏而掉毛。

在正常情况下，皮货含有 12%～14% 的水分，如果受骤冷干燥，皮板就会失去水分而收缩，进而变硬、龟裂。毛皮受潮不能在阳光下暴晒或火烤，因为皮板受热后还会促使毛皮中的鞣质和脂肪氧化，降低毛皮的柔润性，并使毛针变形变脆。但也有一些毛皮如貂皮、水獭皮绒短，也可挑选晴天不太潮湿，多少有点小风的天气，宜在早晚阳光微弱时稍为晾晒一下。

（2）除尘　不干净的皮货如在毛丛中和皮板上积存灰尘和污垢，会藏虫、生虫，并且还会失去毛皮的脂肪。皮货经晾晒后，应及时将毛皮上的灰尘除掉。除尘时可用藤棍轻轻敲打，尤其是细毛皮更应注意轻打，如狐狸皮等，用力要小，要敲匀、敲透。但对弯毛的毛皮，如滩羊皮、绵羊皮、羔皮不能用藤棍敲打，以免将弯曲毛拉直，影响美观，所以用抖动的办法进行除尘。毛皮制品受污后可直接用橡皮擦擦掉，最好用软毛刷顺生长方向平刷。此外，毛皮还要注意防止烟熏，如果毛皮被烟熏了就会使毛皮变色，皮板熏焦。

（3）检查与去除裘皮制品浮色　染色裘皮服装浮色是指未结合的染料附着在毛被上，在外力作用下易于脱落的现象。其危害不仅仅限于污染，严重的还会引起皮炎，或造成呼吸道感染，影响人体健康。检查浮色的简单办法是用白纸，毛面（涩面）朝下，顺毛擦几下，翻开白纸，如显色，则表示有浮色。显色越深，浮色也就越严重。去除毛被较短粗的细染皮类如水貂、旱獭及猫皮等浮色最简单易行的方法有两种：①用干净的杂木锯末搓擦有浮色之处，如果有条件，还可在杂木锯末中加入少量福尔马林和有机硅光亮剂等，以提高染色的牢度和毛被的光泽。如果浮色较重，可换干净的锯末反复搓擦几次，直到浮色去净为止。然后用竹竿由上而下通身轻轻敲打皮装毛被，除净锯末。②如果裘皮服装的毛被细长，可以用毛巾或干净软布蘸上含有酸性洗涤剂的热水溶液顺毛揩擦，避免结毛或锯末污染，揩擦之后挂在通风干燥处晾干，再用藤条或竹竿轻轻敲打毛面。注意在揩擦时不要弄湿皮板，以防皮板变硬、脱鞣、影响其使用寿命。

（4）收藏　过季的毛皮制品晾晒干燥、除尘清洁其皮面以后，在皮具品内放入干净的碎纸团或棉衫，以保持皮品的形状，以防受压变形。并要用薄纸分包几包樟脑丸放置毛皮内，然后毛朝里折叠后平放于箱柜内，可以防止虫蛀、毛皮变色。

第七节　畜类副产品加工

▶ 77. 怎样加工猪肠衣？

生猪屠宰后的新鲜肠管，经过加工除去肠内外各种不需要的组织，剩下一层坚韧的半透明的薄膜，称为肠衣，它皮质坚韧、滑润、有弹性，是灌制各种香肠的好材料。加工肠衣的肠黏膜可提炼肝素钠，生产1千克肝素钠需3000根肠的黏膜。因此而提高了猪小肠的综合利用价值，增加了经济效益。现将两种操作简单、投资少、效益高、很适合农村个体畜产品加工的方法介绍如下。

（1）猪肠衣的商品要求　收购原肠（刮制前名称）时主要应掌握五点。

① 色泽正常，无异臭异味。

② 猪小肠必须两端完整，大小头齐全，不带破损，每根长度在14米以上。

③ 不沾有质物。

④ 病死猪小肠、虫肠、粉肠不得收购。

⑤ 收购来的原肠不能放在金属容器内，也不能干堆在一起，要浸漂于清水中。

加工的猪肠衣半成品色泽分为五种，即"上三色"：白色、乳白色、淡粉红色；"下两色"：黄白色、灰白色。尤以"上三色"品质为最佳。成品肠衣应该薄而透明，无破损，色淡黄而无异味。

（2）猪肠衣的制作

① 取肠去油　猪原肠应采用经兽医检验的健康无病的生猪，屠宰时取出内脏，将小肠的一头割断，在其未冷却之前及时扯肠，以一手抓住小肠，另一手捏住油边慢慢地往下扯，使油与小肠分离，要求不破不断，全肠完整。

② 排除肠内容物　扯完油后的小肠尚有一定温度，不能堆积，必须立即将肠内容物排净，但用劲不能太猛，以免拉断。

③ 灌水清洗　排净肠内容物后，将肠用清水灌洗干净，以免发生"粪蚀"，影响肠衣的品质。

④ 浸洗　从原肠的一端灌入清水，将水赶至中间，然后将肠挽成一扣，穿在木棍上，木棍搁在桶（缸）口上，肠浸没在水缸中，浸洗时应不时用木棍或手上下垂直掏动，但不能让肠与缸边碰擦。浸洗的目的是使组织松软以便刮剔、浸洗。浸洗时间根据气候、肠质等具体情况掌握，但不能过长，防止发酵，瓦缸以清水浸泡，春、夏、秋泡1天即可，冬天要泡1天以上，最多不能超过3天，同时要坚持每天换水。

⑤ 刮肠　要求无破损少节头，将原肠从中间向两头或从小头向大头刮制。刮时持刀平稳均匀，用力不得过重或过轻；难刮之处不应强刮，应反复轻刮，以免将肠壁刮破刮伤。必要时可用刀背在难刮之处轻敲，使该部分组织变软后再刮，刮肠台板必须光滑、坚硬，无节疤。刮刀有竹制、铁制、胶木制的，长约10厘米，宽约7厘米，刀刃不宜锋利，但应平齐。刮时将原肠放在刮板上摆顺，以左手按住原肠，右手持刮刀（有用竹做的，也有用塑料做的），由左向右均匀地刮动，刮去肠黏膜和肠皮。刮制时，要用水冲、灌、漂，把色素排尽，遇有破眼部位割断，同时将弯头、披头割去，在冬季加工，需用热水刮肠。

⑥ 配把　在配把（约10副猪小肠可加工1把肠衣半成品）时，要根据当地外贸部门对猪肠衣半成品的规格要求，精心量码、搭配。在量码时应以肠衣的自然形状为准，不可绷紧。

⑦ 灌水检查　灌水不仅可检查肠衣刮制质量，而且还可以洗净剩余杂质。将已刮好的半成品逐根灌水，发现遗留随即刮去，肠头破损部分、大弯头以及不透明部分要割齐，色泽不佳者剔除。

⑧ 盐渍肠衣法　腌肠时把肠的结头解开，盐腌第 1 次，将配把的肠衣散开，均匀撒上再制盐（即肠衣加工专用盐），每把用量750 克；腌渍 1 天后，于次日第 2 次撒盐（主要是打结处）。每把用量 250 克。这时将已腌了两次盐的肠衣装入瓦缸内，压实贮存在清洁通风处，以免肠子损坏，温度可保持在 0～10℃，相对湿度为85％～95％，最好能做到随时加工随时出售。

⑨ 干制猪肠衣法　将小肠洗干净，浸入清水中漂 1～2 天，然后剥去肠管外面的油脂、浆膜及筋膜，冲洗干净，翻转肠管，以10 根为一套放入盆中，倒入 50％NaOH 溶液 350 克，迅速用光滑竹棒搅拌，漂洗 20 分钟，再放入清水中反复换水漂洗，彻底洗去血水、油脂及 NaOH 的气味，随后浸入清水中约 24 小时，并经常换水，沥去水分后将肠衣放入缸中，加盐腌渍 24 小时，再用水漂洗至不带盐味，洗净后的肠衣用气泵吹气，使肠衣膨胀，置于清水中，检查有无漏洞，最后挂在通风良好处晾干，干燥后在肠衣一头用针刺扎使空气排出，再均匀地喷上水，用手工或压肠机压扁，包扎成把，加工后的肠衣应经常检查，防止变质。

▶ 78. 怎样利用猪小肠生产肝素钠？

肝素是重要的出口生化药物，有凝血、降血脂、抗炎、抗过敏及抗病毒等生物效应。主要用于治疗弥漫性血管内凝血、防治血栓病和用于心脏手术体外循环等。中国可以充分利用猪小肠作为肝素钠的原料。

(1) 原料　D254 树脂、新鲜肠黏膜水（质量要好，含固体4％～6％）、精盐、丙酮（试剂级或专业级）、酒精（工业级，含量 95％）、碱液（工业级，含量 30％～40％）、五氧化二磷（化学纯）。

(2) 操作方法

① 盐解提取　取新鲜肠黏膜水 50 千克，加盐 4 千克，倒入反应锅内，加碱液（或固体碱）调至 pH8.8～9，搅拌 10 分钟（保

持 pH 值不变）；在 30 分钟内升温至 55℃，保温 2 小时；然后在 40 分钟内继续升温至 95℃，恒温 10 分钟后出料，捞去上部废液，用 90～120 目尼龙网布过滤。滤渣进行 2 次提取，合并 2 次滤液。用肠衣盐卤为原料，先用干净水稀释至 4.7%～5.9%，再稀释 4～5 倍，调至 pH9～9.5，其他操作同前。

② 离子交换　将预处理好的树脂 2.5 千克，投入温度为 50℃ 以内的水解液中，搅拌吸附 6 小时，提取树脂，弃去滤液，将收集的树脂在清水中洗至中性。

③ 洗涤和洗脱　用相当于树脂重量 1.2 倍的 7% 稀盐水搅拌洗涤 2 次，每次 1 小时，目的是洗去树脂表面的杂质分子和低分子肝素，弃去洗液，再进行洗脱，用相当于树脂重量 1.2 倍的 17%～18% 浓盐水搅拌洗脱 2 次，首次 6 小时，第 2 次 2 小时，收集这两次洗脱液混合过滤，除去颗粒状杂质，待沉淀。洗脱温度应控制在 20～25℃。

④ 沉淀　将洗脱液内加入适量 95% 酒精，搅拌片刻加盖密封，静态沉淀 24 小时，抽出上部酒精，收集底部的肝素钠。

⑤ 脱水干燥　将沉淀物倒入小容器内，加入适量 95% 酒精，静态沉淀 24 小时，抽出上部酒精，提取沉淀物放至布氏漏斗真空中，待真空上部开裂时，加丙酮至漏斗中搅拌成糊状，进行脱水，重复 3 次，利用丙酮将肝素中的水分脱去。提取块状物，置于放有干燥剂（五氧化二磷）的容器内，定时更换干燥剂，直至干燥剂不吸收水分为止，即得肝素粗品。

（3）树脂处理

① 新树脂的处理　用清水拌洗 2 次，每次 1 小时捞出，沥干后再用温水（50～55℃）拌洗 2 次，每次 1 小时，捞出沥干后，再用 95% 酒精浸泡 1 天，捞出沥干，在清水中洗至无酒气为止。然后用 2 倍于树脂的 4%～5% 稀盐酸水拌洗 3 小时，捞出树脂洗至中性，沥干后再用 2 倍于树脂的 10%～11% 碱水拌洗 3 小时，捞出树脂洗至中性，沥干后即得氯型树脂备用。

② 旧树脂处理　树脂用过 3 次需进行 1 次酸处理。处理后的树脂应洗至中性，用 21%～22% 浓盐水浸泡 12 小时备用。

（4）回收酒精　取用过的废酒精置于反应回收锅内加盖密封，

在盖中央插入 1 支温度计，温度 75℃时出酒精，最高不得超过 88℃，保持 3~4 小时。用酒精表测定，低于 45% 的酒精不可再回收。

（5）注意事项

① 肠黏膜必须新鲜，肠黏膜质量要好。

② 水洁净，最好是井水和蒸馏水。

③ 在离子交换过程中树脂的使用比例一般为肠黏膜水重量的 2.5%~3%，吸附 6 小时。

④ 用过的树脂暂不用时，应进行 1 次酸→碱→酸处理，然后浸泡在 21%~22% 的食盐水中。

79. 如何利用家畜胰脏生产胰酶？

胰酶是从猪、牛、羊胰脏内提取得到的混合酶，主要含胰蛋白酶、糜蛋白酶、弹性酶、淀粉酶、脂肪酶。此类酶对人体及动物健康、动物繁殖和科学事业的发展有着重要的意义。特别是胰蛋白酶、淀粉酶和脂肪酶直接影响着人体的消化、吸收和营养状态。因此在临床上广泛用于胰腺分泌障碍、消化不良等症。现国内许多生化药厂采用胰酶新工艺进行胰酶原料的生产，经科研、教学及生产部门的同行专家鉴定，认为该工艺简便易行，生产周期短，生产条件宽，收率高，能生产符合国家新药典规定的胰酶优质产品。

（1）工艺流程　绞碎→稀醇悬浮→提取→乙醇处理→冷冻胰脏→激活剂、保护剂→活化→除渣→沉淀物装袋→滤湿→固体制粒→脱脂→粉碎→胰酶原粉→乙醇回收→干燥。

（2）操作程序

① 将冻猪胰置绞肉机内绞碎，悬浮于适量的 25% 乙醇溶液中，加入激活剂和保护剂。

② 搅拌室温提取活化 13~14 小时，活化完成后，加浓乙醇使溶液浓度达 70% 以上，过滤后静置 10 小时左右，上清液回收乙醇，沉淀粉装袋滤干。

③ 湿固体制粒粉碎得胰酶原粉。

国外对胰酶生产工艺也不断改进，但一般均已申请专利，且生产条件比较苛刻，难以引进。

⊙ 80. 怎样用猪皮碱法生产明胶？

(1) 碱法制作明胶的方法

① 取料　将切成小块的猪皮用氢氧化钙溶液浸泡，浸泡时间可根据气温而定，一般温度在 15～20℃时，需浸泡 12～35 天，浸泡时可将猪皮放入水泥池、木桶或瓷缸内进行，经过浸泡后的原料，用清水充分洗涤，除去碱液，最后 pH 为 9.2 左右，呈弱碱性，然后用 6 摩尔/升盐酸调整 pH，使 pH 呈酸性，最后排出酸水，再用清水洗涤多次即可。

② 提胶　将处理好的猪皮放入锅内，加清水浸泡猪皮，并搅拌使结团的猪皮散开，然后缓慢地用火升温至 60～75℃，保持 3～6 小时后，将第一批胶液放出，再加入适量清水，再加热一段时间后，又可放出第二批胶液，依此类推，直到猪皮基本化完为止。

③ 制胶　将每次放出的胶液混合后，加温浓缩，但应注意不能煮沸，温度最好不要超过 75℃，否则将会严重影响明胶的质量和色泽。经浓缩后，趁热向胶中加入适量的漂白剂和防腐剂，混匀后立即将胶液倒入金属盘或瓷盘中，放在无灰尘的地方，待冷却后就可得到明胶冻。

④ 切胶、再干燥　将盘中的明胶冻按需要切成适当大小的薄片或碎块，再经过热风干燥使明胶的含水量为 10%～12%。

(2) 土法制作食用明胶　明胶是一种用途极为广泛的动物胶，属于高蛋白生物化工产品的食用明胶，广泛应用于食品和医药行业，如用于各种软糖、冰淇淋、雪糕、奶油、葡萄糖及各种医药胶丸、胶囊等。食用明胶目前国内外生产主要采用四种方法，即碱法、酸法、盐碱法和酶法。现将食用明胶土法生产过程作一介绍。

① 原料处理　将猪、牛、羊等家畜的新鲜皮或干皮清洗干净，除去皮上被毛，然后刮去畜皮内附的脂肪层。干猪皮要先用水泡软后再除去毛和脂肪层，最后用碱液浸泡一段时间，分割成 3 厘米见方的均匀小块，放置缸中，用 1% 的石灰水浸渍，同时冲洗掉污物和脂肪。再用石灰水浸煮，酸碱度控制在 pH9～9.5 之间，反复数次，直至酸碱度升至 pH12～12.5 时，用酸中和，将浓盐酸

（30%）稀释加入水中，把酸碱度调至 2.5～3.5 为宜。

②明胶提取　在大锅内加水预热至 60℃，将碎皮捞出放入锅中，缓慢升温至 4～5 小时后煮沸，并不停地搅拌，防止锅底焦煳，待碎皮都熬成浓度均匀适中的胶液后，撤去火，在锅内加入活性炭作助滤剂，然后用筛子过滤，得到更加清净的稀胶液，最后将清亮的胶液置铜锅或铝锅中隔水加热浓缩，待成饴糖时，再将稠液放在光滑的石板上或搪瓷盆中，待其凝结成固体，可用力将其切成大小均匀的块状，让其自然风干或烘箱干燥后，即可得淡黄色或黄色半透明、微带光泽的明胶产品。

③注意事项　在前处理时从猪皮上刮下的猪毛和脂肪不要丢掉，因为猪毛经加工可以生产多种氨基酸、脂肪，可用于生产肥皂、甘油等。

▶ 81. 怎样综合加工利用畜骨？

杂骨综合利用加工，设备投资少，工艺简单，很适合乡镇企业和农户生产，加工方法如下。

(1) 制骨油　骨油是制作硬脂酸、油酸、肥皂、香皂、甘油等工业品的主要原料。畜骨中含油脂 10% 左右，提取的方法不同，得油率也不同。

①水煮法　将新鲜畜骨洗净，砸成 2 厘米大小的碎块入锅煮，锅内水温保持在 70～80℃，加热 3～4 小时，将浮出水面的油撇出冷却，除去水分即为油。为避免骨胶溶出，加热时间不能太长，最好将碎骨装入竹筐内，放入沸水中 3～4 小时后，再将骨和筐取出。此法仅能提出骨中含油量的 50% 左右。

②蒸汽法　将洗净粉碎后的畜骨放入封闭罐中，通入蒸汽，使温度达到 105～110℃，30～60 分钟后，大部分油脂和骨胶溶入蒸汽冷凝水中，从密封罐中将油水取出，再通入蒸汽，使残存的油和胶溶出，如此反复数次（约 10 小时），大部分油和胶都可溶出，最后将全部油和胶液汇集，加热静置，使油胶分离。

③提炼油　将干燥后的碎骨置于密封罐中，加入轻质汽油之类的溶剂，加热使油脂溶于溶剂中，然后使溶剂挥发再回到碎骨中，如此循环抽提，使油脂分离出来。

（2）制骨粉　骨粉是提骨胶后的废渣粉碎加工制品，用作肥料，可使农作物抗倒伏；用作饲料，可增加钙、磷质，促进家畜、家禽生长发育；骨粉也是磷酸盐、磷酸氢钙的主要原料，骨粉可分粗制骨粉、蒸制骨粉和蛋白骨粉等。根据用途不同可分为饲料用骨粉和肥料用骨粉。

① 粗制骨粉　首先压碎，将杂骨压成小块置于锅中煮沸 5 小时左右，以除去含在杂骨里的脂肪，然后干燥，沥尽水分，经晾干后，放入干燥室或干燥炉中，以 $100\sim140℃$ 的温度烘干 $10\sim12$ 小时，最后粉碎，用粉碎机将干燥后的小块骨头磨成粉状即为成品，成品成分随原料的质量而不同。

② 蒸制骨粉　以蒸汽提取骨油后的残渣为原料，将骨放入密封罐中，通入蒸汽，以 $105\sim110℃$ 温度加热，每隔 1 小时放油液 1 次，将骨中的大部分油脂除去，同时一部分蛋白质分解成胶液，可作为制胶的原料，将蒸汽煮除油脂和胶液后的骨渣，干燥粉碎后即为蒸制骨粉，这种骨粉的蛋白质含量比粗制骨粉少，但色泽洁白且易于消化，也没有特殊的气味。

③ 蛋白骨粉　蛋白骨粉是杂骨经高温、脱脂、粉碎而成的制品。蛋白骨粉中含粗蛋白 $24\%\sim27\%$。肉骨粉含粗蛋白 $45\%\sim50\%$，钙、磷含量也很高，在配合饲料中可取代鱼粉，但成本不足鱼粉的 1/3。

（3）制骨糊　骨糊可配制成各种肉制品，广泛用于饺子、烧卖、肉饼、肉丸、罐头和香肠等，深受消费者欢迎，经济价值可观。制骨糊法：将新鲜、骨髓多的骨排骨、脊骨冷冻后，切成 $2\sim4$ 厘米的碎块，再经双层切碎机，经两次切碎成 0.5 厘米的碎块，然后经超微粉碎成骨糊肉。对牛骨进行加工时，要用大型切碎机和高性能切碎机，鸡骨一般用容器或冰块冷冻，所以要增加刨骨机，将冻块切削粉碎，而且经一次粉碎即成骨糊。

（4）制骨炭　骨炭可作为各种液体清洁剂、脱色剂和吸附物，在工业、医药和农副产品加工中有多种用途，可作为活性炭的代用品，骨炭可用经提过骨胶、蛋白冻后的残渣，用水洗净，压碎成瓜子大小，经石灰乳处理的牛、骡、马的坚硬骨头为原料，通过机械干馏法后冷却粉碎，即成骨炭，经检验合格后包装。

（5）制磷肥

① 脱脂　将兽骨放入密封罐中，通入蒸汽加热至105~110℃熬煮脱脂，每隔1小时放油液1次，将骨中油脂除去，同时部分蛋白质分解而成为胶液，供制作胶。蒸煮除去油脂和胶液后的骨渣，再用水洗2~3次，以除去附着的油脂及碎屑，最后用汽油溶去残余的脂肪，干燥粉碎即为蒸制骨，直接用作磷肥。

② 酸浸　将蒸制骨粉放入耐酸缸中，加入稀盐酸浸渍，酸的浓度随季节而变，冬季为6%~7%，夏季为4.5%~5.3%，新鲜的酸先用于浸好的骨，废酸浸新骨，酸浸一般需10~15天，直至酸溶液浓度达16~20波美度为止。

③ 脱色　酸浸后的骨胶液过滤、除杂，留其滤液，加活性炭进行脱色，然后再过滤，活性炭回收重新活化。

④ 中和　将脱色的液体加热至40~60℃，在搅拌下缓慢加入过100目筛的石灰浆中和至pH为5，过滤分离即得粗制磷酸氢钙。

82. 怎样加工生产血粉？

猪血是宰杀后的副产品，是一种很好的营养物质，含有丰富的蛋白质、糖类和维生素及矿物质。据分析，7千克猪血的蛋白质，其营养价值相当于5千克瘦肉，它含有的氨基酸高达40%，相当于肉、蛋、奶的2倍，含脂肪少，铁质多，并含有一定量的卵磷脂、钠、钴、锰、铜、磷、铁、钙、锌等微量元素，是配合饲料中很好的动物性蛋白和必需氨基酸的来源。

（1）土法加工血粉　此法操作简便，主要制作步骤如下。

① 在收集好的动物血液中，加入全血重量1%左右的生石灰（石灰要求新鲜无杂），煮1小时，待血结块后，用布袋过滤除水后进行干燥，过滤后的血要及时晾干或晒干，在阳光下晒4~5天为宜，最后进行粉碎，即干燥后的血块用粉碎机粉碎或用木棒打碎，最后经50目筛过筛后即成为紫黑色的可溶性血粉。

② 将凝固的牛、羊、猪血用刀划成10厘米长的方块，放入沸水中用文火煮约20分钟，血块下锅后要注意控制火候，不能使水沸腾，否则血块会散开呈泡沫状，损失较大，血块煮好后取出包上厚布，放在两块木板中间将水压出，然后把血块搓散摊晒，晒干后

磨成粉即可。

（2）血粉的贮存与质量鉴别　血粉不宜长期保存，未加石灰的血粉只可贮存 1 个月，加有石灰的血粉可贮存 1 年左右。贮存血粉时要装入塑料袋中封口妥善保存，防止潮湿、结团、霉变。优质血粉从外观上看应无结块，无虫，无杂；从营养成分看，蛋白质含量不低于 80%，水分不超过 10%，脂肪低于 3%，灰分在 5% 以下。此外，尚含有各种氨基酸和微量元素。加工血粉所用牲畜的血要求进行严格检疫。同时，采集血液的过程中要严格操作，以保证卫生，否则，加工的血粉不能使用。

（3）血粉饲用应注意的问题

① 血粉不得超过饲料总量的 5%，雏鸡饲用量不能超过 3%。

② 将血粉掺入鱼粉、肉粉中共同使用，可提高其蛋白质的作用。

③ 使用血粉饲料时最好补加异亮氨酸，使饲料中氨基酸平衡。

④ 血粉用作饲料应注意矿物质的平衡。

▷ 83. 怎样简易提取胆红素？

胆红素是人和动物胆汁中存在的一种红色胆色素，是血红蛋白的分解代谢产物。胆红素药用价值较高，有清热解毒、祛痰定惊之功，可用于治疗热病谵语、神昏、急（性）热惊风、咽喉肿痛；外用治疗痈疽、口疮等疾病。胆红素钙盐有镇静、镇惊、解热降压、促进红细胞新生等作用，对乙型脑炎病毒和 W_{256} 癌细胞有抑制作用等。

胆红素从猪、牛、羊胆汁中提取，猪胆汁中所含胆红素较牛、羊多，一般在 0.05%，而牛、羊仅为 0.016%～0.02%。现有的胆红素生产方法有盐酸钙盐法、乙酸钙盐法、无醇法和树脂法 4 种。盐酸钙盐法和乙酸钙盐法目前比较成功，提取率在 80% 以上。每 50 个猪苦胆平均可提取 1 克胆红素，价值高，但工艺时间长达 2～3 天。无醇法、树脂法虽工艺时间短，但提取率不稳定，树脂也不易买到，不便于推广。从胆汁来源上看，利用猪胆汁提取胆红素要受当地猪屠宰量的限制。根据以往的经验，提取活牛体内胆汁是解决胆汁来源的好方法，1 头 350 千克的牛，接受手术后，每天取胆汁 500～1500 毫升对牛没有影响（1 头牛 1 天可分泌胆汁 6000～7000 毫升），10000 毫升牛胆汁能提取含量 80％以上的胆红素 3 克，1 头牛 1 个月可取 15000～45000 毫升胆汁，能获得更高的效益。

四川农业大学提供了一种简单易行的生产方法，提取胆红素的设备和所用药品均有出售。

(1) 原料与设备 新鲜胆汁，干净新鲜石灰，0.5％～1％的亚硫酸氢钠，90％～95％乙醇，盐酸，氯仿，广谱 pH 试纸，80 目筛（各地医药公司均可买到），煮沸锅或煮沸池，细纱布，绸布，桶盆等（要避免用铁器长时间盛放胆红素，以免氧化破坏）。

(2) 提取方法

① 胆红素钙盐制备 取新鲜胆汁加 3～4 倍新鲜澄清饱和石灰水或 2～3 波美度的新制石灰乳 0.5 倍，搅拌均匀，加热至沸腾，捞取漂浮在液面的橘红色的胆红素钙盐放入双层细纱布中滤干（取出胆红素钙盐后的母液可用来制取脱氧胆酸或胆酸钠）。

② 一次酸化 取胆红素钙盐加 0.5 倍水，搅成糊状，过 80 目筛。加入 1％亚硫酸氢钠，在不断搅拌下缓缓加入 1∶1 稀盐酸，使 pH 值达到 1～2，静置 10～30 分钟。用双层纱布沥去酸水得泥状物。

③ 二次酸化 泥状沉淀物先加少量乙醇，搅拌成糊状，而后再加约 10 倍量的 90％～95％的乙醇及亚硫酸氢钠，调节 pH 至 3～4 之间，静置沉淀 16 小时。吸去上清液，底部胆色素再用 10 倍量的乙醇洗涤沉淀一次，吸去上清液。底部胆色素用绸布或 2～3 层细纱布抽滤或吊干，得粗制胆红素。

根据经验，粗制胆红素含量一般在 30％以上，针对实际情况可以进一步精制，胆红素含量通常在 80％以上（非制药单位和小规模生产，最好生产粗制品）。

④ 精制 取粗制胆红素，加入 4 倍量的氯仿于 30℃回流提取 3 小时，等氯仿层分离，上层残清液再反复提取 3～4 次，直到胆红素提取至尽。氯仿提取液合并过滤，滤液中加入适量抗氧化剂，蒸馏回收氯仿至胆红素结晶析出，再加入适量 95％乙醇继续蒸馏，直至蒸去溶液内残余的氯仿，将余留的胆红素乙醇溶液抽滤，用少

量微热95％乙醇和蒸馏水各洗涤1次，最后以无水乙醇洗涤，真空干燥得精制胆红素。

(3) 注意事项

① 要投入生产，必须有可靠的猪苦胆来源和胆红素销路。

② 使用的乙醇可以回收适当处理，反复使用，同时要防止氯仿污染。

③ 产品质量的好坏关键是纯度，胆红素含量在50％以下，市场价值不大。

第三章
动物药材采收与加工

动物性药材是我国中药中的重要组成部分，它具有用途广泛、疗效独特、副作用小等特点。随着我国人口的不断增长，动物性药材的需求量越来越大。动物性药材生产与加工涉及许多不同动物体的形态结构和生理生化知识，而且需要掌握每种动物性药材采收、生产、加工、鉴别鉴定技术、珍稀动物性药材的开发利用。

第一节 昆虫类药材采收与加工

84. 怎样加工、贮存全蝎药材和提取蝎毒？

蝎尾节毒腺受外界刺激出于防御或攻击的本能会排出毒液，所有蝎都是有毒的，蝎毒含有神经毒素、肾毒素，在药用中需要控制用药量，应按医嘱服用，要谨防与其他药物发生毒性反应。此外，蝎子多为野生，带有许多病毒、细菌和寄生虫等，一般的烹饪加工方法如油炸，很难彻底杀灭病毒和细菌，就会导致因食用而感染致病。近来野生蝎子的生态环境受到极大的破坏，加之捕捉力度加大，许多幼蝎、种蝎也被捕杀，自然种群数量急剧下降，生态平衡遭到破坏；而人工饲养蝎子难度较大，人工养殖成功者较少，目前全国蝎产量仅能满足医疗需要的 30% 左右。蝎子入药时应经过科学加工。

(1) 商品蝎药材的加工 必须选用饲养两年以上体形健壮的活蝎加工成药材，商品中分咸全蝎和淡全蝎两种。

① 咸全蝎加工方法 蝎子入药是经过了严格的加工炮制，中

药传统全蝎炮制法为盐水煮法，对浸泡时间、水煮时间和火候以及加盐的量都有严格规定。加工前先把蝎子放入塑料桶，桶内加入清水，轻轻洗净蝎子身上黏附的泥土并将其腹内的泥土、粪便及其他杂物排出，但时间不宜过长，防止蝎子淹死，然后将浸泡蝎子的水倒掉后，再冲洗几次，将洗净的活蝎捞出来放入事先准备好的盐水缸或锅内，上面盖以草席或竹帘等让盐水淹没蝎子，浸泡半小时至2小时左右。盐水的浓度是活蝎1千克加食盐300克、水5升，加工时锅中的水保持宽绰有余，水以高出蝎体3～4厘米为宜。在浸泡时盐浓度一定要适当，浓度过低蝎淹不死，过高影响药材质量。应先将盐在锅内化开，再把蝎子放入到沸盐水，搅拌要轻，不可搅拌翻动过多，以保持其完整不碎，煮至全蝎身体僵硬板直竖立，脊背塌下形如瓦垄形时，背面有抽沟，腹部憋缩时（约煮30分钟），则证明已经煮好。将蝎子捞出，摊放在草席上，置于通风透气的地方晾干，切忌不可日晒，因为日晒后蝎体泛出盐霜发白而易返潮，阴干后的咸全蝎在入药时以清水漂走盐质，减少食盐的含量及副作用。阴雨天微火烘干后即成"咸全蝎"，同时用清水漂去盐质。咸全蝎制品在湿热的夏季因吸潮会变得湿漉漉的，反卤起盐，但不易遭虫蛀，不易发霉。

② 淡全蝎加工方法　淡全蝎又称淡水蝎，其加工方法和操作步骤与咸全蝎相同，只不过在加工中不加盐，加工前把蝎子放入冷水中洗净浸泡，然后捞出放入清水锅中，加水煮，待水再次沸腾时即可捞出，阴干或烘干即成"淡全蝎"。约1200只大蝎可加工成1千克干蝎。淡全蝎不会反卤起盐，形态较完整，但易虫蛀和发霉，干时碰压易碎。也有加工淡全蝎时水更少加盐的。从药效看，淡全蝎比咸全蝎好，以春季制干的全蝎质量最佳。

③ 全蝎的品质分级　因各地对蝎子加工方法要求不同，按收购中药材规格和要求加工，在加工过程中应注意轻操作，尽可能保持蝎体完好，不断头、脚、尾，以提高药材级别和经济效益。

药用全蝎的加工标准为1千克活蝎加工0.31～0.35千克干蝎。加工后的全蝎，其品质不尽一般，一般在装箱贮存前要进行筛选和分类。

全蝎品质的优劣主要从虫体干湿程度和虫体的完整度、均匀度及颜色等方面判定。优质全蝎，其虫体阴干得当，干而不脆，个体大小均匀，虫体完整，没有碎裂及残缺，颜色纯正，呈暗棕红色，有时还有光泽，无盐粒、泥沙等杂志。全蝎药材等级标准依其全蝎外形完整率分为四级：一级蝎完整率为95％；二级蝎完整率为85％；三级蝎完整率为75％；四级蝎完整率为65％。加工后外形结构齐全的为上等品，缺肢断尾的为次品。可见商品蝎销售的等级及价格直接与加工技术有关。对于用死蝎加工而成的全蝎及其他品质欠佳的成品来说，则往往表现为个体大小不均匀，干湿不适度，易碎裂、残缺，或表面有盐粒及杂质，最明显的是颜色不正，甚至呈青黑色。这样的全蝎不仅品质较差，而且易变质，不耐贮存。

④ 包装与贮存　对于已加工好分级挑选后的干全蝎，应及时包装贮存。以中等大小（长约5厘米），身干完整的包装在一起，为防止返潮或被虫蛀，便于搬运，防止被压碎，在包装时用防潮油纸包裹，每包重0.5千克，或用厚塑料袋包装，排净空气后密封。然后装入小木箱中密封，每箱净重10千克。置通风干燥避光处贮存，防止受潮、虫蛀和鼠咬。质量较好的全蝎，按上述方法进行密封贮存，可保存3年不会变质。

在全蝎药材保存过程中，常遭受仓库害虫的蛀食，也造成药材无任何使用价值。因此药材在贮藏保管时需要做到保管室充分干燥、透光，药材贮藏前必须彻底灭菌，保存期应防潮防害。要经常检查，一旦发现害虫蛀食时，应及时就地消灭。治理保管药材的仓库害虫切勿采取药剂或物理机械防治杀灭害虫的措施，不但会破坏药物成分，改变药理功能，而且直接煎熬入口会对人体健康不利。

⑤ 蝎粉加工　首先将蝎子放入塑料盆或塑料桶内，加入冷水进行冲洗，洗掉其身体上的泥土和其他杂物，这样反复冲洗几次，待洗净后捞出，在−30～−60℃下速冻，冻干后再粉碎成粉，然后将蝎粉置阴凉通风处晾干，其含水量要求不超过0.2％，粒度为100目细粉，然后将晾干的蝎粉装入洁净的容器中密闭贮存。或者将冲洗干净的蝎子放在烘干箱内，在60℃温度下烘干，然后再将干蝎用ST-170-13型高速粉碎机粉碎成粉。再将蝎粉于洁净容器中密闭贮存，直接药用或单独服用；或将蝎粉与其他药物混合后制成不同的胶囊制剂，既能充分发挥药效，又便于药房贮存和服用。适

应证及其服用剂量遵医嘱，不宜盲目服用。

随着科学的发展，现代中药生产对蝎子的加工，如采用钴60照射、远红外辐射干燥、真空干燥炮制、超微粉碎等，不仅不影响蝎子的药物功能，还可以彻底杀灭野生蝎身上有时带有的病毒和细菌，再加上严格规范的检验，入药后可以放心服用。

⑥ 蝎酒　取鲜活蝎子25克左右，用清水洗净，然后放入500克低度白酒中密封1个月左右，泡药酒期间每天振动1次，这样较易浸出药材的有效成分。药酒泡成后，过滤取酒液即可饮用。乌杞蝎精酒以制何首乌、枸杞子、蝎毒、红花、龙眼肉等名贵药材配制而成，有散结通络、活血散寒的效果。

（2）蝎毒的提取与贮存　蝎体后腹部第5节之后为一袋状的尾节，内有1对白色的毒腺（图3-1），蝎毒就是蝎子尾节毒腺所分泌的。蝎子药理作用的主要有效成分是蝎毒。蝎毒的化学成分主要是蛋白质，分毒性蛋白和非毒性蛋白及一些酶类；非蛋白小分子物质主要是一些脂类、有机酸、游离氨基酸和一些无机盐。有的还含有一些生物碱和多糖。据中国科学院动物研究所测定，东亚钳蝎蝎毒中含有蛋白质、透明质酸酶、生物胺等成分，毒素占总蛋白量的60%～70%。我国科学工作者已研究出蝎毒中的抗癫痫肽有抗惊厥作用。国外也开始用蝎毒治疗肿瘤和心脏病等疾患。

图3-1　蝎的毒腺和毒针结构

① 蝎毒采集时期　采集蝎毒宜在蝎子生长发育旺盛的季节进行。一般在气温20～39℃范围内可采毒。6月气温25～30℃是蝎合成毒液的旺季，蝎毒产量最大，因为蝎子在气温较高时产毒快，且排毒量大，毒性强。10月气温在15～16℃蝎虽能活动，但进食逐渐减少，代谢慢，产毒少，排毒明显下降，且毒力较弱，到10

月以后气温低于15℃蝎子不能排毒或排毒很少，因此不宜采蝎毒。人工养蝎低气温季节可采用升温恒温（20～25℃）和调湿措施，使蝎一年四季生长旺盛，常年可产毒采毒。但幼蝎和怀孕母蝎临产前不宜采毒，因为怀孕蝎临产前取毒使仔蝎受到影响，虽能产仔蝎，但仔蝎存活率非常低。采毒周期根据毒液分泌过程及其所需要的时间而定（表3-1）。

表3-1　取毒周期长短的比较

分组 时间	(7天)A组♀		(14天)B组♀	
	总湿毒量 /毫克	湿毒毫克 /只	总湿毒量 /毫克	湿毒毫克 /只
第一次取毒	62.0	2.10	79.8	2.66
1周后取毒	79.0	2.60	74.6	2.49
2周后取毒	72.1	2.40	78.8	2.63
平均值	75.6	2.50	76.7	2.56

注：平均值内不包括第一次取毒的值。

从实验显示取毒周期7天与14天，蝎产毒量差别不大。这说明取毒间隔周期7天较好。在取毒过程中还能出现第2周后取毒量大于第1周的现象（参见表3-1、表3-2），这可能是有些蝎合成毒较慢，在第1次取毒后，第1周后无毒排出，而在第2周后毒合成完毕并排出而引起的。

②蝎毒的提取方法　人工采集蝎毒的方法有剪尾法、人工刺激法和电刺激法三种。

a.剪尾法：剪尾法是一种粗取蝎毒的简便方法，采蝎毒时，采集者直接用剪刀剪下活蝎的尾节，即采用整个毒腺，冲洗去毒囊表面的灰尘，然后将毒腺浸入生理盐水中，在0℃的恒温下保存。在存够一定数量时，取出继续提取蝎毒，或自己利用，或出售。再次取毒时还需采取适当的方法，如用镊子挤压尾节的毒腺，让其中的含毒汁液流出。

剪尾法的特点是简便、快速、采毒量大，特别适合在山野捕捉山蝎后，及时取毒。缺点是，被采毒的蝎子尾节已剪，不可能继续产毒，只能利用1次，造成浪费。取毒后蝎体不完整，不能加工全蝎，严重影响其制品的药用价值及经济价值。

b. 人工刺激法：采用人工刺激法采集蝎毒是诱使蝎子多次排出毒液，且不破坏蝎体的完整性，使蝎子仍保留原有的药用价值。利用蝎释放毒液来攻击对方这一特点，不断采集蝎毒。

用 1 个夹子夹住蝎子的后腹部第 5 节处，再用一细棒轻轻撞击蝎子的头胸部或前腹部，受攻击的蝎子本能地从尾刺排出毒液，用试管接取流出的毒液即可。或用两个夹子进行采毒，一个夹子夹住蝎子的后腹部第 5 节，另一个夹子夹住一个触肢，蝎子的尾刺便会有毒液排出。也可用夹子直接夹住试管，用试管口刺激尾部，用试管接取，以获得毒液。需要注意的是，用夹子夹持蝎子的尾部及触肢时，用力要适当，不能使蝎子受到损伤。用人工刺激法促其分泌毒液易取得蝎毒，可进行反复刺激，让蝎子不断产毒、排毒，且不损伤蝎体完整性。

c. 电刺激法：是养蝎场比较普遍采用的一种既快速又有较高产毒量的，且又不影响取毒后全蝎加工的新方法。由于蝎有坚硬的外壳，导电性很差，但体表有许多感觉毛和凹陷，这是分布在体表接受点刺激的感受器。蝎的中枢神经，包括脑，在毒腺的分泌细胞和外被的横纹肌上有神经束分布，受刺激后引起横纹肌收缩和分泌细胞兴奋，就会排出毒囊中的毒液。

③ 蝎毒的仪器采集方法

a. WH-4 型节肢动物采毒器电刺激采毒方法　首先打开采毒器开关，调整好电压（3～8 伏）和频率（100～128 赫兹）显示指示灯，在插孔中插好电极软笔导线和采收架导线，接通电源。用生理盐水浸润采收架上的电极铜板及电极软笔笔尖，并用右手拇指与食指抓住蝎的第 5 尾节两侧，然后转换到左手拇指和食指夹住第 3 节两侧，并用左手无名指压住蝎体，蝎体腹面向下，使之与电极板接触使蝎尾囊尖伸向小烧杯内。不要再触第 3 次。同时，每次点刺激不宜过长，防止电伤蝎子。

b. YSD-4 药理生理实验多用仪电刺激取毒法　将 YSD-4 药理生理实验多用仪开到连续刺激档，调频到 128 赫兹，电压为 6～10伏，用一电极夹住蝎的一只前螯，金属镊夹住蝎尾第 2 节处用另一电极不断接触金属夹（如不反应，可用生理盐水将电极与蝎体接触湿润），然后用 50 毫升小烧杯收集尾刺所排出的毒液。

蝎毒采取器直流电、交流电和电脉冲均可刺激动物采集毒液。由于电脉冲的重复性强，对生物组织损伤小，刺激参数便于控制，故常被采用。常用的电刺激取毒法是用电子提毒器。两手分别拿起两支镊子，一支夹住蝎子的尾部第 1 节，另一支夹住蝎子后腹部的第 5 节，使蝎体腹部向下，将蝎子尾节末端置于烧杯口内，然后脚踏开关 1～2 秒钟，蝎子会自动排出毒液，立即抬脚断开电源即可。或用武汉大学生物毒素研究所中心刘岱岳教授等设计的 WH-4 型节肢动物毒素采集器（获得发明专利的专用仪器），由电脉冲电源仪和采受架两部分组成。其优点是结构简单，体积小，重量轻，便于携带，操作简单，交直流供电均可，省电节能，多功能，可采集蝎毒、蜂毒、蜈蚣毒等。用电刺激法采蝎毒使蝎体体质有所下降，食量大增，因此采毒后应加强饲养管理，补充活的多汁幼虫动物饲料。

取蝎毒液前将蝎毒放到 1 个筛壁光滑的网筛中（防逃），用电吹风机吹掉蝎体上的附着物，并向蝎体喷洒一定的生理盐水，使体表湿润，固定残尘，也易于导电。采蝎毒不易受日光直射，应选在背风阴凉处或空调房中进行。

蝎的产毒量小，用电刺激法易从活蝎中连续获得蝎毒，获取的毒量较人工刺激法取得的毒量要多 1 倍。这可能是人工刺激的强度远远小于电刺激的原因。蝎子尾部毒囊中排毒量随蝎子体型大小而异，每只雌蝎在电脉冲刺激下，可产毒 2.5 毫克左右，雄蝎可产毒 2 毫克左右（见表 3-2）。

表 3-2　雄雌蝎产毒比较

分组 时间	雌蝎产毒		雄蝎产毒	
	总湿度量 /毫克	湿毒毫克 /只	总湿度量 /毫克	湿毒毫克 /只
第一次取毒	79.8	2.66	51.0	1.70
1 周后取毒	74.6	2.49	59.7	1.99
2 周后取毒	78.8	2.63	69.8	2.33
平均值	77.7	2.59	60.2	2.01

电刺激取毒对于蝎的正常生理活动有一定的影响。实验说明取毒后的蝎，体重有所下降，但不显著。取过毒的蝎其食欲要比未取过毒的蝎大得多，前者不爱活动，不过当喂以鲜牛、猪肉碎屑时，白天即来吞食。后者则无此现象。这主要是由于电刺激取毒，使蝎代谢水平暂时性提高，造成能量消耗过大，因此需要加强采毒后的饲养管理，最好补充多汁幼虫食物。通过观察未发现取过毒的蝎死亡，而且怀孕母蝎仍能产小蝎，约有半数小蝎能挣脱黏物，顺着母蝎的附肢爬到母蝎背上。但存货率远远低于正常者。尤其是幼蝎和孕蝎后期临产前不宜采毒。

（3）蝎毒的保存与干燥方法

① 蝎毒的保存　刚取出的蝎毒为无色透明的液体，略带黏性，在常温下 2～3 小时即干。但在日光照射和高温影响下易分解变质，甚至会破坏原有毒性。因此取出的蝎毒应按一定的重量单位尽快分装于深色颈瓶内，抽取空气，密封后可在冰箱低温（0～4℃）短期贮存。用这种毒液为材料，经分析各种活性成分的回收率较高，如果要长期保持蝎毒的生理活性，需要将蝎毒减少水分尽量干燥，采取低温真空干燥法处理蝎毒，或冷冻干燥制成蝎毒，使其变为白色粉末，再放入深色玻璃瓶中，密封放入低温冰箱（－5～4℃），低温短期保存，才能保持其生理活性。在保存过程中要定期检查其活性，在使用前更需要重新测定活性。

② 蝎毒干燥方法　蝎毒液成分主要为蛋白质和酶类，容易失活。新鲜的蝎毒液为乳白色，除了马上用于分离纯化者外，应尽快进行干燥。毒液干燥的目的，就是尽量除去毒液中的水分，提高粗毒的稳定性，使之符合规定的标准，便于保存、分析或出售。销售蝎毒干粉必须通过蝎毒检验并提供权威性检验部门的检验报告书。常用的干燥方法有两种，即真空冷冻干燥和真空干燥。若要保持毒液中酶的活力，可选择真空冷冻干燥法，若仅为了保持毒性，采用真空干燥即可。

a. 真空干燥（即减压干燥）：在低压下，毒液中的水分能够快速蒸发。真空干燥装置包括真空干燥器、冷凝管和真空泵。干燥器顶部活塞接通冷凝管，冷凝管的另一端依次连接吸滤器、干燥塔和真空泵。真气在冷凝管中凝结后滴入吸收瓶。干燥器内放有干燥剂和毒液样品。使用前，先在干燥器的活塞四周涂上少许凡士林，然后检查整个装置是否漏气。使用时，先将毒液和干燥剂分别装入平皿中，然后置平皿于干燥器中。此时启动真空泵，抽气至盖子推不动时，先将活塞关闭，然后关闭真空泵。蝎毒干燥后，应缓缓旋开活塞，以防空气冲散蝎毒干粉。应在净化条件下取出干粉，立即分装，密封保存。采用此法干燥，干燥量不大。

b. 真空冷冻干燥：先将毒液在低温冰柜中预冻成固体（用不锈钢皿盛毒液），然后在低温和高真空下使之升华，得到纯白色的蝎毒干粉。使用上海产或浙江产、武汉产的冷冻干燥机均可，不必采用进口装备。由于冷冻干燥是在低温真空下进行的，所以，可以保持蝎毒液中酶的活力，毒液在冷冻过程中不起泡，干粉不粘壁，疏松，易取出，易溶解于水，而且可大量干冻。经 7～14 小时，可冻成结晶粉末，即可得到纯白色蝎毒干粉。所需时间视所用的真空冷冻干燥机的大小、功能不同，以及干燥数量不同而有差异。

（4）蝎毒的保存与运输　毒液在普通冰箱（1～4℃）中只能做短期保存。只有冻干成结晶粉末，才能保存其生理活性。影响干粉稳定性的主要因素是水分、空气和湿度。当干粉含量低于 10％时，能抑制微生物活性。含水量低于 3％时，可抑制化学活性。所以，干粉应分装在小安瓿瓶或小管中，并用熔封或石蜡封口以隔绝空气，然后置低温冰箱中保存。必须注意，在保存过程中要定期检查活性，在使用前更需重新测定活性。从养蝎场运送新鲜毒液到加工部门或检验部门，必须用广口保温瓶携带，小心不要让化冰渗入到毒液中。也可用卫生防疫用的疫苗箱盛装。制成干粉后，可航空邮寄，不会失活。

85. 怎样捕捉加工蜈蚣药材和提取蜈蚣毒素？

蜈蚣具有较高的药用价值。其性温、味辛，有毒，具有息风镇痉、解毒散结、通络止痛的功效，主治小儿惊风抽搐痉挛、中风口喝、半身不遂、破伤风、淋巴结结核、风痹等，对瘰疬、骨髓炎、疮疖肿毒、慢性溃疡、烧伤等均有一定的疗效。据报道，蜈蚣含有类蜂毒样及类组织胺样物质、溶血蛋白、酪氨酸、蚁酸、脂肪等。据对小鼠灌胃实验表明蜈蚣药用对惊厥有不同程度的对抗作用，蜈蚣的水浸液能抑制结核杆菌和皮肤真菌。近年来用于治疗胃癌、食管癌、肺癌、乳腺癌、子宫癌等也有一定疗效。

（1）捕捉方法　蜈蚣生长到体长 8 厘米即可达到药用小条标准，其体生长 2 年后，即接近大条标准。人工养殖蜈蚣需要喂养 2～3 年时间，方可捕捉供加工药用。

一般春、夏、秋季都可捕捉，但以春末夏初为最佳捕捉期，因为此时雌蜈蚣腹内无卵。由于蜈蚣昼伏夜出活动，所以捕捉蜈蚣一般在夜间或趁暴雨前后蜈蚣纷纷出洞觅食的机会进行。捕捉蜈蚣的工具可用单齿耙、二齿耙、钉耙、小铁铲等，可在有蜈蚣的地方挖翻、开土或碎石，发现蜈蚣迅速将其用钳子、镊子夹进竹篓、大口瓶等盛具中。也可迅速用左手食指准确地用力按住头部，使毒腭张开不能合拢，再捏住头部，以另一只手将蜈蚣身体捋进掌中，然后将蜈蚣提起，装入备好的容器中。为了避免被蜇伤最好使用夹具。可在蜈蚣活动的地方挖一条长宽不限的小沟，沟内放些腥臭腐烂的动物残渣、家禽的羽毛、骨头及鱼刺等，覆以松土或碎石。蜈蚣闻到这些食物的气味就会聚集而来摄食和栖息繁殖，大约 20 天可将沟内翻开捕捉 1 次，捕捉后再补充新鲜食物，覆以细土以便继续捕捉。

捕捉蜈蚣容易被蜇，蜈蚣的毒液呈微酸性，pH 在 6.5～7.0 之间。被蜇后局部迅速出现红肿、剧痛，并出现"红线"，即伤处的淋巴管发炎。严重的有头痛、头晕、发热、恶心、呕吐等，甚至昏迷。因此捕捉加工时要注意防护，防止被蜇。

（2）加工　捕捉前准备 1 根竹片，锯成长 15～20 厘米的小段，两头用刀削尖成箭形备用。将捕捉到的活蜈蚣，先用沸水烫死，捞出把尾端剪去，挤出粪便，使用上述已准备好的两头尖的比蜈蚣稍长的竹片，一端先戳入蜈蚣头部腭下，另一端戳入尾部，将蜈蚣撑直，然后置于阳光下晒干，阴雨天气可用炭火烘干，但注意不要烘焦。如果蜈蚣腹内有粪便或虫卵，可从头到尾挤出，再撑开晒干或烘干。干燥后轻轻取下竹签，操作时要防止折断头尾而影响质量。加工成品的蜈蚣要求干燥，身体挺直，头足齐全。加工炮制后的蜈蚣长条形，长 14～16 厘米，宽 0.66～1.0 厘米，全体 22 节，最后 1 节小，称尾；头部红褐色，有触角和毒钩各 1 对；背部黑棕色，瘪缩。每节有足 1 对，黄红色，向后弯曲，最后 1 节有刺，且味腥，有特殊刺鼻臭气，味辛而微咸。虫体药材容易回潮、发霉、生虫，故将其密封储藏，放置干燥处，也可用点燃的硫黄熏制，防止腐烂霉变。凡出口的蜈蚣，选个大的先晒九成干，再将竹签去掉，每 100 条为 1 包，用厚纸包裹，再每 10 包为 1 箱，箱内衬油纸，装箱密封待运。不出口的不要去掉竹签，以每 50 条为 1 包，然后用木箱包装，密封储存。储藏期间，应放在干燥处，箱子内放一些樟脑或花椒，或用点燃的硫黄熏制，以防虫蛀。

(3) 取毒 蜈蚣头部下面的第 1 对步足叫颚足，末端成钳形、锐钩状内通毒腺（图 3-2）。蜈蚣毒为毒腺所分泌。蜈蚣是重要的中药材，目前，国内外的医药界运用蜈蚣治癌的研究已经取得一定的进展，当代医药对于蜈蚣的应用是提取蜈蚣毒液。蜈蚣毒液提取技术复杂，每克晶毒价格昂贵，而且在医药市场上十分紧俏。

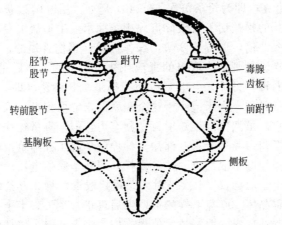

图 3-2　少棘蜈蚣颚肢节与颚肢的腹面

蜈蚣毒液提取时，是利用成年活体蜈蚣受到刺激被激怒后，出于防御或进攻的本能，从毒囊中排出毒液。在自然条件下 6～9 月采取毒液期间正是合成毒液的旺季，在室温 20～25℃时蜈蚣基本不排毒。至 10 月以后采毒数量下降，南方地区温度高仍可排毒，而北方天气寒冷，冬季不排毒。取毒的方法有两种：一种是人工处死蜈蚣，切下并破碎颚足，用蒸馏水或生理盐水浸取有毒部分；另一种是用高频电压（10～20伏）刺激腺体肌肉使其收缩获取毒液。目前人工采集蝎毒和蜈蚣毒常用 WH-4 型节肢动物毒素采集器（由武汉大学生物毒素研究中心刘岱岳教授等设计，并获得发明专利），该仪器由电脉冲电源仪和采受架两部分组成，可一人或多人操作。小烧杯要事先洗净、烘干，称重到小数点后两位，贴上编号，注明日期。采毒的方法与电刺激毒蝎相同。采用 YSD5 型药理生理实验多用仪（蚌埠医学院无线电二厂出品），调到连续感应电刺激挡，调频到 128 赫兹，电压为 10～20 伏，波宽 2～4 毫秒，用两只鳄鱼型电极夹将蜈蚣左足接刺激输出，左头部触角接地线（若有不反应者，用生理盐水将电极与蜈蚣接触处湿润），然后用 50 毫升小烧杯收集毒腺部位通过毒钩开口排出的毒液。按实验用电刺激取毒，并将毒液盛入烧杯内，马上真空浓缩成干品，放入冰箱保存（4℃）。干毒灰白色，人工饲养少棘蜈蚣取毒 30 例共得干毒 397.203 毫克，即为每条每次 13.2401 毫克。用电刺激获得的毒液比人工处死的蜈蚣切下并破碎毒腺用蒸馏水或生理盐水浸取有毒组分的毒要多 2 倍，取毒速度快，操作简单，不伤害蜈蚣，可每隔 2 周取毒 1 次。电刺激法取出的毒液往往清澈透明，而后呈乳白色，最后是黏滞毒。另外，当电刺激的频率是 128 赫兹（即 7.8 毫秒）时取毒数量最高，大于或小于这个频率都未能取到毒，取过毒的蜈蚣无一死亡。虽然雄性蜈蚣射毒猛烈有力，但产毒量往往小于雌蜈蚣。我国泰州市养殖专家凌沛涂在蚌埠医学院工程师董黎辉的协作下研制了蜈蚣电子取毒仪，并已委托蚌埠光华家用电器厂生产，这种"蜈蚣电子取毒仪" 1 次可对 4 条蜈蚣取毒，每 2 万条蜈蚣 1 次可取蜈蚣毒晶体 500 克，蜈蚣被取毒后可正常生长，半个月后又可取毒 1 次，这项蜈蚣取毒技术值得推广。将毒液置小烧杯中，密封放入低温冰箱（−24～0℃）保存。

▶ 86. 怎样采收蜜蜂产品？

（1）蜂蜜采收

① 适时取蜜　蜂蜜的成熟程度是以其中水分含量的高低来衡量的。经蜜蜂酿制成熟的蜂蜜，其含水量应在 22% 以下，蔗糖含量不超过 5%，采收蜂蜜多在春、夏、秋三季进行。主要流蜜期应

抓紧时间取蜜。流蜜前期和中期，应采取多取、勤取的方法，调动工蜂采蜜的积极性。但必须注意要取成熟蜜，当蜂房大多数已封盖时，流蜜后期采取抽取或少取的方法。一定要注意留足饲料，以防天气变化，造成饿死蜜蜂的现象。一般的蜂场特别是转地养蜂的蜂场，没有太多的箱体和巢脾，不具备加储蜜箱的条件，都是在蜂群里储蜜到一定程度时就用摇蜜机把蜜取出来。这样取蜜，应把时间安排在每天蜂群大量进蜜之前，不要让当天采取的花蜜混入蜂蜜之中，从而保证蜂蜜的质量。改良饲养的蜜蜂，在流蜜期，要随时检查，发现蜜进了 1/3，开始封盖，取蜜。在流蜜期好的花期，天气好，3~4 天就能取 1 次，甚至有些蜜源如野桂花期，中蜂 1 天就能取 1 次。

②取蜜方法　在取蜜之前，应把取蜜场所打扫干净，取蜜工具如摇蜜机、割蜜刀、滤蜜器等及盛蜜容器都要洗净擦干。新法饲养的蜂群，取蜜时双手提起巢脾抖落蜜蜂，少数抖不落的蜜蜂用蜂刷刷去，割开蜂房盖，放入摇蜜机内摇出蜂蜜，滤除蜡屑、花粉、幼虫等杂质即得成熟蜂蜜。

旧法饲养的蜂群，就是将收捕回的中蜂，放入木箱、圆桶、竹箩等各种容器中，让蜜蜂自行造脾，不加任何管理。因为巢脾连在一起不能提脾检查，没有巢框也就无法使用摇蜜机取蜜。旧法饲养的蜂群取蜜时就要毁坏巢脾，损失蜂儿（子脾），所以传统的方法也是尽量减少取蜜的次数，一般 1 年只取 1~2 次。取蜜的方法是割取蜂脾。割脾前，先用木棍轻轻敲击蜂箱，使蜜蜂离脾聚结到蜂桶的一角，对少数不愿离脾的蜜蜂，可用烟熏走。然后用割刀割下蜜脾，尽量选无子或子少的脾割下，保留子多的脾减少蜜蜂的损失，往往是 1 张巢脾上部是蜜，下部是子，这样的脾割下以后，切下子脾部分放回蜂桶，让已封盖的蜂儿继续出房，最好是趁取蜜割脾的机会进行改良过箱，使以后取蜜方便。切下的蜜脾部分切除花粉和剩留的蜂儿后将蜜脾捣碎，装在竹筛里放在盆上，让蜂蜜慢慢地流下、流尽。取出的蜂蜜，要用滤蜜器将蜂尸、蜡渣等物滤净，即得纯净的蜂蜜。这种蜂蜜浓度高，水分少，质量较好，称为生蜜。取蜜时要注意减少蜂的死亡，新增饲养的蜜蜂在取蜜时只要抖掉蜜蜂，扫尽巢脾的蜜蜂即可取蜜，在蜜源盛季，不会引起蜜蜂的伤亡。土法饲养的中蜂在取蜜时，需先用蜂斗收起蜜蜂，然后拣大蜜脾割下，割完后再将蜜蜂抖入蜂巢。收蜂的步骤如下。a. 制蜂斗：将农村用的草帽去边只留顶部，然后由里向外穿一根线绳将帽子提起，即形成一个简单的蜂斗。b. 翻巢：将蜂巢翻过来，使背斗或木桶口垂直向上。c. 收蜂：在蜂斗里放些蜜，然后将蜂斗放在背斗里，再盖一块黑布于背斗上，蜜蜂就会逐渐爬到蜂斗上。d. 割脾取蜜。e. 抖蜂：将蜂斗中的蜜蜂重新抖入蜂巢内。f. 放正：将蜂巢翻过来放在原来的位置。

(2) 采收蜂王浆 蜂王浆又名蜂乳、皇浆，简称王浆，是工蜂咽腺分泌物的一油稠乳状物质。凡具备强壮的群势，外界有丰富的蜜粉源（包括辅蜜粉源），群内有充足的蜂群，均可进行王浆生产。但每个养蜂季节不一定都能进行生产，要看气候、蜜源、蜂群是否达到生产王浆所需要的条件。

① 取王浆前的准备 取蜜前要调整群势，组织强群，更换老王或弱王。每群有 8 框以上的蜂才能生产王浆。气温较高时要加继箱，在巢内放 5～6 个巢脾，用隔王板把蜂王控制在巢箱内产卵。在继箱内放 2～3 个蜜粉脾、2 个幼虫脾，将产浆框放在虫脾中间。

② 王浆的产生方法

a. 群势：蜂群达到 15 框以上，上 8 下 7（即继箱里放 8 框，底箱里放 7 框）。同框的隔王板将蜂王隔在底箱的一侧（4 张脾），有王区的脾要根据情况经常调换。

b. 移虫：蜂群整理好后第 2 天上午第 1 浆框即可移虫（一般每浆框不超过 8 个蜡碗）。蜡碗是人工模拟的蜂王王台的台基，直径 8～10 毫米，其制作方法是：先将纯净的蜂蜡溶化，把蜡碗棒浸入蜡液里大约 5 毫米深，取出稍冷后再蘸一下，逐步向下加大深度，这样连续 2～3 次，形成 1 个大约 10 毫米高的小蜡碗，冷却后轻轻取下待用。一般采框有 3～4 条，每条可粘蜡碗 20～25 个。将熔化的蜂蜡 1.5 厘米等距离滴在木条上，然后迅速将蜡碗粘上。同时移虫前必须预备适龄的幼虫，每个王浆框需要上百个孵化 3 天的幼虫。因此，需要在 5～6 天前将整理的空脾加到新王脾内，两边加上活动隔板（工蜂可以进入）控制蜂王在空脾上的连片产卵，这样子圈大虫龄齐，分布连片，便于迅速移虫。

c. 取浆方法：蜂群整理后次日上午第 1 框即可移虫，先将粘好蜡碗的浆框放入蜂群内，让工蜂清理约 30 分钟，然后取出。每个蜡碗内点入 1 滴王浆，迅速取出幼虫脾，将 3 日龄内的幼虫移入每框蜡碗内，全部移完。移虫应选择在气温 20℃的中午进行，移出 1 框后用温热干净毛巾盖着，要保持一定的温、湿度。移虫后 2～3小时，要提出产浆框进行检查，凡蜡碗中没有幼虫者，应立即补上，连补 2～4 次，使接受率达 90%以上。移毕，立即将浆框置于继箱中间（浆框的邻脾需在幼虫旁）。第 2 天（按移第 1 浆框虫时间计算），再进行第 2 浆框移虫，移好后，放在箱底无王区的中间。第 3 天下午移第 3 浆框幼虫，移毕立即放进继箱第 2 张与第 3 张脾中间。然后，取出第 1 浆框取浆，浆取完立即移虫入继箱，放在第 4 张与第 5 张脾的中间。底箱的浆框（即第 2 浆框）在取完第 1 浆框浆第 2 天下午再抽出取浆，这样轮流，每天下午都有 1 框浆可取。实践证明，用这种方法取王浆，比老方法取浆产量提高 1/3 左右。一般以移虫后 60～70 小时采浆为宜。因为采浆过早浆量少而稀，质量和数量均不高；如果取浆过迟幼虫开始取食，采集量少，影响产量。取浆前，要做好取浆用具和贮浆容器的清洗消毒。取浆要在干净的室内进行。要防止割蜡碗时把蜡屑掉入浆内。在取幼虫时，不可把幼虫体弄破，以免虫体水分渗入浆内影响质量。取浆时不要用冷水蘸笔后刮浆，更不要用口舌添笔后刮浆，注意操作卫生。

d. 王浆的储存：王浆在常温下放置时间一长，就会变质失效，因此，王浆采集后要立即低温保存在棕色玻璃瓶内，冷藏。在 $-7～5℃$ 条件下，可以保存 1 年左右。因此，应放在 4℃以下的冰箱内。如生产场所没有冷藏条件，也可用地窖、水井短期存放，但必须注意密封，防止污物或生水渗入浆内。在没有可靠冷藏条件的情况下，鲜王浆应及时出售，在交售运输途中要注意快速，即尽可能地缩短途中运输时间。运输王浆要用保温瓶或其他隔热容器，要及时加冰降温，在高温情况下尤其重要。

(3) 蜂乳质量鉴别 正常蜂王浆为一种乳白色或乳黄色的胶状半流动物质，味酸涩，有辛辣刺激，pH3.5～4.5，含水量 60%～70%。

① 蜂乳质量鉴别方法 用茚三酮法鉴定王浆中的氨基酸，以

鉴别其质量。测定王浆质量的方法是：称取茚三酮2克，加95%的酒精100毫升，备用。用玻璃棒蘸取待检王浆样品1滴，放在定性滤纸上，再用滴管吸取茚三酮试液1～2滴，加在王浆样品表面，立即放置在105℃的烤箱中，烘烤3分钟，取出滤纸。观察滤纸上的王浆样品，若显示蓝紫或紫红色，质量好；若显示蓝、黑或棕红色，其王浆中的氨基酸已经全部被破坏，而且已经发酵变质。

②掺假蜂王浆的鉴别方法　一些不法商贩在蜂王浆中掺入一些非王浆物质谋取暴利，主要掺入水分、淀粉、面粉、糊精、奶粉及蜂蜜等假品，其鉴别方法如下。

a. 掺水分：王浆稀薄质淡，振摇放置后，水层和王浆层易于分开，上层为水层，形似淘米水。快速水分测定，含水量大于70%。

b. 掺淀粉类：有搅拌过的痕迹，口尝有甜味，斐林试剂试验呈红色或红棕色。斐林试剂法：取王浆少许，置试管中，用少量蒸馏水稀释，搅匀，加斐林试液（碱性酒石酸铜试液）数滴滴在水浴上微沸1～2分钟，取出观察，不得显红色或棕红色。

c. 掺乳类：有搅拌过的痕迹，鼻嗅时有奶腥味。

d. 掺其他物质：若混入幼虫组织，可用低倍显微镜涂片检查。

（4）采收胡蜂产品

①成虫及幼虫采集　人工饲养药用胡蜂成虫及幼虫全年皆可采集。用于防治农林害虫采集药用胡蜂一般在10月份进行。采集时应保证来年有足够的雌蜂数量，然后将多余的成蜂和幼蜂采集，加工成药材入药用。

②蜂巢的采集　蜂巢采集比较方便易行，采集应在药用胡蜂抱团越冬时进行，将蜂巢摘下，采后略蒸，除掉死蜂、死蛹后晒干即成中药材露蜂房。

③药用胡蜂毒的采集　药用胡蜂毒是该蜂储存在毒囊中的一种毒液，为一种药理和生化活性高度复杂的混合物，可用电刺激法取得蜂毒。在采毒前，首先在夜间将田间的蜂箱拿进蜂笼，天亮后将采毒器置于蜂箱口，当药用胡蜂接触采毒器时，受到电刺激，即排放胡蜂毒液。也可采用与采收蜜蜂蜂毒相同的方法，如水洗蜂毒法、薄膜取毒法等。收集蜂毒后用蒸馏水溶解，离心去尘，冷冻干

燥后，即得胡蜂毒干粉，置于冰箱冷藏保存。

（5）胡蜂产品加工

① 大黄蜂和大黄蜂子采集后用开水烫死，晒干或烘干后即成中药大黄蜂与大黄蜂子，放于干燥的坛内保存。

② 蜂巢入药名露蜂房，采后略蒸，除掉死蜂、死蛹后晒干，生用或炒、煅后用药。

a. 炒蜂房：将蜂房洗净，蒸透，煎成小块，炒至微黄色。

b. 煅蜂房：取蜂房碎块置罐内，盐泥封固，烧存性，以去火毒。

◉ 附：蝎、蜈蚣和蜂蜇伤的处理治疗

在采收与加工生产药用毒虫过程中，往往由于捕捉操作不慎会被一些蝎子、蜈蚣、蜜蜂、蜘蛛、斑蝥、蚂蟥等毒虫咬叮，均可产生中毒现象，可用以下几种处理方法进行救护与治疗。

（1）蝎子蜇伤 被蝎子蜇刺伤后，用小绳扎捆住刺伤部位，用手在伤口周围用力挤压，将毒液挤出或吸出毒汁，在局部用冷浓肥皂水或洗衣粉水，或用氨水浸洗伤处，然后取活蜗牛2～3只捣烂涂敷伤处，一般敷后10分钟止痛；或用雄黄、枯矾各半研碎，用水调成糊状敷伤口；或用梧桐树皮1块贴伤处也可止痛。如将死蝎浸泡在白酒中，取蝎酒外涂被蝎子蜇伤处亦有良效。严重蜇伤，可口服季德胜蛇药片和肌内注射蛇毒制毒素注射液。如果并发全身症状，除口服季德胜蛇药片外，应急送附近医院治疗。

（2）蜈蚣蜇伤

① 单方 用氨水、苏打水、浓肥皂水或石灰水冲洗湿敷伤口；也可用大蒜1个，去皮捣烂如泥，加醋少许，外敷伤处。

② 草药 鲜桑叶、蒲公英各30克，洗净捣烂绞汁外涂，或用鱼腥草1把捣汁擦于患处。

③ 中成药 用季德胜蛇药片1片，捣烂用水调成糊状外敷伤处。

（3）蜂蜇伤 先用夹子夹出毒刺，在伤口处涂抹一些浓肥皂水、碱水、苏打水等，任选一样，或用单方处理。取鲜马齿苋1把，捣汁1杯，兑开水服，渣外敷伤处。或取韭菜30克，也可用

仙人掌适量捣烂外敷伤处。黄蜂蜇伤可用棉叶揉汁搽患处或鲜青蒿捣烂如泥敷于患处。

第二节　水产动物药材采收与加工

▶ 87. 怎样提取河豚毒素?

（1）河豚毒的化学结构　河豚肉鲜美，但河豚的生殖腺、卵巢及肝脏等内脏及眼睛、血液和皮肤均含有毒素，尤以 2～5 月份毒性最强。1 克毒素足以让 500 人丧生。据分析，河豚毒素含有多种成分，其毒性物质为河豚素、河豚酸、河豚卵巢素及河豚肝脏毒素等，河豚毒素为一生物碱类天然毒素。河豚毒素为一种剧毒的神经毒素。其中河豚卵巢素毒性最强，它的毒力是河豚酸的 2 倍。

（2）河豚毒素的利用　我国应用河豚毒入药历史已久，这在中药治疗上称为以毒攻毒。民间将河豚卵巢（有毒，不可服用）用于疮疖、无名肿毒等。

河豚肝（有毒，不可服用）用于疮疖、无名肿毒、淋巴结等（河豚肝捣烂或炼成油，涂患处）。据报道 [《辽宁医学》，1966，2（10）：467]，河豚鱼肝油为鲀科动物暗纹东方鲀、弓斑东方鲀、虫纹东方鲀的肝脏所熬出的油，治淋巴结结核、慢性皮肤溃疡。用法是，将河豚肝适量，放锅内加热到 90～120℃，见到油出即不停搅拌，随后将油装入玻璃瓶，静置 48 小时后，取上层清油，制成油纱布条，经高温灭菌后备用。用时以油纱布条外敷创面或用于窦道引流，外用消毒纱布包扎。每隔 1～2 日换药 1 次。

随着医学科学的发展，人们已经分离出河豚素作为研究神经兴奋机制药理学的工具药，可以防止钠离子通透性增强而不影响钾离子的外流，因此在研究神经兴奋现象时甚为有用。临床上河豚素具有止痛、镇静的功效。用河豚卵巢和肝脏中提取的毒素制成天然生物药物针剂，具有多方面的功效，既可用作镇静剂，用于治疗气喘病和百日咳；又可以作解痉剂，用于治疗肌肉痉挛和胃痉挛等，其中对破伤风痉挛具有特效；还可以代替吗啡，用于治疗神经痛和晚期癌痛等。

(3) 河豚毒素的提取方法　目前有多种提取河豚毒素的方法。最先确立大量处理法的是日本学者津田等人，而后有人经过几次试验不断改进，简化了提取河豚毒素的分离方法。日本三共株式会社最早工业化生产河豚毒。我国在自行提取河豚毒素研究方面，1958年上海水产学院加工系进行河豚毒素的提取和定量；20 世纪 80 年代，河北省水产研究所自行研究提取河豚素获得成功，现河北医科大学、大连海洋渔业总公司都有生产。我国独特的提取技术已经超过日本。50 千克河豚卵巢，日本能提取 1 克河豚毒素，我国则能提取 2.6 克河豚毒素。大规模人工养殖河豚提取河豚毒素可用工业提取方法，但目前提取河豚毒素的纯度还难以达到试剂的高精水平，现将高效提取河豚毒素的简易方法介绍如下。

在提取河豚毒素时，先将新鲜河豚卵巢对半切开，取 100 克卵巢加水（去镁离子）100 升浸泡放置 2 天并时时搅拌，然后用纱布过滤出上清液，如此反复 3 次，得 200 升滤液，每 10 升 1 批，大火迅速加热至沸腾后立即冷却，析出大量蛋白质沉淀，减压过滤得淡黄色透明溶液，通过 8 升的 Amberlite IRC50（胺型）离子交换树脂塔（8 厘米×200 厘米）。流出液不断用小鼠实验检查有无毒性，直至流出液出现毒性为止，约可吸附 200 升滤液。水洗后用 13 升（10%）乙酸洗脱，再用 10 升水洗，最初 3 升无毒弃去，余下 10 升毒性最强，用氨水调节 pH 至 8～9，加 200 克活性炭时时振荡混合，2 小时后过滤，活性炭吸附操作重复 3 次，合并活性炭，用含 0.5% 乙酸钠的 20% 酒精，每次 250 毫升，提取 3 次，提取液减压浓缩至 50 毫升；用氨水调节 pH 至 9，置冰箱中析出结晶性沉淀，过滤后溶于稀乙酸，加氨水沉淀，得 1～2 克白色结晶性毒素粗品。

⏩ 88. 河豚中毒怎样救治？

河豚肉虽然丰腴鲜嫩，美味可口，自古以来就深受人们的青睐，但河豚的内脏、生殖腺、血液等均有剧毒。研究表明，河豚毒素能使神经末梢和神经中枢中毒，曾毒死过很多人。《中国剪报》2004 年 4 月 21 日版社会记事上刊载了题为"拼死吃河豚 17 人死"

的报道。报道说，"一些训练有素的厨师确能较为准确地清除河豚里的有毒部位，降低食客的中毒概率，但不能确保万无一失，预防河豚中毒的唯一方法只有禁口"。

（1）症状 河豚体内的有毒物质称为河豚毒素，河豚毒素属于神经毒，人体吸收后作用于神经末梢和神经中枢，最先中毒的为感觉神经末梢，先麻痹后失去知觉；其次为运动神经中毒，肢体失去运动能力呈瘫痪状态；最后中枢神经中毒，河豚毒在人体内的潜伏期只有10分钟至3小时。吃河豚中毒者，脸色苍白、眩晕，随后感觉神经麻痹，出现嘴唇、舌端感觉迟钝和运动失调，开始是手指和脚趾，继而波及全身。皮肤发紫，脉搏快而微弱，流涎，出汗，头痛，体温及血压都下降，瞳孔缩小或扩大，角膜反射消失，语言不清，不久使神经呈现麻痹状态，反射机能完全丧失，重者最后因呼吸中枢麻痹及心脏停搏而死亡。

（2）救治 河豚中毒发病时间快，死亡率高；同时，目前没有任何特效治疗药物。因此，必须尽快采取排出毒物的处理措施，主要是及时洗胃、催吐、导泻、补液、纠正电解质紊乱及酸中毒；对于呼吸困难的，使用中枢兴奋剂药物，进行人工呼吸，必要时输氧，防止呼吸停止引起窒息死亡。为了保持心脏功能要注射强心剂。对于中毒较轻者，排毒后可按民间方法用鲜橄榄和鲜芦苇根，经洗净后捣汁服用。

▷ 89. 怎样采收和加工贮藏哈士蟆油？

哈士蟆油（哈士蟆输卵管）为一种传统的养阴中药材（图3-3）。剥油前，将捕到的雌哈士蟆用细绳或尼龙细绳从头部上、下颌处穿成串，每200～300只串在一起，腹部向外悬挂于通风阴凉

图3-3 哈士蟆油

干燥处，让其自然死亡并风干，傍晚或阴天放屋内以防受冻或雨淋。在悬挂初期，因哈士蟆后肢挣扎活动，使腹内两侧的油脂输卵管逐渐凝集垂成块。哈士蟆干燥时不能用火烤、水烫或摔死，否则油变色、质量差。干燥后剥油（输卵管）。干制哈士蟆剥取哈士蟆油加工工序繁杂，难以干透，品味不良，最好采用鲜剥油法。一般于翌年 1～5 月剥油，方法是将干燥的雌哈士蟆用木板或小锤击其头部致死后，用热水烫润一下捞出，铺放在木板上，然后喷洒湿水使其湿透后，装入麻袋中，也可将哈士蟆放在 60～70℃ 水中 1～2 分钟，待其后腿伸直死之后取出吊起晾干，夜间需收起放回室内。取油前将干哈士蟆再于沸水中煮 1～2 分钟，趁热放入用热水浸透的麻袋内，然后盖上草帘在温暖的室内闷 12 小时，待干燥的哈士蟆被闷透，使皮肤、肌肉等吸水变软，才容易摘取输卵管，且质量好，如果闷不好，摘取时易碎，且出油率低，质量差。剥油方法是将哈士蟆腹部向上，用刀在其腹中线切开轻轻取出两侧油（输卵管），同时除去净黑子（卵细胞）及内脏，刚取出的油含水分较多，比较潮湿，应放在通风干燥处阴干，出售或保存加工成散剂药用。

哈士蟆油真伪鉴别：真品哈士蟆油系哈士蟆的干燥输卵管，呈不规则形状，并相互重叠成厚块，或呈半月形弯曲；外表黄白色、黄色，凹凸不平，有裂纹，有灰白色皮膜粘连，可见明显的红色毛细血管，半透明，有脂肪样光泽、富油性，手摸有滑腻感；气味极腥，味微苦，嚼之黏滑；遇水膨胀 10～15 倍。随着浸泡时间延长，体积膨胀越大。哈士蟆干燥输卵管伪品常用蟾蜍的干燥输卵管，其呈鸡肠状重叠或盘卷成串状或扭曲交错成团块状；表面黄色或黄褐色，有白色皮膜相连，偶见毛细血管，半透明，无脂肪样光泽，稍有油性，质脆而硬，易折断，手摸无滑腻感，可见到外粘连的黑色卵粒；气味腥，味淡，微有麻舌感；水泡 1 小时，体积膨胀低于 8 倍，浸泡时间延长，体积膨胀倍数低于真品哈士蟆油。此外，水泡 1 天其外形基本不变，水泡 3 天后全部纵向破裂。

▶ 90. 怎样采收、加工与利用蟾酥？

（1）蟾酥采收时间　蟾蜍在出蛰后经 10～15 天的恢复期，即可采收蟾酥。一般从春季到秋季均可采收蟾酥，6～7 月是采酥的高峰期，活体采浆一般每2周采浆1次。冬眠前15～30天应停止采浆，以利于蟾蜍储备能量越冬。

（2）蟾酥的采制

① 蟾酥的采取　医药上除采取中华大蟾蜍、黑眶蟾蜍的蟾酥，亚洲蟾蜍的蟾酥亦可采用，但以中华大蟾蜍的蟾酥为最佳。一般7000只蟾蜍可刮0.5千克的鲜浆。目前采蟾酥的方法有两种：一种是捕捉野生蟾蜍提取；另一种是人工饲养繁殖活体取浆放养。一般是利用早晚和雨后在水田沟旁捕捉。将捕捉到的蟾蜍用水洗净，晾干体表水分。洗净泥土是为了蟾酥清洁卫生，晾干体表水分，是使耳后腺变软，容易取酥。为了使蟾蜍能够分泌较多的浆液，采集蟾酥时，可用木尖或竹尖刺痛其头部，也可将辣椒或大蒜放入蟾蜍口中，或用酒精涂擦耳后腺和皮肤腺以刺激其分泌浆液。取酥时，用左手将蟾蜍从头往下捋，最后捏住前后四条腿。这时蟾蜍腹部、耳后腺鼓胀起来，然后用右手捏住镀了锌的铁夹子或铝制夹钳，挤耳后腺，听到一阵丝丝的声音，说明浆已挤出来了。挤出来的浆滴入一瓷碗中（切忌放在铁器中，因蟾酥遇铁质器具即变黑，影响其质量）。用夹子挤浆时，动作要敏捷，一般每个腺体夹挤2～3次即可。在夹挤腺体时，用力要适度，以腺体张口为宜。如果用力过轻很难全部挤出浆液；如用力过重常将蟾蜍腺体皮肤撕伤或挤出血液，这样不仅影响蟾酥质量，而且会影响下次采集浆液，甚至蟾蜍易感染死亡。

采集蟾酥的传统方法是采用竹夹或竹片板刮取蟾蜍耳后腺和皮肤腺的浆液，但这样很容易造成蟾蜍表皮发炎而死。根据民间提取蟾酥的方法，制造了快捷的"蟾酥提取器"，大大提高了效益，提取1只蟾蜍的蟾酥约需10秒即可。采集蟾酥时，如遇阴雨天，可用日光灯烘干。蟾酥采集采取适度采收、多次重复的方法，每次只是轻微用力挤压，少挤一点，1个月重复3～4次，这样可以防止对蟾蜍的损伤，比1月1次全量采尽的采集方法更具"可持续利用"的优势。采集蟾酥时，要做到随捕、随刮、随放，切不可集中在一起刮浆；刮浆后要放在旱地饲养，切不能放在水中，否则会发炎死亡；刮浆后，需加强饲养管理。取浆后的蟾蜍，会伤及蟾体皮肤，蟾体极度虚弱，恢复期需要2～3周以上，才能刮第2次浆。

② 蟾酥加工

a. 团酥：又名块酥，取酥后将过滤的浆液倒入圆模型中，晒干或晾干即为团酥。

b. 片酥：是将过滤后的蟾酥纯净浆液用竹片直接涂布在玻璃上，晒干或晾干后，取下即为片酥。

c. 棋子酥：是将过滤的蟾酥油浆液置于玻璃器皿内，加工成扁圆形，形似围棋子状的蟾酥。

收购蟾酥鲜浆时，先用 80～100 目尼龙丝筛或铜丝筛过滤，用压浆球往返下压，直到筛面全部是杂质才停止。也可加入 15％清洁水拌均匀再过筛，然后将过筛的纯浆摊到玻璃板上晒干，直至 7 成干后，轻轻刮下，再放在白布上晒干。如遇阴雨天，放在 60℃烘箱内烘干。也可放火炕上烘干。烘时火不能太大，太大会起泡，起泡则不能入药，也有人放在 60 瓦的日光灯下烘干。

(3) 规格质量鉴别

① 规格质量鉴别

a. 鲜浆：白净，微黄，油亮发光。黏性大，拉力强。

b. 团酥：山东等地加工成饼酥，即团酥。直径约 7 厘米，厚约 5 毫米，全体呈棕紫色、紫红色或淡棕色，表面光滑平坦，质坚硬，不易折断，断面棕褐色。断面胶质，平而有光泽，中间夹有淡黄色杂质。遇水即泛白色乳状，完全溶解于酒精中，用锡纸包碎块少许，烧之即成油状，气微腥，嗅之有催涕性，舐之有麻辣味。

c. 片酥：呈不规则片状，大小不一，厚约 2 毫米，一面光滑，一面粗糙，质脆，易折断，红棕色，半透明，其他性质与团酥相似。

d. 棋子酥：状如棋子，故名。每块重 3～16 克，其他性质与团酥相同，味初甜而后有持久的麻辣感，均以色红棕、断面角质状、半透明、有光泽者为佳。

② 真伪鉴别　按《中华人民共和国药典》规定，蟾酥有以下几条鉴别标准。

a. 本品断面沾水，即呈乳白色隆起。

b. 取本品粉末 0.1 克，加甲醇 5 毫升，浸泡 1 小时，滤过，滤液加对二甲氨基苯甲醛固体少量，滴加硫酸数滴，即显蓝紫色。

c. 取本品粉末 0.1 克，加氯仿 5 毫升，浸泡 1 小时，滤过，滤液蒸干，残渣加醋酐少量使溶解，滴加硫酸，初显蓝紫色，渐变为蓝绿色。

d. 取本品粉末 0.2 克，加乙醇 10 毫升，加热回流 30 分钟，滤过，滤液置 10 毫升量瓶中，加乙醇至刻度，作为供试品溶液。

另取蟾酥对照药材 0.2 克，同法制成对照药材溶液。再取酯蟾毒配基及华蟾酥毒基对照品，加乙醇分别制成每 1 毫升含 1 毫克的溶液，作为对照品溶液。按照薄层色谱法《中华人民共和国药典》2010 年版试验，吸取上述 4 种溶液各 10 微升，分别点于同一硅胶质薄层板上，以环己烷-氯仿-丙酮（4∶3∶3）为展开剂，展开，取出，晾干，喷以 10% 硫酸乙醇溶液，加热至斑点显色清晰。供试品色谱中，在与对照药材色谱相应的位置上，显相同颜色的斑点；在与对照品色谱相应的位置上，显相同的一个绿色及一个红色斑点。

另外，还可以通过外观性状来鉴别蟾酥的真伪。正品蟾酥的外观性状前面已做过介绍。

（4）储藏　蟾酥易发霉，短期保管可把采集加工的蟾酥放在干燥通风的地方。如发现表面霉变，用布蘸麻油揩之即可。长期保管需把采集加工的蟾酥用牛皮纸包裹装入缸内，称取 0.5 千克干石灰粉放在缸底，石灰上面铺几层干草或几层卫生纸，密封保存。

⟶ 91. 蟾酥中毒怎样救治？

蟾酥有毒，如服用超过 135 毫克，则产生中毒症状。中毒初期上腹部胀闷不适，继之恶心呕吐频作，有的发生腹痛、肠鸣、腹泻，粪便稀水样。严重中毒者出现心悸胸闷、气短、心动缓慢、心律不齐、脉搏微弱且不规则、面色苍白、出汗、口唇发绀、四肢冰冷、麻木，膝反射迟钝或消失，头晕、头痛、视物不清、酣睡，少数惊厥，最后血压下降等休克症状，甚至死亡。若采酥不慎一旦将蟾酥溅入眼内，可出现红肿、剧烈疼痛、流泪、结膜充血，甚至发展为角膜溃疡。

要求采制蟾酥制品时应用防护眼镜和手套，用蟾蜍、蟾酥等入药时，应在医生指导下服用，以免发生中毒。万一不慎发生蟾酥中毒，一般中毒可用甘草、白及各 30 克煎浓汁服用。若蟾酥中毒严重者必须及时找医生治疗。若出现心律失常，肌内注射或静脉注射阿托品 0.5～1 毫克，每隔 2～3 小时重复注射 1 次。严重心律紊乱，可用异丙肾上腺素等药物治疗，直至心律紊乱消失。若严重中毒出现休克者，用去甲肾上腺素维持血压；呼吸、循环衰竭者，可选用咖啡因等中枢兴奋剂对症治疗。同时应用抗生素防止感染。若蟾酥不慎溅入眼中出现眼肿时，可立即采用紫草煎水洗眼，即可消肿。外部皮肤过敏者，可用扑尔敏等抗过敏药物治疗。

92. 如何利用龟甲和熬制龟甲胶？

乌龟的腹甲入药称龟甲（背甲亦可用），其含有骨胶原，另含大量钙和磷。龟甲（图 3-4）入药具有滋阴潜阳、补肾、退虚热、壮筋骨的功效，主治阴虚内热、阳亢头痛、久咳咽干、崩漏带下、腰膝酸软等症。捕捉乌龟加工入药时，先将其杀死取其龟甲，经过漂洗、去净筋肉晒干，称血板；若用沸水烫死取下腹板称烫板，晒干后放干燥处保存备用。龟甲炮制加工方法是将龟甲经沙炒至表面微黄、发胀后，取出筛去沙粒，趁热投入醋内（按 2000 克醋内放入龟甲 30 千克），捞起用水漂洗、晒干即可入药。

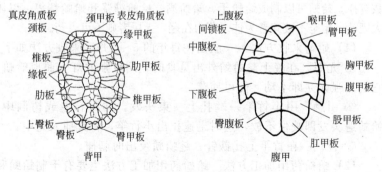

图 3-4　龟的背甲和腹甲

龟甲胶入药有滋阴养血的功效，主治阴虚出血、崩漏带下等。龟甲胶的制法是将龟甲浸在水中，烂去残肉。骨甲分离后每天用清水漂洗 1 次，直至水清为止，然后放水中熬煮两天，当煎熬到龟甲完全变酥，再将煮液浓缩成水胶状（约含水分 50％），改用微火并不断搅动，炼成黄褐色的胶汁，用胶铲挑起胶汁出现"挂旗"即可停止加热，待温度下降至 60～70℃ 后即可出胶。出胶后切块，日晒，每隔 2～3 天翻动 1 次，半干时可放于胶箱内密封，使胶内水分渗出，胶面呈糊状时，再置于胶床上阴干，即成片状干燥的胶质块状的龟甲胶。其制品的质量以表面呈黑褐色、有光泽、对光视为棕褐色、无腥味者质量最佳。龟甲胶遇热或遇潮均易软化，在干燥寒冷时又易破裂，因此一般将其用油纸包好，埋入谷糠中密闭贮存，使外界湿空气被谷糠吸收，也可装入双层塑料袋内封口，置阴凉干燥处保存。夏季最好在密封的生石灰缸中贮存。

全龟炭的制法有两种：一种是将活龟用泥封闭后放置炉中，四周用炭火均匀煅煨防止开裂泄气，煅至青烟清淡即取出冷却，敲去泥，将焦黑色的龟炭研粉后过筛即成；另一种是将活龟体投入汤锅中，盖上铁盖，并用泥封闭，然后将锅置于炉中，四周用炭火均匀煅煨，煅至青烟清淡取出冷却后将龟炭过筛即成。

▶ 93. 怎样捕捉、加工蛤蚧药材？

蛤蚧全身入药，是珍贵的滋补中药材，味咸性平，具有补肺益肾、纳气定喘止咳的功效，主治虚劳咳嗽、肺痨咯血、阳痿遗精、小便频数等症。蛤蚧可以制成蛤蚧干、蛤蚧酒、蛤蚧糖浆和蛤蚧精等。以体大肥壮、尾全不破碎者为佳。药力在尾，无尾者则不可入药。

(1) 蛤蚧采收方法　一般是在每年的 5～8 月。采收方法如下。

① 光照　在晚上趁蛤蚧外出觅食时，用较强的灯光照射蛤蚧，它们见强光立即不动，便可捕获。

② 引触　用小竹竿一端扎上一束头发，伸向石缝或树洞中，蛤蚧遇头发即咬住不放，这时迅速拉出小竹竿，将其捕入笼中。

③ 针刺　在竹竿上扎铁针，趁蛤蚧夜出时刺捕。

(2) 蛤蚧药用加工方法　蛤蚧药用加工方法主要有干制蛤蚧和蛤蚧酒两种。

① 干制蛤蚧　用刀背轻击蛤蚧的头、背枕部，使其死亡，挖去眼珠，然后剖腹取出内脏，用干布抹去血水，再用开水煮沸消毒的竹片将其四肢、头、腹撑开至与躯体平行，用扁条自腹部插至头部绷直，并用白纸缠紧其尾部在竹片上，以防脱落，然后用恒温干

燥箱烘干或用微火烘干。烘烤时,先在炉内点燃两堆木炭(每堆2千克左右),待烧至通红时,用草木灰盖住面火,然后在炉内钢丝条上铺上铁丝网,将蛤蚧头朝下数十条为1行,排成数列,烘烤12~15小时,炉内温度要严格保持在50~60℃。全干后即可取出。将大小相同的两只蛤蚧合成一对,包扎好即成。以体大、肥壮、尾全、不破碎、质坚韧、气味腥、味微咸者为佳。再将烘干的蛤蚧按规格分开等级,每两只腹部相对贴紧,用纱纸条把颈和尾部捆扎好配对,然后再将每5对或10对用绳子捆好,放入内壁用多层沙纸糊严的木箱内盖严,置室内干燥处(图3-5)。蛤蚧容易被虫蛀,要经常检查,发现虫蛀立即用硫黄熏杀。

图3-5 蛤蚧(药材)

② 蛤蚧酒 蛤蚧酒有3种制法。

a. 取干蛤蚧,用淡盐水洗去污物,去掉支撑用的竹片及体表残鳞,晾干后整只浸入60度米酒中,浸3个月即成。

b. 取活蛤蚧,致死后,洗去体表污物及鳞片残屑,剖腹去内脏,用纸吸去血液,浸入60度米酒中,浸3个月即成。

c. 配制药酒:可用60度米酒50千克,浸蛤蚧50条,并加入当归、肉苁蓉、龙骨、桑螵蛸、大枣、川芎、白芷、阿拉伯胶各

250 克，药效甚佳。

第三节　蛇类药材采收与加工

▶ 94. 怎样加工乌梢蛇药材？

乌梢蛇又名乌风蛇或乌蛇。中国除青海、内蒙古、云南、西藏外，各地均有分布，以长江中下游较多。乌蛇以去脏干体入药，中药称乌蛇，肉、胆和蛇蜕入药有悠久的历史。乌蛇性平，味甘、咸，能祛风湿、通经络，主治风湿顽痹、皮肤麻木不仁、风疹疥癣、麻风、破伤风、小儿麻痹症。胆，性凉，味甘、微苦，有祛风除湿、明目益肝的功能，治小儿惊风和高热等，为中成药活血丹、医痫丸等原料之一。蛇蜕，中药称龙衣，含有胶质原成分，性平，味咸、甘，有祛风止痒、定惊、退翳之功效，主治小儿惊风抽搐痉挛、角膜云翳、皮肤瘙痒等症。民间用蛇蜕煎汤治腮腺炎等。

捕捉乌梢蛇多在夏、秋季进行。5 月是乌蛇活动盛期，也是捕捉的有利季节。常用的捕蛇手法是左手抓住蛇的尾部，右手很快用竹竿或捕蛇工具压住蛇的颈部，然后用手捏住其颈部。若是蛇在草丛中，则先把蛇挑起，然后按上法捕捉。捕捉后，将其摔死，剥去皮，在腹面由颈至肛门剖开，除去内脏及蛇胆，在未僵硬之前将其盘成圆形，头在上，放在铁丝架上，用火烘烤，并经常翻动，防止烤焦。烤至六七成干时，改用文火慢烤至全干。取下再晒至干透，即成乌蛇干。炙乌蛇是将乌蛇干用水洗净后去头，切段，用黄酒拌匀，闷透微黄，取出晾干（50 千克用黄酒 10～13 千克）。活蛇取胆时，最好先让蛇饿几天后，以左脚踏住蛇头颈，左手握住蛇体中部胆囊处，使腹面向外，右手执锋利小刀，在腹壁切开 1～1.5 厘米的纵口，左手压迫胆囊，黑绿色的胆囊就露出切口，小心地将胆囊管切断，取出胆囊。然后将胆囊浸泡于白酒中或以线扎住胆囊管，悬挂阴干。有些区域的群众中还养蛇取胆，取胆方法与活蛇取胆方法相同。

蛇蜕入药一般不需泡制，抖净泥土杂质，剪断即可作为药用。

煅制：将蛇蜕用酒洗去泥渣，置于罐内，加盖，用盐泥封固，煅约1小时，隔夜启封取出，用陶器贮存。

95. 怎样加工银环蛇及幼体金钱白花蛇药材？

银环蛇的幼蛇干称金钱白花蛇，为中药材。出售商品盘卷如钱，金钱白花蛇由此得名。孵出 7 天左右的幼蛇干制入药。味甘、咸，性温，有剧毒，有祛风解毒、镇痉止痛之功效，可用于治疗半身不遂、风湿瘫痪等症。

银环蛇多栖息于平原、丘陵或山脚近水处的土穴中。昼伏夜出，活动于田边、路旁、坟地、菜畦等处。捕食蛙、蜥蜴、野鼠、鱼类（以鳝鱼和泥鳅为主）或其他蛇类，吃饱后常停在路上，因此夜间走路的人常可见到它。

银环蛇性怯，很少主动咬人，容易人工养殖。刚孵出的小蛇体态与成蛇相似。小蛇一出生，7～10 天以前靠自身营养生活，应及时拣出，将它们放在底部盛沙的水缸中，让它们饮水，脱皮。7 日龄加工制成的金钱白花蛇，质量最好。捕取采集孵出 7 天的幼蛇，剖腹去内脏，擦净血迹，以头为中心卷成圆盘状，将尾尖放入蛇的口中，用 2 支竹签插入蛇体支撑，以炭火烘干备用（图 3-6）。

图 3-6　金钱白花蛇药材

96. 怎样加工五步蛇（尖吻蝮）药材？

五步蛇，学名尖吻蝮，俗称五步龙、飞蛇或称蕲蛇，是珍贵的药材，中药材名大白花蛇。国家每年都收购制药，群众夏、秋季捕捉较多，使野生资源数量日渐减少，为了满足国内外的需要，目前已有很多地方建有露天养蛇场、养蛇房和蛇园，像饲养家禽一样地饲养繁殖尖吻蝮，并采取活体取毒。由于尖吻蝮为剧毒蛇，要避免受其伤害。饲养时要特别注意气温的变化，一般认为 20～30℃ 最适合蛇的生活、生长。要在蛇场、蛇房内设置水池、水沟，加上种植草木，以增加空气的湿度，对蛇的生长有利，要定时投放一些活的蛙、鼠、蜥蜴等动物供蛇捕食，在活动季节，每月投放 2～3 次或每周 1 次，保证供应充足的饲料，尽量做到多喂、喂饱，这是养好蛇的关键。

　　捕捉尖吻蝮多在夏、秋季进行（以 6 月较多）。看到蛇后，先撒一把沙土，取 2.5～3 米长竹竿打通竹节，内穿铁丝，在上面打一圆圈套，见蛇不动或盘睡时，用铁丝圈套住蛇的颈部用手拉紧将蛇套住；出其不意地、准确地用蛇钳（亦可用特制的木叉）钳住（或叉住）蛇的颈部，再抓起。尖吻蝮捕捉后，用绳悬起，用刀剖腹去内脏，翻尾洗涤其腹，以竹片撑开腹部卷曲盘成圆形，扎缚、烘干即成"蛇干"（蛇头盘在中间，图 3-7），干燥后拆除竹片，用时剁去头尾，切成小块备用。若人工饲养，捕蛇时要避免损伤活蛇。

图 3-7　蕲蛇药材

97. 怎样取毒蛇的蛇毒？

蛇毒是由毒蛇的毒腺分泌出来的毒液，是一种活性酶。蛇体与蛇毒都含有某些生理活性成分，关于蛇毒的成分与药理前已提及。虽然蛇毒在动物毒素中是比较剧烈的一种，人体只要摄入1毫克干毒量的银环蛇蛇毒，就会死亡。但是，当掌握了各种蛇毒的作用特性之后，如能正确使用，具有很高的药用价值，对某些顽症有显著疗效。我国利用蛇治疗疾病的历史悠久，但蛇毒作为药用只有70多年的历史。

目前我国对蛇毒在医疗上的应用已取得一定成绩。我国临床应用蛇毒治疗疾病最早是1952年。广州中山医学院等单位应用眼镜蛇毒注射剂于临床，对三叉神经痛、坐骨神经痛、肋间神经痛、关节痛、麻风病神经痛、风湿与类风湿关节痛、偏头痛、带状疱疹等以疼痛为主要症状的疾病均有良好的效果。对治疗小儿麻痹后遗症、瘫痪、震颤性麻痹、癫痫、高血压、癌症等，也有不同程度的疗效。用蛇毒作镇痛剂作用显著而持久，且安全范围大，连续用药无抗药性亦无成瘾性。因此，制取蛇毒可以大大提高养蛇的经济效益。根据专家对蛇及蛇类产品的市场调查分析，认为蛇全身都是宝，发展养蛇及蛇产品市场前景广阔。

(1) 各种毒蛇蛇毒的性状和成分

① 金环蛇的蛇毒为金黄色蛋清样黏稠液体。蛇毒中含有磷脂酶 A_2、乙酰胆碱酯酶及同工酶等。此种蛇毒是神经毒。

② 银环蛇的蛇毒为灰白蛋清样黏稠液体。蛇毒中含有三磷酸腺苷酶、磷脂酶、磷脂酶A、鱼精蛋白、透明质酸酶、乙酰胆碱酯酶及同工酶等。银环蛇蛇毒是神经毒。

③ 眼镜王蛇的蛇毒为金黄色蛋清样黏稠液体。蛇毒中含有磷酸、单脂酸、磷酸二酯酶、5-核苷酸酶、胆碱酯酶、L-氨基酸氧化酶、磷脂酶、三磷酸腺苷酶、抗胆碱酯酶、溶菌酶、糜蛋白酶等。此种蛇毒不同程度地兼有神经毒和血循毒。

④ 眼镜蛇的蛇毒为淡黄色蛋清样黏稠液体。蛇毒中含有磷脂酶 A_2、精氨酸酯水解酶、蛋白酶类、三磷酸腺苷酶、5-核苷酸酶、抗凝血酶等。此种蛇毒不同程度地兼有神经毒和血循毒。

⑤ 尖吻蝮蛇（五步蛇）的蛇毒为乳白色黏稠半透明液体。蛇毒中含有磷脂酶 A、5-核苷酸酶、三磷酸腺苷酶、磷酸二酯酶、缓激肽释放酯酶、精氨酸酯酶，并含有抗凝血酶活。此种蛇毒是血循毒。

⑥ 蝮蛇的蛇毒为金黄色蛋清样黏稠液体。此种蛇毒主要是血循毒，兼有不同程度的神经毒。

⑦ 竹叶青蛇毒为淡黄色略带微绿色的蛋清样黏稠液体。此种蛇毒是血循毒。

⑧ 烙铁头的蛇毒为金黄色蛋清样黏稠液体。每次所排干毒平均重 27.16～75 毫克。此种蛇毒主要是血循毒。

⑨ 蝰蛇的蛇毒为白色蛋清样黏稠液体。此蛇毒是血循毒。

⑩ 海蛇有多种，如长吻海蛇蛇毒含有固体物 15.3%。蛇毒中含有蛋白酶、转氨酶、透明质酸酶、L-氨基酸氧化酶、磷脂酶、胆碱酯酶、抗胆碱酯酶、卵磷脂酶、核糖核酸酶、脱氧核糖核酸酶、磷酸单酯酶、磷酸二酯酶、5-核苷酸酶等。此种蛇毒主要含神经毒。

上述蛇毒的色泽是就正常情况而言，特殊情况下也有例外，如广州暨南大学劳伯勋教授见安徽产的银环蛇的蛇毒色泽金黄，和正常的灰白色不同，后经凝胶电泳分离其区带，证明确为银环蛇蛇毒。研究表明，该蛇毒质量亦佳。据生产者介绍，该蛇场喂银环蛇用的是一种金黄色特鲜的鳝鱼。这种金黄色色素是通过银环蛇取食而摄入，蛇毒中染有此色，系经毒腺分泌而排出所致。这种金黄色在进行蛇毒组分分离时，可以单独分离出来。

(2) 蛇毒的采集与储存

① 采集器材　洁净的瓷碟或玻璃器皿、大小适宜的空笼、小木棒、干燥剂（如五氧化二磷、变色硅胶或氯化钙）、平底空瓶（可密封）、无色绸缎（白棉布也可）、蒸馏水、凡士林、大小活塞、抽气机、连接皮管、工具刀、防护手套、标签等。

② 取毒的准备

a. 采毒前把毒蛇清洗干净，提前 3～5 天关养，在关养期间，只给饮水，不给食物。

b. 一切取毒用品要严格消毒，以保证蛇毒质量。

c. 备好空笼，以便交替存放已取过毒的毒蛇。存放毒液的容器存放于干燥处待用。

③ 采毒方法

a. 活蛇取毒法。为保护毒蛇资源，宜采用活蛇取毒。活蛇取毒法较多，一般采用咬皿法、挤压法、研磨法和电刺激取毒法。常用的是咬皿法。毒蛇取毒要分期分批取毒，但不可过于频繁，以每20～30天1次为宜，1年可采毒6～7次，但也要灵活掌握，冬眠期不能采毒。采用活蛇取毒法，应注意防止蛇伤。

咬皿法：其方法是左手拿1个干净的器皿，右手握住毒蛇的颈部，毒蛇便张开口狠咬器皿的边缘（图3-8），这时毒液顺着牙齿即流入器皿内，直到毒液停止排出为止（一般2分钟左右）。然后把毒蛇放到准备好的空笼中，再抓另一条毒蛇，用此法继续采毒。若毒蛇咬住器皿不放，可轻轻摆动蛇的躯干部；如果仍不松口，可轻扭颈部，也可用小棒或指头刺激蛇的肛门。切勿硬拉，以防损伤牙齿，影响以后的采毒。

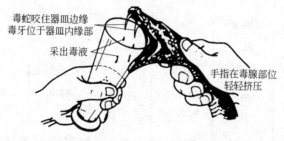

毒蛇咬住器皿边缘
毒牙位于器皿内缘部
采出毒液
手指在毒腺部位轻轻挤压

图 3-8　蛇毒的采收（咬皿法）

挤压法：毒蛇咬住器皿边缘时，用手捏住蛇头两侧部挤压，主要挤压前半截，迫使毒腺变扁，使毒液流出，但是手法要轻防止伤蛇。用此法可提高毒液产量。

研磨法：此法与挤压法大同小异，主要区别是两人的配合。由一人固定蛇体，另一人反复研磨毒腺，促使其排出毒液。使用此法要轻防止伤蛇。

电刺激取毒法：此法是用"针麻仪"等微弱电刺激工具，将阴极和阳极接触蛇的口腔内壁，当蛇受到电刺激时就会因麻木而立即排毒。对针麻仪的挑选，以微弱而能使蛇排毒为度，在用电刺激方法采毒时，如果刺激过大，则会影响蛇的健康。

b. 死蛇取毒法。使用此法不仅手续繁杂，而且破坏蛇资源，只适用于大型养蛇场，蛇较多，搞综合加工和取蛇毒时，使用断头法。

毒蛇排出的毒液量，不同种类的蛇有所不同，且受很多因素的影响，与蛇体的大小、产地、生活环境、排毒季节、气温、咬物频率时的激动状况均有关系。蛇的年龄不同，各组分的含量也有很大差异（见表 3-3）。

表 3-3　我国常见毒蛇排出毒液量比较（成都生物研究所 1979 年）

毒蛇名称	平均每条蛇咬物一次排出毒液量/毫克	平均每条蛇咬物一次排出干毒液量/毫克	毒液中的固体量/%	毒液中的含水量/%	毒蛇产地
眼镜王蛇	382.4	101.9	26.6	73.4	广西
眼镜蛇	250.88	70.2	21.8	68.2	广西
金环蛇	94.1	27.5	29.2	70.8	广西
银环蛇	191.9	44.4	23.1	76.9	广西
蝰蛇	126.7	41.4	32.7	67.3	江苏南部
蝮蛇	222.2	59	26.6	73.4	广西
尖吻蝮	688	159.5	25.6	74.4	浙江
竹叶青	27.5	5.1	18.5	81.5	广西

(3) 干毒的制备、储存技术　新鲜的蛇毒易溶于水，常温下只可保存 24～48 小时，由于细菌繁殖容易腐败变质。如果超过 48 小时或遇 100℃ 的高温，容易破坏其毒性，毒性会自然消失，所以采集的新鲜毒汁必须及时加工储藏，用真空干燥器使其含水量不超过 5%，以防蛇毒霉败变质。干燥蛇毒使用的设备，有干燥器（瓶底、瓶盖、大小活塞等）、抽气机和凡士林、连接皮管、工具刀、干燥剂、防护手套、标签等。干毒的制备过程如下。

① 干燥剂　五氧化二磷、变色硅胶或氯化钙任选一种，放入瓶底。

② 无色绸缎或白棉布包严隔板放入干燥器内，以防干燥剂飞扬。

③ 将蛇毒加 1/3 的蒸馏水（利于过滤和干燥），摇匀，过滤进焙皿器中 3 毫升（可少不可多），放入干燥器内，在干燥剂瓶口抹上凡士林，盖上瓶盖（要旋转几圈，务使封闭）。在大小活塞上抹凡士林，安在瓶盖上（转动密封）。

④ 连接皮管（一头接大活塞，另一头接在抽气机的滴管上），倒转旋片 3～5 圈，排出剩油，防电机过载，再加入新油 2/3。

⑤ 加电抽气，每 5～10 分钟观察一次，看焙皿器中的蛇毒是否流动，若有外溢则立即切断电源，待气泡消净后再通电抽气，以保质量。

⑥ 抽至不流动时再继续抽气 3～5 分钟停机，静放 24 小时，确保蛇毒绝对干燥（关闭小活塞）。

⑦ 静放 1 天，瓶内气压平衡后拔掉连接皮管，再扭动小活塞使缓慢进气，以防冲起干燥剂，污染干燥好的蛇毒。拿掉瓶盖，取出焙皿器，用小刀将蛇毒割下，装入棕色玻璃瓶中，用蜡封严瓶口，贴上相应的标签，再用黑色布和锡箔纸包紧，放在通风、阴凉、干燥、避光处保存，10 年以上不变质。

(4) 注意事项

① 提取和加工蛇毒时要注意安全，为了严防毒蛇伤人，采毒时和取毒后放开毒蛇的动作要快。取过毒的蛇放回笼内，应先放蛇身，待蛇头接近容器入口的边缘时迅速松手，放蛇时若不能将手及时脱离，易被蛇回头猛咬一口。

② 取毒用品严格消毒。

③ 不同蛇种的蛇毒应分期分批取毒，一般 20 天取毒 1 次，取出的毒汁不可混放。

④ 入蛰前、冬眠、出蛰后各 1 个月及病弱蛇不取蛇毒，以确保蛇的正常生长。若发现蛇的口腔有脓血等污物，则不宜再取毒。

⑤ 取毒后应加强营养、搞好饲养管理，按种类、大小单独关养，以免强欺弱、大吞小，关养密度不宜过大，以不相互挤压为

限。在夏天，要将蛇置阴凉处，以防热伤。

◎ 98. 怎样泡制蛇类药酒？

蛇酒浸泡材料一般是用蛇干浸泡，也有用整条蛇剖腹去肠后浸泡而成，泡酒方法有生浸和熟浸，一般蛇酒色淡黄透明，气味略带芳香和蛇腥气，味腻滑清润及微涩，有祛风湿、滋补强壮的功效，为了加强疗效，在蛇酒中还可加入多种中草药，浸出物有时略有沉淀。

(1) 蛇酒浸泡的方法

① 干浸法　将加工好的蛇肉干，以 5∶1 的比例浸入 55 度的白酒中，密封 2 个月，待酒色转黄即可饮用。

② 鲜浸法　把蛇杀死，去内脏，清水洗净，浸泡入 55 度白酒中，密封 2 个月即可。

蛇酒中的三蛇酒和五蛇酒是著名的特产酒，主要用于治疗运动系统疾病，如风湿及类风湿关节炎和关节劳损等。三蛇酒是用金环蛇、灰鼠蛇、眼镜蛇及有关中草药浸酒而成。制法是三种蛇各 1 条（1000～1500 克），分别去内脏去头，用清水洗净，用布擦干，泡入 50 度以上 7500～10000 毫升的米酒中，密封 2～3 个月。三蛇酒橙黄色，味香醇。五蛇酒是用以上 3 种蛇再加上银环蛇和白花锦蛇泡酒制成。浸酒时加入中草药当归、黄芪、杜仲、党参、红花、川芎、木瓜、牛藤、枸杞子等，使药酒的祛风活血、滋补强壮等药效更强。以延年益寿著称的"龟蛇酒"，远销日本和东南亚地区等几十个国家。此酒是由眼镜王蛇、金环蛇、金龟、当归、杜仲、党参、枸杞子、蜂王浆等药浸制而成。国外如日本也有滋补身体、增进健康、增进青春活力的誉为"健康之酒"的"陶陶酒"，是以蝮蛇为主体，同时泡入朝鲜人参、枸杞子、桂皮、大枣、甘草、陈皮、决明子、茴香等中药材而成，在日本颇负盛名。

(2) 海蛇干制酒　饮用海蛇干制酒对风湿症、肩周炎、坐骨神经痛有特效，被称为"风湿克星"。浸酒的方法是：将海蛇干先用酒洗净，切成小段，然后用 100 克海蛇干配以 5000 克 40 度以上的优质白酒浸泡（放入适量中药更好），20 天后即可饮用。

99. 怎样捕捉蛇？

(1) 掌握蛇的生活特性捕捉

① 掌握蛇的活动特性捕捉　蛇的活动特性因蛇的种类不同而异，银环蛇大都是夜间活动，白天一般不出洞，其他种类的蛇大都以白天活动为主。蛇的活动特性也因季节、时间不同而异。蛇从早到晚出洞，四处捕食，活动频繁，反应快、行动迅速，白天难以捕捉，但晚上用灯光照射容易捕捉。秋季（9～10月）为准备冬眠阶段，这时气温下降，蛇的反应、行动渐变迟钝，上午 10 时至下午 4 时之间出洞，只在洞穴附近活动，晚上在洞穴栖息，容易捕捉。

② 掌握蛇的栖居特性捕捉　蛇常钻老鼠或其他野生动物的洞穴，或借助天然的岩石、石缝栖居。蛇栖居的洞穴同田鼠、山鼠相类似，蛇一般栖居在离山垄田边 10～20 米的有草木但不茂密的山腰、高坡、埂边、坟墓的向阳处。根据这一特性捕捉蛇不会有误。

③ 掌握蛇的捕食特性捕捉　蛇是肉食动物，主要以捕捉青蛙、鼠类和昆虫为食。可根据这一特性选择蛇类出洞捕食的时间，到这些动物爱活动的地方去捕捉。但有的蛇不是以这些动物为食，如银环蛇就是以黄鳝、泥鳅为主食的，因此，捕捉银环蛇应选择其出洞捕食的晚上 8～9 时，到田边、沟边去寻找捕捉。

④ 掌握蛇的繁殖特性进行捕捉　蛇是有性繁殖卵生动物，但它们自己不会孵化，是靠自然气温孵化的，每年 9～10 月交配，第 2 年小暑前产卵，卵产在洞内。产卵前和产卵期间，母蛇喜欢在离洞不远的地方迟缓活动，容易捕捉。蛇一般是单户独居的，产卵也是 1 蛇 1 窝。但银环蛇等则是群居的，少则 3～4 条，多则 10 多条，卵也是产在一起的，虽然和其他蛇类一样不孵化，但它有一个特性，即产卵后怕老鼠吃蛋，不离洞穴，即使晚上出洞捕食也是轮流守洞，一直到小蛇出壳为止。因此，找到银环蛇栖居的洞穴，往往可捕捉到多条蛇和蛇蛋。

⑤ 掌握蛇爬行的特性捕捉　凡是有蛇栖息的洞穴，由于蛇爬进爬出，洞口总是显得很光滑，凡见此洞，必有蛇在。不同的蛇，洞口光滑迹象基本相同，一般洞口底面光滑，但唯有银环蛇贴洞壁爬进爬出，洞口侧壁光滑使人难以发现。

⑥ 掌握蛇的粪便特性捕捉　蛇习惯将粪撒在离洞穴口不远的地方，依据蛇粪便新鲜程度可以判定蛇的活动距离和躲藏的地方。蛇的粪便颜色因蛇而异。一般蛇的粪便白色中有点微黄；银环蛇粪便则呈淡黄，粪便有一种特别的怪腥味。根据粪便颜色和气味来判定洞内躲藏的是何种蛇。

（2）捕蛇方法

① 捕蛇工具　捕蛇工具很多，主要有蛇钩、蛇叉、蛇钳、蛇索、套索、棍子和网兜等（图3-9）。用捕蛇工具捕蛇常用以下几种方法。

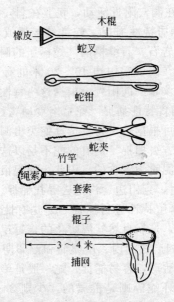

图 3-9　常用捕蛇工具

② 捕蛇方法（图 3-10）

a. 钩蛇法：此法适于捕捉爬行比较缓慢、爱蜷曲成团的毒蛇，如蝮蛇科的蝮蛇、尖吻蝮（五步蛇）、蝰蛇等。当发现它们在草丛中、乱石上、洞口外时，或在蛇笼中提取蛇时，捕蛇者手持蛇钩，准确快稳地把蛇钩到平坦地面上，然后用钩背或把柄压住蛇的头预部后，把蛇的颈部捉住或用夹蛇法捕捉入蛇笼，也可将蛇挑入钩中

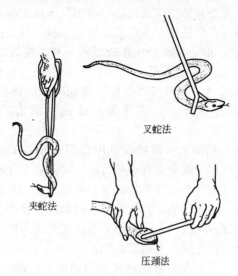

叉蛇法

夹蛇法

压颈法

图 3-10　捕蛇方法

再迅速将其放进蛇笼内。由于用蛇钩捕蛇时间短，对蛇没有刺激，它还来不及发怒咬人就被钩住送进蛇笼中，如蛇滑掉地上，可顺势再用蛇钩压住蛇头，然后改用棍压法或蛇钳捕捉法捕捉。

　　b. 压颈法：此法是常用的捕蛇方法。当蛇在地上爬行或伏盘时，迅速用一种木杖（或细竹竿、木棍），趁其不注意，悄悄从蛇的后面压向蛇的颈部，若未压准颈部，可先压住其蛇身的任何部位，使其无法逃脱，再用 1 只脚帮助压住蛇体的后部，然后把工具再移位到蛇头颈部，压准颈部后才能捕捉。用左手按柄，右手拇指和食指捏住蛇的头颈部两侧。对于某些较大的毒蛇如眼镜蛇、尖吻蝮（五步蛇）等，其挣扎力度较大，为了安全捕捉，应两人协同捕捉，一人用棍压住毒蛇的头颈部，另一人压住蛇体，然后再用手捏住毒蛇的头颈部。捏时不要太紧，以不使松动而又无法移动位置为妥。若抓蛇过紧，往往会引起蛇的拼命反抗而难以对付。最后，抽出按柄的手，提住蛇的后半身，放入竹笼或布袋内，盖紧盖或扎紧口（图 3-10，见彩图）。

　　c. 叉蛇法：用一条长 1～2 米、一端分叉的木棍，叉口大约为 60°，前端钉有坚韧而具弹性的胶皮，以便卡住而又不损伤蛇体。

当发现蛇时，捕蛇者悄悄接近蛇体，用木杖叉住蛇颈后，再用右手提住蛇头后颈部，最后用左手提住蛇的后半身，放入捕具内。

d. 夹蛇法：用一特制的蛇钳或蛇夹，要求蛇钳或蛇夹的柄较长，钳或夹口向内略呈弧形，蛇夹口的大小要与蛇体大小相当，如蛇夹口过大或过小，都难以夹住。捕蛇时从蛇的后头向颈部钳住或夹起放入蛇容器内后迅速松开蛇夹并抽出，盖紧盖或扎紧口。

e. 套索法：捕捉乱石堆或草丛中盘踞或昂起头颈的蛇，可采用套索捕捉。即用一根中央打通的竹竿，穿入尼龙绳或细铁丝，头上系个活结，捕蛇时捕蛇者手持竹竿和绳索一端，从蛇身后将绳套对准蛇的头部，迅速用活结套住蛇颈并抽动、拉紧手中的绳子使蛇头难以活动，然后将蛇放入器具内。但必须注意不能将活套绳索拉得过紧，防止勒伤蛇颈或引起窒息死亡。

f. 缸捕法：将缸埋入毒蛇经常活动的地下，缸口与地面相平，缸内放青蛙之类，蛇入缸捕食蛙就难以窜出即可捕捉，放入器具内。

g. 网兜法：此法常用于捕捉爬行很快或在水中游动的毒蛇或海蛇。在一根 2 米长的竹竿头上安装 1 个直径 25 厘米的铁丝圈，缝上 1 只尖底的长筒形布袋。捕蛇时用网袋猛然向蛇头迅速一兜，使蛇进入网袋内兜住毒蛇，再抖动网柄，使布袋缠在铁丝圈上使蛇无法逃出网袋。

h. 蒙罩法：此法主要用于捕捉眼镜蛇、眼镜王蛇等性情凶猛、活动性大的毒蛇。捕蛇时，捕蛇者接近蛇后，用麻袋、草帽或衣服等蒙住蛇头，顺势用脚踩住蛇身，然后抓住蛇的头颈部，并迅速将其捕捉装入器具或袋中。

i. 光照法：蛇大多畏光，夜间捕捉金环蛇或银环蛇等毒蛇时，用聚光灯或强光手电筒的光线照射蛇眼，当毒蛇受到强光照射后常蜷缩成一团，待将蛇的两眼照得昏花时再用捕蛇工具捕蛇放入器具或袋内。

j. 徒手捕蛇法：此法只适用于熟悉各种蛇的特性，具有一定捕蛇经验者，捕捉行动较缓慢的无毒小蛇。捕蛇时行动要敏捷，将蛇注意力引向逃跑方向，看准蛇头的位置后快速压住蛇头，应注意使蛇不能反身咬到，或从后用手抓住蛇的尾部，放入盛蛇的器具中。也可先用大块黏泥用力向蛇摔去，把它黏压住，使它一时不能逃逸，立即用手捕捉。这种徒手抓蛇的方法容易被蛇咬伤，初学养蛇没有经验者不宜采用徒手捕蛇方法，应使用捕蛇工具捕蛇才可避免蛇咬伤。

100. 毒蛇咬伤怎样防治？

（1）蛇伤预防　夏秋季节各种毒蛇活动频繁，在野外作业的人要做好防护，防止被毒蛇咬伤。如在草深林密的地方要穿特制的鞋、厚袜及工作服，要注意观察上下左右有无毒蛇，并用长棍棒不时地打草惊蛇，防止被蛇咬伤。捕蛇者需使用捕蛇工具捕捉。在野外遇到毒蛇追人时，可采取"之"字形路线跑开逃避，或向光滑无草地跑去。如能拾起棍棒之类，站在原地，注视毒蛇来势，乘它攻击时当头猛击，将毒蛇打死或赶走。像眼镜蛇是通过喷毒来攻击的，应特别注意，防止毒液进入眼睛。一旦毒液进入眼睛，必须立即用清水或生理盐水反复冲洗，或用结晶胰蛋白酶 1000～2000 单位加生理盐水 10～20 毫升，溶解后滴入或浸泡眼睛，可破坏蛇毒，避免中毒。在夜间用明火照明走路时，如遇到蝰亚科有"颊窝"（即热感受器）的毒蛇扑火，应迅速将火把扔掉，待火熄灭后，毒蛇则不动或自行溜逃。

（2）蛇咬伤的中毒症状　人畜被无毒蛇咬伤应及时清洗伤口，用药防止感染，不久即可康复。人畜被毒蛇，特别是剧毒蛇咬伤如眼镜蛇、眼镜王蛇、金环蛇、银环蛇、五步蛇、竹叶青、蝰蛇、蝮蛇等毒蛇咬伤中毒后的主要表现如下。

① 混合毒的毒蛇毒液　如眼镜王蛇（俗名过山峰蛇）、眼镜蛇（俗名板铲头蛇）、蝮蛇等剧蛇的毒液，对神经系统和血液循环系统同时发生损害。作用于血管，会破坏血管内皮细胞，导致出血；作用于心脏，会损害心肌细胞，导致心肌缺血而引起死亡；作用于神经系统，会抑制呼吸神经，引起呼吸肌麻痹而导致死亡。

② 神经毒的毒蛇毒液　如金环蛇、银环蛇、海蛇等。剧毒蛇的毒液主要是迅速作用于神经，使呼吸神经麻痹而引起死亡。

③ 血循毒的毒蛇毒液　如五步蛇、竹叶青蛇、蝰蛇、烙铁头

蛇等剧毒蛇的毒液会快速进入人体血液循环，作用于血管时会导致血管出血，作用于心脏时会使心肌缺血而导致精力衰竭，重者会引起死亡。

（3）被毒蛇咬伤后的急救方法

① 绑扎伤肢　当人畜被毒蛇咬伤后首先要立即绑扎伤口上方10厘米左右处，阻止静脉血的回流，减少毒液扩散。结扎越快越好，要争取在咬伤后1～3分钟内完成。可用橡皮带、绳子、布条、手绢等立即在伤处高位绑扎，例如，咬伤手指，要结扎在伤指的根部，咬伤小腿，要扎在膝关节上方，咬伤前臂，应扎在肘关节上方。绑扎的松紧度应以既能阻止淋巴液和静脉回流，又能使动脉血少量通过为度，以绑扎处理下感到紧胀为度，这样可以防止毒素的进一步扩散和吸收。注意每隔15～30分钟应放松绑扎2～3分钟，以防被绑扎的肢体远端缺血坏死。

② 伤口冲洗　在绑扎后立即用清水、肥皂水或冷茶水冲洗伤口及周围皮肤，有条件时用2%双氧水或2×10^{-4}的高锰酸钾溶液冲洗，如周围实在没有水，可用人尿代替。同时请人用力挤压伤口排出毒液。

③ 扩创排毒　冲洗后及时扩创排毒。用小刀或刀片按毒牙痕方向纵切，或"十"字形切开皮肤，扩大伤口，让伤口多流一些血，使蛇毒流出。切时不宜过深，只达皮下即可，但要避开静脉，如有毒牙残留，要挑去毒牙。然后对扩创的伤口吸毒，最简易的方法是用口吸吮伤口，边吸边吐，再用清水漱口。但要注意，吸吮者的口腔黏膜必须无破损、溃疡，牙齿无病患，否则易中毒。如果咬伤部位皮下组织较厚或周围组织较多，可采用拔火罐拔毒法。也可用火烙法，即把火柴点燃后在咬伤的牙痕处爆烧，连续3～5次爆烧后牙痕处形成焦痂，使进入体内的蛇毒变性破坏，减少全身中毒反应。毒液吸完后，伤口处要用消毒纱布覆盖，进行湿敷有利于毒液继续流出。

④ 被蛇咬伤后，不能惊慌和到处乱跑，因为这样会加快心跳，加速血液循环，反而会使毒液快速侵入全身。被毒蛇咬伤时，如果不能及时送医院急救，除了扩开伤口、挤压伤口排毒外，也可以点燃火柴、打火机等烧灼伤口，高温破坏蛇毒毒素，减低侵害性。现

场进行绑扎和排毒处理后也要快速到医院请医生处理伤口。治蛇伤最有效的疗法是注射抗蛇毒血清迅速化解蛇毒的毒性。

(4) 中草药治蛇伤

① 七叶一枝花　本品用于治疗各种蛇伤。外用：将其根茎用醋磨汁涂擦肿胀处，或用鲜品捣烂敷伤处，1日换药2次。单味研粉末内服，每日服3～5克，每天2～3次，因有毒每日内服要控制用量3～10克。

② 半边莲（别名蛇舌草）　本品用于治疗各种蛇伤。外用：鲜草捣烂后敷伤口，1日换药2次。内服：单味干药30克水煎服，1日数次，每日内服常用量25～50克。急救时可取全草60克捣烂取汁内服。

③ 徐长卿（别名寮刁竹）　本品用于各种蛇伤。外用：水煎取汁用纱布浸湿敷于伤口，保持一定湿度。内服：单味干品10克水煎服，每日内服常用量5～20克。若肢体功能障碍，可用徐长卿加五加皮浸白酒内服。

④ 八角莲（山荷叶、独角莲、八角金盘）　本品用于治疗各种蛇伤。外用：用鲜块茎，捣烂外敷。内服：单味水煎服或干品研粉，每服5～10克，1日2次，或配七叶一枝花各6克，水煎冲白酒内服。

⑤ 山海螺（羊乳）　本品用于治疗尖吻蝮（五步蛇）等毒蛇咬伤。外用：单味或配土黄柏根片捣烂，醋调外敷。内服：单味水煎服或配其他中草药同用内服，如用本品鲜草120克，配土黄柏根（三颗针）60克，水煎冲黄酒少许内服。

⑥ 山梗菜（别名大种半边莲）　本品用于治疗金环蛇、银环蛇等神经蛇毒的毒蛇咬伤。外用：用鲜草捣烂外敷伤口周围。内服：单味用干草6克水煎服或配用三叶刺针草同煎，1日3次，每日内服常用量15～30克（干品）。

人被毒蛇咬伤经急救处理后必须尽快送到附近医院，根据出现的不同中毒症状救治。如果被蛇咬者未能发现或不认识被何种毒蛇咬伤时，必须根据咬人毒蛇留下的牙痕、被蛇咬伤出现的中毒症状和根据抗蛇毒血清针对性很强的蛇药判断患者被何种毒蛇咬伤及其中毒程度，辨证施治蛇伤中毒，可达到预期的治疗效果。

第四节 其他动物药材加工

101. 如何加工刺猬皮药材?

刺猬为一种药用小兽,其皮称"异香""仙人皮",是传统的名贵中药材,中药名刺猬皮,入药具有收敛、止血、解毒、镇痛的功能,主治遗精、小便频数、痔瘘便血等症。现代医学证实刺猬皮确有泄热凉血、解毒消肿止痛之功,且能治反胃吐食、肠风痢疾、阳肿等症。刺猬肉质细嫩,为野味佳肴,并有滋补强身的作用。同时刺猬适应性强,生长发育快,繁殖力强,食性杂,食量少,疾病少,易成活,所以各地已进行人工饲养,以满足药材市场的需要。刺猬长到 600~750 克时,在秋季入冬前即可采皮。现将采皮加工方法介绍如下。

刺猬多栖息在山地、森林、草地、丘陵、荒地、农田、灌木树根或石隙的洞穴中,夜间出来活动,行动迟缓,遇敌受惊,蜷成刺球状时,即可捕捉。

刺猬全年均可捕捉,可用夹子将它钳住,捕捉时它蜷曲成一团。加工时,可用石碾压致死,将其皮肉分开或用脚将它踩紧,待其四足微微张开时,用利刀从其腹部纵剖至肛门,脚压紧,使其内脏、爪肉、油脂从创口突出,同时割除四爪,再用脚踩将其全部脂肪挤出。剥皮后翻开,使其刺毛向内对合,刮净皮内残肉、油脂等,用竹片将皮撑开悬在通风处阴干。或用小钉将其钉在木板上:为了防止虫蛀,最好能薄薄地撒一层炉灰或石灰,然后阴干,不可暴晒。炮制方法:将刺猬皮剪去毛,剁成小决,洗净晒干,另取滑石粉置锅内炒热,加入刺猬皮,炒至呈焦黄色时取出,筛去滑石粉即得。

102. 怎样加工鹿产品?

中国养鹿历史悠久,也是将鹿茸应用于医药保健事业最早的国家。养鹿的主要目的是获取鹿茸。现在已经驯养的茸用鹿主要为梅花鹿和马鹿两种。其中东北梅花鹿（亚种）体型大，产茸量高。

鹿茸角入药在中医临床上占有重要的地位。其主要成分有含氮的有机物质及赖氨酸、脂肪酸、神经酰胺、磷脂类、糖脂类、骨质、胶质、蛋白质及激素类。经测定，鹿茸中还含有钙、磷、镁、铁、锌等11种微量元素。具有生精补髓、滋血助阳、强筋健骨的功效。鹿角和鹿花盘可制成鹿角精、鹿角油、鹿角胶等，具有祛痰、消炎、发汗、镇痛、行血消毒等功效。鹿胎熬制的鹿胎膏，可治疗各种妇科病，如经血不调、宫寒不孕、产后虚弱等；鹿鞭是医治阳痿、不孕症的良药，鹿筋、鹿尾也有类似的功效。鹿骨中含有丰富的钙、磷等矿物质，具有接骨、续筋、祛风、止痛的作用。从鹿骨中可提取有效成分，制成针剂，对风湿症疗效显著。

（1）鹿茸的采收与加工

① 鹿茸的采收时机　收茸应根据鹿的种类、年龄、个体长茸特点等综合情况而定。如一般梅花鹿公鹿2岁时头锯，3岁2锯；公鹿饲养管理好的可采收三叉茸，但对鹿茸干瘦细小者，可收二杠型鹿茸。4岁以上（3锯）公鹿基本达到个体成熟水平，生茸粗大肥嫩，收取三叉茸比较经济。马鹿主要生产三叉茸，但茸大主产性能强的马鹿鹿茸也可收四叉茸。中国现行的梅花鹿二杠茸的收茸时机为呈二杠形时，以主干顶端饱满为佳。三叉锯茸呈三叉时，从茸背后观察以主干顶端不拉沟为度，对于过短的、粗的，主干顶端可以"放扁"，但不能扭嘴，更不能拉沟。梅花鹿锯茸呈三叉时，从茸背后观察以主干顶端不拉沟为度，对于粗大、嘴头特大特嫩的茸，嘴头宜放大一些，但也不拉沟。马鹿茸三叉茸呈三叉形，即四叉茸分生前从背后观察，以主干顶端不拉沟前收获。四叉茸在呈四叉形时，以主干顶端钝圆时收获。无论梅花鹿、马鹿四叉茸均应在主干顶端钝圆时收获。

② 收茸方法　收茸要在早饲前进行，锯茸前需对被锯茸的鹿进行保定。保定常用抬杆式、夹板式、吊索式等机械保定，或用司可林（每千克体重用0.1毫克）、眠乃宁注射液（梅花鹿1～1.5毫升，马鹿2～2.5毫升。锯茸后静脉注射苏醒灵1～2毫升，3分钟起立）保定，也可用静松灵注射液（肌松剂量梅花鹿5～10毫升，马鹿10～15毫升），用药后10～15分钟卧地，可持续0.5～5小

时。鹿保定好后，锯茸者一只手轻握鹿茸体，另一只手持锯在角盘上方 1.5～2.0 厘米处锯下（图 3-11），如果留茬过高造成浪费；留茬过低会损伤角盘，容易出现畸形茸。锯茸前需在茸角基部扎上止血带，以防锯茸时出血过多。锯茸的锯子要持平，使留在角盘上的茸茬四周一样高。锯茸完毕后立即在锯口敷上七厘散等止血药，可将止血药撒在用塑料布制成的敷料上，上药时用手掌托着敷料扣在锯口上，并轻按一下。初角茸一般采用"墩基础"收茸法，即在初角茸长出 3～5 厘米时，在距角柄 2.5 厘米以上处锯下。长出分枝的鹿茸，可在茸呈二杠或三叉形，顶端饱满时锯下，称初角再生茸。

锯茸部位

图 3-11　锯茸部位示意图

③ 鹿茸的加工　鲜茸含有 70% 左右的水分，如不及时干燥脱水，在自身酶和外界腐败菌的作用下引起鹿茸发霉变质，干燥后的鹿茸也便于保存。加工的鹿茸能保持茸型和色泽鲜艳，可提高商品价值。鹿茸加工前将鲜茸编号、称重、测尺、登记。用真空泵吸去茸角内残留的血液，或用打气筒排血，在气筒的胶管前安装 18 号注射针头，刺入茸尖顶端 2 厘米深，两人协同操作，一人一手固定针头，另一手握住茸体的口，另一人缓缓打气，血液由锯口流出，然后将鹿茸固定在茸架上。

烫茸又称煮炸，即将鹿茸置于沸水中一段时间，目的是排净茸内残血和灭菌消毒，同时也能保持茸型和色泽。第一次烫茸 20 秒左右（锯口应露出水面），如检查发现茸皮有破损，可涂上面粉、蛋清，以防鹿茸表皮破裂。以后反复多次烫茸，每次在沸水中烫 20～30 秒，当锯口排出残血，使茸皮紧缩，茸毛直立时取出冷却，待不烫手时再继续下水烫至锯口排出的血沫减少，茸色由深红变为淡红，出现泡小量少的粉白色泡沫时第一次烫茸才算结束。再继续进行第二次烫茸。第二天进行第二次烫茸，俗称"回水"，按第一次烫茸的操作方法直至茸尖有弹性，残血排净时为止。第三、第四天分别再进行第三次、第四次烫茸，要达到"回透"，茸尖由软变硬，又由硬变软，直到变得有弹性时结束。浸水的深度都是不超过锯口，锯口露出水面。经 4 次烫茸后，可放置于温度为 70～80℃的烘房或烘箱内干燥。温度切勿过高，以免茸皮脱落。鹿茸烘干后需要适当调整形状。

此外，还有带血茸的加工方法和砍头茸的加工方法等。

④ 加工鹿茸应注意的问题

a. 防止膨皮：鹿茸在加工过程中，特别是加工带血的茸，在 1～2 次烘烤中最易造成膨皮，其原因多为烫不透或烘烤箱温度过高、时间过长所致。处理方法：用注射针头刺入膨皮处的皮下，放出水气。待茸体稍凉后在膨皮处垫纸，并用绷带轻轻缠压后，继续烘烤或风晾。

b. 防止破裂：膨皮没有及时处理，在煮汤或烘烤过程中最易造成茸皮破裂。出现破裂时应立即用毛巾盖住裂口，用手握住，浇冷水，防止裂口继续扩大，待茸温下降后进行垫压轻缠处理。烤箱温度低于 65℃或烘烤时间短加工初期（头 4 天）煮烫，烘烤不及时，水不开，风晾时间过长，风干室内通风不良、潮湿等都能引起鹿茸糟皮，对糟皮茸最好不再煮烫，要适当增加烘烤次数与时间，到烘干为止。

c. 防止空头和生干头：空头多因烘烤过度和倒挂烘烤，风晾过迟造成生干头，又称瘪头，是煮头不及时所致，因此鹿茸加工过程中应严格遵守加工技术操作规程，及时回水煮头，适度烘烤。

d. 防止乌皮：出现乌皮的主要原因是第一次煮烫时间短，间隔冷凉时间长，茸体皮内的血液不能排出或渗入髓部，造成皮血滞留，凝固缓慢，茸皮颜色变乌。要掌握好第一次煮烫头 4 次下水的时间和操作技术。

e. 防止茸臭：收茸后应及时处理加工，特别是炎热天气，更要及时处理加工，否则极易引起鹿茸发霉变质。煮烫和烘烤过程中必须将整个茸体煮好煮透，防止发霉腐臭。

（2）鹿茸的贮存　鹿茸加工干燥后用细布包好，放入木盒内，在其周围塞入用小纸包好的花椒粉，可防止虫蛀、霉烂或风干破裂。如系鹿茸粉，则用瓷瓶盛装密塞即可贮存。

（3）鹿茸的鉴别　花鹿茸又称黄毛茸，呈圆柱形，多呈 1～2 个分枝，具 1 个分枝者习称"二叉茸"，2 个侧枝者习称"三叉茸"，主枝长 25～33 厘米。二茬茸即再生茸，与头茬相似，但长而不圆，且下粗上细，下部有纵棱筋，皮灰黄色，其茸毛比较粗糙。

马鹿茸较花鹿茸粗大，侧枝有一叉、二叉、三叉、四叉。茸长 20～30 厘米，皮灰黑色，毛青灰或灰黄色，且糙而疏，锯口外围有骨质，分叉越多质越老，下部有纵棱，稍有腥气，味稍咸。

（4）副产品的加工　鹿的副产品必须认真加工，保证质量。具体加工方法、质量要求如下。

① 鹿尾　取下鲜尾后，用热水浇 1～2 次，拔掉尾毛，刮净绒毛柔皮，缝好尾根，放入烘干箱烘干，做到色泽黑亮，无异味，无虫蛀，无毛根，长圆饱满。

② 鹿胎　鹿胎包括从母鹿腹中取出的未出生胎儿和出生 3 日内的胎儿，在母鹿腹中怀 6 个月以下的应连衣烘干，6 个月以上到生下前 3 天的胎儿应挖去胃肠烘干，做到胎形完整不破碎，水蹄明显，纯干品不臭不焦，具腥香气味。

③ 鹿鞭　公鹿被屠杀后，取出阴茎和睾丸，用清水洗净，将阴茎拉长连同睾丸钉在木板上，自然风干，呈长条状，颜色黄或灰黄，睾丸两面干燥，无虫蛀。

④ 鹿心　首先将血管扎好，防止心血流失，去掉心包膜与心冠脂肪，用 80～100℃ 的高温烘干，做到干燥而不枯焦，不腐败，色泽鲜艳。

⑤ 鹿肉干　剔骨后，去掉大块脂肪，煮熟切成小块烘干，不放任何调料，做到清洁干燥，不臭，无杂质，呈暗红色或黄色。

⑥ 鹿皮　除净残肉，自然风干，做到完整无缺，无虫蛀，无空洞。

⑦ 鹿筋　鹿小角壳，要除净皮肉，洗净晒干。

103. 灵猫如何活体取香？

灵猫又名九江狸、麝香猫。在灵猫体肛门与外生殖器间会阴部有香腺，其分泌物称灵猫香，是一种高级香料不可缺少的定香剂。在医药上，灵猫香与麝香功效基本相同，都具有芳香、开窍、活血、催生等功效，能兴奋呼吸中枢和血管运动中枢，有回苏急救的作用。临床上用于治疗心绞痛、疝痛及骨折疼痛。中国过去用杀鸡取卵的方法收取灵猫香，使灵猫数量锐减。现在各地人工养殖小灵猫多采取活体人工取香，这不仅解决了药材和工业用香的需求，而且其毛皮可以制裘，其肉可食，具有滋阴作用。这是一条致富途径。

小灵猫即香狸，又名七节狸，由于与大灵猫一样会阴部有香囊，能分泌灵猫香，因此也称为麝香猫。大灵猫和小灵猫均被列为国家保护动物。捕捉饲养繁殖，收购灵猫香须报有关部门批准。

(1) 自然取香　应经常训练灵猫自我定点泌香，形成条件反射。在泌香期间，每天早晨及时收采收，一般让小灵猫将香定点泌于笼壁上洁净部位，便于采收洁净的灵猫香，一般采用刮取法。这种方法得到的是成熟的腺细胞分泌物，产量及质量不受影响。

(2) 割囊取香　冬季可以结合猎皮取香囊，然后从中抽提香液或机械挤压提取香液。这种取香法适合于体形较大、毛皮质量高的成熟灵猫，一般说来，每只小灵猫每年能泌香 30～50 克。如果采取这种猎皮取香法，1 只小灵猫的香囊最多只能挤出 1 克"死香"，并且香的质量差，这是一种较原始的"杀鸡取卵"式的采香方法，经济效益低，目前一般不用此法。

(3) 人工活体取香　在人工饲养条件下，10～15 天就能人工取香 1 次（成熟的小灵猫）。一般把灵猫关在特制的取香笼内，一手抓住尾巴，使臀部露出，另一手抓住灵猫的 1 只后腿，另一人一手抓住灵猫的另 1 只后腿，用另一手的食指和拇指轻轻挤压香囊两侧，使香囊口翻出，流出香液，第三人用一光滑的消毒过的小匙柄刮下香液。刮后，在香囊口上涂上青霉素膏或其他消炎药，以防止发炎感染。另外，也可将灵猫赶到笼口，利用栏杆协助用同上方法取香。但是这种方法也有不少缺点：这种强制性取香法对动物造成惊吓，影响正常生活；另外，还可能引起意外，如香囊受损，影响正常泌香量和泌香周期。

▶ 104. 怎样获取麝鼠香？

麝鼠香是成年雄性麝鼠香囊中的分泌物，是油质体，能散发出浓厚的麝香气味，为一种高级动物香料。其理化反应与天然麝香完全一致。含有与天然麝香相同的麝香酮、十五烷酮和十七烷酮等成分，具有抗炎、减慢心率、降低血压等功效，还具有降低心肌耗氧量及促进动物生长等活性，在医药及日化工业上有极高价值。在取麝香期，每只雄性麝鼠可提取麝香 6~7 克。

过去采取屠宰剥皮后取下麝香囊和分泌腺并小心挂起来，使其阴干即可出售，这是一种较原始、容易破坏资源的取香方法。1992年中国农业科学院特产研究所采用人工活体取香方法。

（1）保定　取香前将麝鼠头朝前，使其爬入保定器（用 16 号电焊网制成笼形结构，纵长 25 厘米，前端直径为 6.5 厘米，后端直径为 8 厘米，中端直径为 7.5 厘米）。

（2）麝鼠香腺囊的部位与结构　成年雄鼠的香腺囊位于下腹部腹肌与皮肤之间，在附睾囊上方、阴囊两侧，呈扁椭圆形，左右各一，呈对称状（图 3-12）。香腺囊的横径达（16±3.0）毫米，纵径（37±3.5）毫米。其表面为一层薄膜，布满毛细血管。香腺囊尾端连接排香管，开口于阴茎包皮内侧，管长 15~30 毫米，麝鼠香经排香管排出体外。

（3）活体人工取香方法

① 麝鼠在繁殖期应加强营养，供人工活体取香的麝鼠需饲喂精料，每只每日 50 克，粗饲料如各种鲜嫩的水草、杨柳树枝等，每日 350~400 克。

② 取香时左手持保定器上缘，用拇指和食指按住麝鼠的背部，右手拇指和食指触摸和按摩香腺囊，再由香腺囊的上端逐渐向腺体下缘适当加力挤压，使其排香，用 10 毫升或 50 毫升的具塞玻璃管或瓶接取香液。并以同样方法取另一侧香腺囊。直至香腺囊变软变小，无香液流出为止。

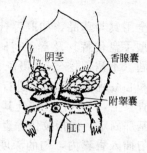

图 3-12　麝鼠香腺的解剖位置

③ 取香后将麝鼠放回原笼饲养。

④ 麝鼠活体取香时间　从 4～9 月份均可进行人工活体取香，取香后香腺细胞能迅速修复，继续分泌麝鼠香，每 15 天取香 1 次，可取香达 10 次。麝鼠非泌香期香腺囊萎缩，可进行人工诱导泌香。麝鼠非泌香期的诱导取香方法是给麝鼠肌内注射外源激素，连续诱导 7 天，于末次诱导的第 10 天可开始进行人工活体取香。诱导发育的香腺囊内充满香液，可持续 20 天之久。

105. 怎样活体获取原麝香?

麝香又名"寸香"，是雄性麝腺囊的分泌物，名麝香。由于雄麝到了 1 岁半左右开始泄香，浓香四溢，故人们称它为"香獐"。成年雄麝最初分泌的是白浆，在香囊里逐渐成熟后，便成为一些棕褐色的小颗粒，内含麝香酮、胆固醇、磷酸钙和蛋白质等成分，其味芳香。具有开窍、通经活络、活血止痛、消炎解毒、排脓生肌等功效，主治中风、痰厥、昏迷等症，还是催产助生的特效药。西医还用它作强心剂和兴奋剂。据统计，以麝香为原料的中成药就有 90 余种。同时麝香还是日用化工品的定香剂。自古以来妇女利用麝香装"香袋"，文人用"麝墨"书写绘画。

麝属于国家保护动物，为了保护和合理利用麝资源，应采取野生家养人工取香的方法，每年 10～11 月，香腺囊内液体分泌物最浓，并逐渐变为褐色粉末或颗粒状时，取香质量最佳。过去捕捉宰麝取香时，割下麝腺囊，将肉去净，用麻线扎紧，然后用烙铁烫脐顶（即麻线捆扎的上端），烫后棉纸包几层，干燥后放入铁盒内保存。

活体取香前应备全用具与药品，如取香台（果）、干净的盛香器具（盛香盘可用小型手盘代替）及常备药械，如消炎膏、酒精、红药水、药棉、取香匙（不锈钢挖勺）、镊子、剪刀等。取香捕麝保定后，要待麝呼吸和心脏跳动正常后再进行取香。取香保定是将麝体缚在取香台或取香桌上，一人按住麝让其腹部向上。取香者左手中指和食指在香囊基部固定，拇指按住香囊口，无名指和小指按住香囊体，右手持挖勺插入香囊内，勺的深度视香囊的大小而定，防止损伤香囊。插入的挖勺徐徐转动，均衡地向外抽动，小心地将香向外掏出，并使麝香顺口落入香盘（可用小型手盘代替）。最好用"取香器"在香囊里取香，每年 1～2 次，每次可取香 18～27克。取出的麝香去除毛屑等杂物，置于阴凉通风处阴干，干燥后贮存在瓷罐或玻璃瓶等密闭容器内，以防香气失散和受潮变质而影响其质量。取香后应在囊口涂上消炎膏，防止感染发炎。如发现囊口擦伤发炎，及时用抗生素治疗。取香后的麝放入干燥洁净的舍圈内单独饲养，夏季应趁早晚凉爽时取香（即上午 10 时以前，下午 5时以后），避免麝因受热和疲劳而生病。雄麝采取人工活体取香一般可连续取香 13 年以上。

◆ 106. 怎样用驴皮熬制阿胶？

阿胶又称驴皮胶，是哺乳纲马科动物中的驴皮经漂泡去毛熬制提炼而成的胶块。

阿胶呈整齐的长方形块状，表面棕黑色或乌黑色，平滑有光泽，质硬而脆。断面光亮，对光照视略透明。因古时以产于山东东阿县而得名。

据化学分析阿胶内含有明胶朊、骨胶朊成分。本品补血作用较佳，有加速血液中红细胞和血红蛋白生成的作用，为治血虚的要药。所以用阿胶，有病治病，无病强身，治疗妇女疾病尤佳。中药阿胶味甘性平，有补血滋阴、养肝益气、止血清肺、调经、润燥、定喘等功效，适用于虚弱贫血、产后血亏、面色萎黄、吐血、咯血、尿血、便血、子宫出血、鼻血、血小板减少性紫癜、月经色淡量少、肺燥咳嗽、咽干津少和便秘等症。中医认为阿胶是血肉有情之物，为滋补强壮剂。平时体质虚弱、畏寒、常易感冒的患者，服阿胶可起到改善体质、增强抵抗力的作用。脾胃虚弱者服用阿胶须慎用。

现代医学药理学研究证实阿胶含有的明胶朊、骨胶朊水解后产生赖氨酸、精氨酸、组氨酸及胱氨酸，并含钙、硫等。其止血作用与改善体内钙平衡、促进钙吸收、使血清钙增高有关。血清钙离子浓度增高，可除烦安神止痛。动物实验还发现阿胶溶液能升高血压，对创伤性休克有显著疗效。现代中医临床应用广泛。

(1) 阿胶的应用

① 补血作用　能加速血液中红细胞和血红蛋白的生成，适用于血虚萎黄、眩晕、心悸等症。

② 止血作用　适于虚劳咯血、吐血、尿血、便血、崩漏等出血症。

③ 滋阴降火、润肺止咳作用　适于阴虚火旺所致心烦失眠和热病伤阴所致阴虚伤风。此外，阿胶还具有润肺止咳作用，可治阴虚咳嗽、咯血症。

(2) 阿胶的加工方法　阿胶的加工方法是将驴皮漂泡，每日换水 1~2 次，至能刮毛时取出，刮毛洗净，切成小块，再用清水如前漂泡 2~5 天，置锅中水煎三昼夜，待液汁稠厚时取出，加水再煎，如此反复 5~6 次，分次水煎过滤、去渣，合并滤液。将煎出的清胶液用适火浓缩，或在出胶前 2 小时加适量黄酒、冰糖、豆油，至成膏状时，待冷凝后切成长方形块，一般长约 8.5 厘米，宽约 3.7 厘米，厚约 0.7~1.5 厘米，阴干，表面棕黑色或乌黑色，干滑，有光泽，每块重约 50 克，质硬而脆，断面光亮，碎片对光照视呈棕色半透明，以乌黑光亮、透明、无腥臭气、经夏不软者为佳。

一般中药店除阿胶外，还有两种阿胶制品：一种是以原胶块或将胶块打碎，用蛤粉炒阿胶珠用，简称阿胶珠。制法：将海蛤壳研成细末，在铁锅内炒熟，再将阿胶烘软，切成小块，放入炒热的蛤粉内，炒至阿胶融软发胖，周围沾满蛤粉，成为灰白色的略带长圆形小球即成。另一种阿胶制品是用生蒲黄粉按上法拌炒而成。

◉ 107. 如何采收牛黄？怎样人工培植牛黄？

牛黄是牛胆囊中形成的结石，历来被誉为中药之上品。牛黄有清热化痰、利胆镇静开窍的功效，能治疗热病神昏、癫痫发狂、小儿惊风抽搐、咽喉肿痛以及痈疮肿毒等症。现代医学分析研究认为牛黄含有胆酸、胆甾醇、胆红素及维生素 D 等成分。

动物实验证明牛黄有促进家兔血红细胞生成的作用，其中维生素 D 为促进血红细胞新生的主要因素。但牛的胆结石发病率较低，只有 0.21% 左右，自然生成的牛黄就更少了，因而市场供应紧缺，价格高于黄金。牛黄的采集利用除天然形成外，人工培植牛黄在国内已普遍展开。从施行人工培植牛黄手术的结果看，高龄牛、母牛产黄量高，平均每头牛产牛黄 11.6 克（干重），最高可达 58.7 克，手术后牛的膘情、精神、毛色比手术前更丰满、精神、光润。原因是术后胆汁分泌比术前更旺盛，消化机能增强，食欲旺盛，牛体营养进一步得到改善。人工培植牛黄的品质，效用同天然品无异。

一般选定 4 岁以上丧失役用能力的残牛、弱牛、病牛、老牛或育肥牛、肉用牛等生产性能低劣的黄牛、水牛施行植黄术，1 年后可产干黄 10 克左右。每头牛可施术 2～3 次，单牛黄一项可增值数百元，且不影响牛的生长发育和生产性能，对解决天然牛黄的奇缺，提高老、弱、残牛的经济价值具有重要意义。

(1) 牛黄的形态特征 牛黄有天然牛黄、牛体培植牛黄和人工牛黄等种。各种商品牛黄的外部形态、内部结构和性状表现等均有不同，特别是天然牛黄各个方面变化较大。

① 天然牛黄 以胆黄最为常见，其外部形态多样，大小也有差异。完整的胆黄多呈卵圆形、方形或三角四面体状，不完整的则碎裂成片状和其他不规则形状（图 3-13）。大的直径约为 7 厘米，如同鸡蛋大小；小的直径约为 0.5 厘米或更小，如小米粒。同一胆囊内 1 次可取出 1 枚至数十枚重量、大小不等的牛黄，总重 10.1 克，多为三角四面体状。大多数胆黄表面细腻光滑而略有光泽，呈金黄色、红橙色或棕黄色，深浅不一。有的外表附有一层黑色光亮的薄膜，习称"乌金衣"。有的表面粗糙，缺乏光泽或有龟裂现象。牛黄结构致密，但质轻酥脆。胆黄气味香，味先苦而后甘，入口有

清凉感，嚼之不粘牙，可慢慢溶化。以少许粉末加清水调和，涂于指甲上能将指甲染成黄色，经久不褪，称之为"透甲"或"挂甲"作用。

图 3-13 天然牛黄形态

管黄或肝黄呈圆柱形、管状或破碎的片状，完整者长 2～8 厘米，直径 0.2～1.5 厘米，表面粗糙不平，有曲纹或裂纹。管状的内壁多有颗粒状突起，呈红棕色或棕褐色，深浅不一，质亦松脆。有的管黄颜色深暗，质较坚实。管黄气味、性状与胆黄相似，有的腥臭味较浓。

② 牛体培植牛黄 牛体培植牛黄无一定形状，随核体的构型和生成牛黄多少而变化，有大小不等的块状、片状和颗粒状，也有粉末状。牛体培植牛黄表面光滑，或粗糙有颗粒状突起。干燥后有的表面龟裂，呈金黄色、橙黄色或棕黄色。核体内牛黄表面多粗糙或呈颗粒状，少有光泽。

牛体培植牛黄中部结构疏松，有空隙，颜色较深，呈黄褐或黑色，外周有一结构致密的外壳。牛体培植牛黄其他性状与天然牛黄相同。

③ 人工牛黄 为人工合成牛黄，以猪、牛、羊等家畜的胆汁为主要原料，提取有效成分，配以无机盐类等，经一定工艺程序，工厂化加工生产的一种天然牛黄代用品。人工牛黄大多为粉末状或加工成颗粒状、方块形、不规则球形或其他块状物，呈金黄色、浅棕色、土黄色或褐色。粉末状人工牛黄质轻、松散，有吸湿性，气味清香或略腥，苦味较重，入口无清凉感，涂于指甲亦能将其染成黄色。

(2) 牛黄的采收方法 根据经验验证有"牛黄"的牛，其特征是特别瘦弱，眼睛发赤，毛管发亮夜间爱叫唤，不爱吃草，爱喝水。具备此特征的牛，大多数有"牛黄"。取牛黄要及时，迟则易被胆汁浸润染成黑色。宰牛时如发现牛胆囊、胆管、肝管结石，立即取出，去净附着的薄膜，将牛黄用灯芯草或棉花或纱布包好，放阴凉处阴干，半干时用线扎好，以防破裂。

(3) 牛黄人工培植 牛体培育牛黄技术的基本内容包括手术切开胆囊、植入核体、接种牛黄菌种和闭合手术通路等，涉及牛体局部解剖、术前准备、保定、麻醉和手术操作等。

① 胆囊解剖与体表投影 肝脏是动物体内最大的腺体器官，通常位于腹腔前偏左侧，一般呈红褐色或暗褐色，质较脆。其大小、形态和质量等随年龄、品种、体格、营养状况不同而有显著差异。成年牛正常肝脏平均重 4.5～5.5 千克，约占体重的 1%，其外形大致上呈长椭圆形或长方形，扁而厚，具有两个面、四个缘。几乎全部位于右季肋区（图 3-14）。膈面或壁面凸隆，斜向右前上方，紧贴于膈的右半部和右季肋区腹壁。脏面凹陷，与网胃、瓣胃、皱胃、十二指肠和胰腺等腹腔脏器相邻接，表面有肝门、胆囊窝和上述各邻近器官的压迹等。

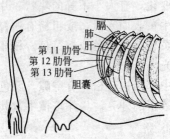

图 3-14 牛胆囊及其相关位置

② 手术 先消毒，再取出胆囊，埋入消过毒的核体，将胆囊放回原处，注入大肠杆菌。

③ 菌种来源 用新鲜健康牛粪来分离培养大肠杆菌，如有可能，采用新鲜天然牛黄作菌种来源更好。大肠杆菌分离培育，以伊红美蓝琼脂作分离培养基，选取大肠杆菌样菌落在普通琼脂上作纯培养，在进行生化及细菌形态学观察认可后，接种普通肉汤，经37℃培养 36～48 小时即成。接种量及方法：吸取大肠杆菌肉汤培育液 2 毫升，在胆囊内埋入核心并缝合完毕后注入胆囊内。

④ 牛胆囊切开埋核术　术部在右侧倒数第 2 肋间，切口下端距肋骨弓 7～9 厘米，其长度以能暴露胆囊为宜。保定：左侧卧保定，黄牛可站立保定。麻醉：可根据条件选用腰荐硬膜外麻醉、腰旁麻醉、电针麻醉和局部麻醉等，最常采用的是局部麻醉。手术过程：依次分离皮肤、肋间肌和腹膜。术者以手伸入腹腔，探索胆囊，并小心地将胆囊暴露在切口外，切口大小以核心大小而定。埋入经消毒处理的核心，缝合胆囊、腹膜、肋间肌和皮肤。

⑤ 采收方法　牛黄全年可产。屠宰时，应注意牛的胆囊、胆管、肝管三处有无硬块、结石。如有即为牛黄。杀牛时检查胆囊、胆管及肝管，如有结石硬块，应立即剖开取出，去净附着的肉肠等物，将牛黄用灯心草或棉花等包好，放在煅过的牡蛎或松花粉等吸水强的物品上，置于阴凉处干燥，不要风吹日晒，以免裂开，影响质量。

(4) 牛黄的简易鉴别方法

① 眼观　经干燥的牛黄，表面颜色为黄色、棕色、褐黄色或淡黄色，质轻，易碎，用少许粉末调和清水，涂在指甲上，能染成黄色。

② 化学测定　取样品粉末少许，再加入 1 毫升氯仿摇匀，再加入硫酸和 3％的过氧化氢溶液各 2 滴，振摇后，立即呈现绿色；或取样品粉末适量，加浓硝酸则呈现红色。

第四章

水产动物食品及其副产品加工

水产动物具有较高的经济价值，水产动物食品具有营养全面和易于消化吸收等特点，成为未来人类蛋白质的主要来源，正日益受到世界各国的重视。但由于目前我国水产动物制品加工技术和生产设备不够先进，加工技术远远落后于发达国家，不能满足人们对水产动物制品数量、质量、品种等方面的要求。因此需要迅速发展和提高水产动物及其制品的加工生产水平，特别要开发水产动物制品新品种，增加其制品在动物食品中的比例，提升水产养殖业的经济效益和社会效益。现将水产动物产品加工生产技术介绍如下。

108. 怎样加工鲍鱼干？

鲍鱼简称鲍，俗称大鲍，为一种海产的软体动物，其肉嫩味鲜，自古以来视为海味珍品，可作高级菜肴和加工制成罐头食品，多制鲍鱼干，以防止变质。常用鲍鱼干制方法如下。

先将鲍鱼放清洁的海水中洗净壳表泥沙，再用圆木制成刀，除去贝壳（称石决明，可留作药用），然后摘去内脏团，选出鲍肉置于缸中，撒上 30％食盐腌渍，8 小时以后取出在海水中搓洗，搓去足边缘黑色素和黏液，洗净后沥去水放置锅中加入清洁海水至 7 成满后烧煮加热，煮沸 3～4 小时即可捞出，再放到海水中洗去污沫，沥去水放置草席或苇席上晒干。体小的鲍鱼整体晒成干体比较容易，体大肉厚的鲍鱼体由于一时难以晒干而容易变质，必须用刀在鲍鱼背部斜切 1～4 个裂口，然后再放到席上出晒，直至晒干即成鲍干。本品以色泽淡黄而半透明者为优质明鲍干，色泽暗灰色而不透明者称为灰鲍，质量较差。

鲍鱼的贝壳有平肝、息风、潜阳、清热、明目、通淋的功效。加工成药材称石决明。如将贝壳洗净、碾碎即可入药，称生石决明。如将石决明放木炭旺火上煅烧 2 小时左右，呈灰白色后取出晾冷碾碎，称煅石决明。或放在无烟炉火上的坩埚中煅烧，当煅烧到微红时取出喷洒盐水（100 千克鲍鱼用盐 2.8 千克），配成盐水拌匀、晾干后再碾碎，即可作药用。

➡ 109. 怎样加工墨鱼干？

墨鱼又名乌贼，是生活在远海的头足纲动物，是热带外海性种类。墨鱼肉厚味美，供鲜食和干制。其干制品称"墨鱼干"，无针墨鱼的干制品称"螟蛸鲞"，两者雄性生殖腺干制品称"墨鱼穗"，雌性缠卵腺干制品称"墨鱼蛋"，都是著名的海味佳品，乌贼的眼球可以制胶，用来粘合木板。此外，据分析乌贼的墨囊含有鰂墨黑素，烤干研粉，可治疗功能性子宫出血等。墨鱼干营养价值高，是一种珍贵的副食品。根据沿海地区群众加工墨鱼干的经验，将其制作过程介绍如下。

（1）剖割 手握鱼背，鱼腹向上，稍捏紧，使腹部突起，持刀自腹腔上端正中插入挑剖或直切至尾部腺口前为止。割到将近腺孔时，刀柄要压低，使刀口朝上轻轻地剖割过去，严防割破墨囊。腹腔剖开后，随即伸直头颈，刀口由腹面顶端水管中央向头部肉腕正中间直切一刀。当剖到鱼嘴时，刀口斜向左右各一刀，割破眼球，让眼球中的水分排出便于干燥。并顺手用横刀割断嘴和食管连接处，以利于干燥和去除内脏。剖割时刀口要平直，左右对称，第一刀割到腺孔附近要留一点距离，否则日晒易卷缩，会积水变质，干燥缓慢。

（2）除内脏 去内脏前要先摘除墨囊。如墨囊稍前时应往后轻拉，稍后者向前轻拉，小心地把墨囊除掉，防止墨液污染肉面。除内脏时要从尾端开始，向头部撕开，撕到鳃部附近，随手用指甲剥去附着在肌肉上的鳃和肝脏。

（3）洗涤 把除去内脏的墨鱼放在洗鱼篓里，每篓大约盛 5 千克，放置海水中转筐浸洗，把粘着墨鱼体上的墨汁污物洗掉。

（4）出晒　将已洗净的墨鱼平铺在竹帘上沥水，接着拉直头颈，分开肉腕，腹部朝下，将肉腕方向一致地平排于竹帘上。初晒时竹帘倾斜朝阳，肉腕朝向竹帘下端，晒背部，经2～3小时，翻动一次，使腹部朝上。翻晒时，将肉腕和头颈拉直。晒到腹部表面干燥至结成薄膜时，再翻晒背部。傍晚连同竹帘一起收到室内或在空地上堆置一起，次日晒法同第一天，共翻晒3次。

（5）整形　在出晒的第二天，用拇指和食指捻动墨鱼的两旁肉块，并不时以两手摇动所捻部分，如此反复3～6次。在晒至七成干时，肉质变硬，这时用小木锤捶击打平。肉质厚处应小心往外打，背腹两面都要打到。晒至八成干时进行第二次打平，打平后晒至全干。

110. 怎样加工干贝？

干贝，又称江珧柱，主要是由扇贝、江瑶贝（中国产的贝原料为栉孔扇贝）的闭壳肌肉（俗称肉柱）经煮熟干制而成。其干贝肉坚实饱满，肉丝清晰粗实，具有特殊香气，味鲜美，为名贵的海味之一。干贝的体形有圆形和三角形两种，圆形俗称金钱贝，质嫩味鲜；三角形的俗称三角贝，质老味差质次。干贝的加工工序是去壳取肌后水煮，晒干成品。具体加工方法如下。

（1）去壳取肌方法　捕捞海产扇贝加工，如人工养殖的扇贝宜在翌年11～12月进行。先用海水洗净扇贝壳表面的泥沙，再用圆形钝头剪刀（剪刀头直径以4～4.5厘米为宜）插入贝壳缝中，紧贴两壳内壁切下一端完整闭壳肌，为加工原料，然后去除贝壳，摘去外套膜和内脏团，可作为副产品加工处理。贝壳可加工成贝壳粉作畜禽钙质等营养补充剂。

（2）水煮和晒干处理　切取闭壳肌，用清洁海水洗净后沥水，投放到80℃左右的海水或淡水中，加水量与闭壳肌比例为2∶1，然后加热煮沸，如用海水煮加盐3％，如用淡水煮加盐5％左右。第一次煮沸应注意除去浮沫，待第二次煮沸即可捞出，切不可加热过度而破碎和失去鲜味。最后将煮熟的闭壳肌用海水冲洗污沫后，沥干水分，放置清洁苇席上摊开成薄层日晒，每日翻动4～5次，晒至完全干燥。干贝的含水量以不超过12％为宜，收置通风处贮藏，贮藏期间应注意检查有无变质。干贝质量以色黄、微带白霜、肉坚实、粒大、不破碎者为佳品。色黑、质松软者变质。

111. 怎样采收加工冷冻文蛤？

文蛤肉可食，味美，壳可作盛蛤蜊油容器或作水泥原料，主产于中国沿海岸；为贝类养殖对象之一。

每年 10～11 月是文蛤的采捕季节。收捕方法是干潮后，用锄头在滩面上翻动，或用双脚频繁地踩踏滩面，边踩边后退，等到文蛤露出滩面就拾起来。

供出售的文蛤要经过净化处理，即把文蛤放于水池中暂关或盛于篓筐内挂于海中的浮筏上，经过 20 小时，使含在文蛤外套腔和消化道内的细沙全部吐出来，此后才可以食用、加工、冷冻或制成罐头和干制品。

112. 怎样制作贝类罐头？

(1) 原汁赤贝

① 配汤（单位：千克） 精盐 4.25，柠檬酸 0.1，味精 1.25，水 94.4。

② 操作要点

a. 将活鲜毛蚶充分洗净，除去泥沙，蒸熟取肉。

b. 将贝肉置于打套机中放入流动水打除外套，并在以清水喷淋的振动筛中筛去已脱掉的外套及杂质。

c. 摘净鳃套、贝毛，除去不合格肉及杂质，用流动水漂洗 3 次除尽泥沙。

d. 按贝肉与汤液比 1：2 煮沸 10 分钟，预煮液用 0.2% 冰醋酸调整至 pH4～5。

e. 预煮后将贝肉及时清洗，贝肉按大小分开放入 70～80℃ 水中烫洗 1 次，沥水装罐。装罐品：860 号罐，净重 256 克，赤贝 170 克，汤汁 86 克。

f. 排气密封时罐中心温度 90℃ 以上，0.047～0.053 兆帕抽气密封。

g. 密封后罐倒置杀菌，杀菌公式（抽气）：15—80—15 分钟/118℃，冷却后罐头正放。

◎ 113. 怎样加工蚝油？

（1）将生长成熟的鲜蚝用"丁"字形铁质蚝钩的一端将蚝凿 1 孔，再用蚝钩另一端打开蚝壳。取出蚝肉投入木桶中。生蚝在桶中产生的黏液，在煮蚝时一起入锅，以增加蚝油的产量。

（2）每 50 千克蚝肉加 60 升淡水进行煮制。水沸后投入生蚝并搅拌，以免粘连锅底烧焦，并促使蚝肉胶质溶出。

（3）30 分钟后，将蚝捞起、振动，使蚝身的泥沙下沉，然后倒入箩中沥水。将锅内蚝壳及杂物捞净，取出部分蚝汤，再加入淡水进行第二锅煮制。热蚝取出后经沥水、冷却、加盐、干燥过程制得蚝干。

（4）用清水将锅洗净，清除铁锈及污物，涂一层花生油，以防浓缩蚝汤时粘连锅底。

（5）在煮蚝时未加盐的蚝汤中加些淡水，澄清除去下层泥沙、蚝壳等杂物，用筛过滤后浓缩。

（6）将过滤后的蚝汤倒入锅中，保持沸腾浓缩约 10 小时，沸腾起的花纹达到一定浓度时停火。

（7）停火后在锅中停留 2～3 小时即为半成品"原汁蚝油"（真空浓缩最理想）。

（8）先将铁锅加热，抹一层花生油，然后放入糖加热熔化，温度控制在 200℃ 以下，至糖脱水，使糖液起泡黏稠，呈现金黄色后，加入水和原汁蚝油。原汁蚝油中的加水量以稀释后游离氨基酸的含量符合标准为原则，再加热到 90℃ 以上，使颜色转变成红褐色。

（9）采用一定配比的淀粉及食用羧甲基纤维素作为增稠剂，使液体不分层，并具有浓厚的外观，提高产品的质量。

（10）添加少量味精及肌苷酸作为增鲜剂，改善原有鲜味和增加香味。

（11）成品中加入 0.1% 苯甲酸钠防霉，以利长期贮存不变质。

（12）将蚝油装入玻璃瓶中，加盖密封即为成品。

114. 怎样加工蛏油？

（1）操作要点

① 选择鲜活蛏为原料，用清水洗涤，除去泥沙杂质。

② 锅内注入 20 升水煮沸，放入洗净的鲜蛏 20 千克，用铲搅拌使蛏子全部浸入水中。加盖，加热到重新沸腾后再次搅拌，使蛏子受热均匀。约 35 分钟，有 90％以上蛏子煮熟时，即可出锅。

③ 用手握住蛏壳一抖，如果蛏肉和蛏壳自然脱落表明已煮熟，然后迅速把蛏子捞出，装入筐内，立即翻动振筐，以利剥壳。

④ 再次把煮蛏水加热沸腾，下入蛏子，重复以上操作。每次下入的蛏子可逐渐增多，最后可达 30 千克左右。经几次煮蛏后，蛏水愈来愈浓，便可用于加工蛏油。

⑤ 煮蛏水即蛏卤经 4 小时沉淀，用纱布或尼龙筛绢过滤，除去泥沙、污物及被搅碎的蛏壳。

⑥ 经过滤后的蛏卤用夹层锅进行浓缩直到相对密度为 1.2 时结束。如能真空浓缩，则有利于提高产品质量。

⑦ 浓缩结束之前，加入 0.1％苯甲酸钠，以延长蛏油保藏期。

⑧ 蛏卤经浓缩即为蛏油，可用大缸、酒坛及玻璃瓶等容器盛装。

（2）成品质量　具有蛏油特殊的香味，无腐败味或发酵异味。味道鲜美适口，无焦苦等异味和霉味。体态浓厚适当，无渣粒杂质。

115. 怎样速冻有头对虾？

对虾又称"斑节虾""明虾"，主产于中国黄海和渤海。近些年来中国沿海各地养殖对虾，年产量很大。除供鲜食外，可干制和速冻加工罐藏。现将速冻有头对虾加工方法介绍如下。

（1）挑选对虾及保管　挑选平均体重 20.69 克、体长 12.03 厘米的活对虾作为原料虾。对不能立即投入加工的虾，放入－4℃的冷藏间冷藏。除去不合标准的虾。

（2）加工前准备工作　原料虾用海水冲洗去泥沙等杂质，再用淡水冲洗干净后，按有头对虾的规格质量分类加工。

（3）加工方法 将挑选合格的虾放入小筐内，用冷水轻淘干净（注意勿损伤虾体），洗后沥水 4～5 分钟，按有头对虾规格质量称重，要求有头对虾每盘净重 1500 克。再将有头对虾直身顺摆，层层排列在干净的小盘内，头向外，尾交叉，下层背向上，疏密均匀，表面平整美观。摆盘前加冷水边摆边洗 1 次，以进一步除去杂质，但盘底不积脏水。摆盘后虾盘内盛满清水，然后在虾体表面放一块白铁板，白铁板四壁留有相当大的空隙，然后倒置沥水 5 分钟，以防止红底虾和混底虾，白铁板不取出。摆盘时虾盘底表两面各附只数标签一枚，标签正面分别向外。最后将虾盘急冻室冷冻。急冻室温度应在虾入库前降至 -20℃ 左右，入库急冻虾时立即加 5～8℃ 的温水到刚盖过白铁板表面为宜。冻结后虾块中心温度要求达到 -15℃ 以下，冻结时间 7 小时左右即可成为冻虾成品。

▶ 116. 怎样加工虾米？

虾米又称海米，味焦嫩鲜香，用海米做汤是餐桌上的名菜。产期春季始于 3 月前后，秋季始于 8 月前后。中国沿海各地均有生产。虾米的加工方法如下。

（1）加工前处理

① 把原料按质量分级，避免原料混杂而降低质量。

② 用清水洗净，除去混在其中的杂物。

③ 妥善贮存，避免日晒或霉烂变质。

（2）加工方法

① 煮虾 将清水放置锅中加原料煮 4～5 次，用水量是原料的 2 倍。煮虾时，先将水烧至八成开后，把洗净的虾倒入锅中煮并加定量食盐，盐用量应根据鲜虾的质量和加工季节确定。一般用盐量为 3%～4%，如用淡水煮虾酌情适当增加盐量。如每锅用水 100 千克，可煮虾约 50 千克，用盐量每次不同，第一次约用 1.2 千克，第二次约用 0.8 千克，第三次约用 0.35 千克。每锅煮 4～5 次后需要换水。每锅虾至少要连煮三开，每煮开一次要轻轻翻动虾体，使其受热均匀和熟度一致，并随时除去水中的浮沫。煮三开熟后见虾在锅中均匀浮起，捞出水面发白时，即可将煮虾捞出锅，放置筐中

沥水出晒。

② 干燥　将熟虾摊平在稻场或水泥地上日晒，并不断翻动，使虾体干度均匀发硬而且皮壳易于脱落时，即可将晒干的虾体集中收贮于干燥通风处。

③ 脱壳　晒至虾体发硬、皮壳焦脆时即可脱壳。量多用脱壳机脱壳，量少可用手扒去虾壳加工出虾米。一般将干虾壳摊平在水泥地上用石碌来回滚压，将虾壳压碎后，用木锨扬稻壳的方法，将虾壳碎片、虾眼和虾腿以及虾米扬入空中，借助风力把它们分开，然后再装入稻草编制的密网眼袋内，两人提袋来回搓撞，最后再用旧网衣轻搓，使其皮壳去净后即成虾米商品，按等级分装出售。

⟴ 117. 怎样加工虾皮？

虾皮是用海产毛虾加工制成的，它的加工方法可分为生干和熟干两种。生干虾皮是由单潮（指昼夜倒网 2 次或 4 次，其渔获物称单潮货或当潮货）生产的新鲜毛虾直接晒干而成。熟干虾皮的加工方法介绍如下。

(1) 备料　因为毛虾有单潮、双潮（指昼夜倒网 1 次，其渔获物称双潮货或隔潮货）之分，其中夹杂物的多少不一致，所以必须挑选和分级，以免影响质量。一般可分为上等、中等和下等三种原料。含夹杂物多的必须用筛筛去，不清洁的原料要进行洗涤，洗净后放于待煮筐内沥水。

(2) 炊煮　先在直径为 90 厘米的大口铁锅内装七分满的淡水（约 35 千克），加盐 2 千克，待汤沸后，将已撒有适量盐（特级每50 千克毛虾用盐 1.5 千克，一级用盐 2.5 千克，二级用盐 3.5 千克，三级用盐 4.5 千克）的虾筐（每筐装毛虾 6 千克）放入锅中，加锅盖，待沸腾后开盖，用筐针拨动筐身让其旋转，使熟度均匀，待虾须伸直即取出虾筐，置于通风处晾凉。一般每煮 5～8 筐换一次汤，以免汤太咸影响制品质量。

(3) 晒干　把充分散热后的虾皮均匀撒在苇席或竹帘上，日光晒干。在晒制过程中，要用竹耙翻扒一次，一般晒到九成半干为宜，因为过干则发脆，头尾易脱落；过湿则不利于保藏。

118. 怎样制作虾油？

虾油一般在每年秋后 10~11 月份生产。虾油是虾类发酵后的营养液，含有丰富的蛋白质和氨基酸，是味美价廉、营养丰富的调味料。

（1）原料整理 所用原料与虾酱相同，除去原料中的小杂鱼等杂物后即可腌制。

（2）工艺要点

① 发酵腌制 将原料清洗后放入缸内，置室外日晒夜露 2 天后，早晚各搅拌 1 次，3~5 天后至缸面有红沫出现即可加盐搅拌。总用盐量为原料重的 16%~20%。每天早晚各加盐 1 次，同时搅动，发酵半月左右成熟。此后每次用盐量减少 5%，1 个月后只需早上搅动，加盐少许，至规定盐量用完为止。而后继续日晒夜露，早晚搅动。搅动时间长，次数多，发酵成熟均匀，腥味少，质量好。

② 炼油 晒过伏天后开始炼油，但不能提炼过早，否则腥气重，易变质。炼油时先除去缸面浮油，然后加入煮沸冷却的盐水，盐水浓度为 5%~6%，用量为原料重量减去第一次除去的浮油量。加盐水后搅动 3~4 次，早晚各 1 次，以促进油与杂质的分离。然后在缸内放入篓子，使虾油滤进篓内，取出虾油。将前后取出的虾油混合烧煮，除去杂质、泡沫即得虾油制品。虾油浓度以 20 波美度为宜，不足时在烧煮过程中加适量食盐，超过浓度标准时，可加水烧煮拌稀。

③ 虾油贮存 制成的虾油仍可放置室外，加弧形芦席盖，使之透风，以免变质。

④ 成品出率 每 100 千克鲜虾可制得虾油 100 千克。

（3）虾油卫生标准

① 感官指标 黄棕色到棕褐色，无沉淀，具虾油固有滋味，无杂质，无异味。

② 理化指标 氨基酸态氮 $\geq 0.85\%$，氯化钠 $\geq 25\%$。

③ 细菌指标 细菌总数 $\leq 2 \times 10^3$ 个/毫升，大肠菌群 ≤ 30 个/100 毫升，无致病菌检出。

（4）虾油新工艺 选用新鲜糠虾为原料，洗净后瞬时杀菌，加入原料重 10%～15% 的食盐，入发酵罐 37℃ 保温发酵数小时。再添加适量花椒、大料、茶叶等进行配卤、压滤，使虾油与虾酱分离，这一操作可在压滤机或真空吸滤器中进行。澄清的虾油滤液中可加入适量稳定剂，在装罐前将虾油煮沸数分钟，趁热滤除沉淀和悬浮杂质。

以新工艺生产的虾油系列产品，是用糠虾自身多种体酶在一定温度下水解体内蛋白、糖类、脂肪后生成以氨基酸、虾香素为主体的复合性水溶性虾酱油提取物，以其特有的虾香和浑厚的海鲜风味被视为调味珍品。

119. 怎样加工梭子蟹？

梭子蟹俗称海蟹，味鲜美，且营养丰富。据分析测定梭子蟹含有丰富的蛋白质、维生素 A_1、维生素 B_1、维生素 B_2 和尼克酸；此外，还含有较多的钙、磷、铁等元素，为一种上等水产品。但打捞后，如在气温 30℃ 左右，放置 4～5 小时就要变质似豆腐渣一样，不仅口味不好，而且容易引起腹泻。因此捕获的梭子蟹要及时加工，防止变质造成食物中毒。现将其常用的几种加工方法介绍如下。

（1）挑选优质鲜蟹 挑选梭子蟹要看蟹盖两个顶尖的背面，如见有淡红色，而且蟹肚发白（越白越好）者，为优质蟹；捏蟹肚脐并将其头部朝下，如未见到有水流出，而且质地坚硬，或扒开蟹肚脐，如见底部无积水，无臭味为优质蟹；掂蟹子的重量，体重大的为壮蟹。

（2）加工方法 先将蟹用清水冲洗干净，并扒开肚脐，用小刷蘸盐水刷净，然后进行炝制加工：据山东省掖县沿海群众经验，炝制蟹用鲜炝、生炝、咸炝法，多用鲜炝法。加工方法是将鲜蟹洗净后，脐向下一层层摆入锅内或摆箅上蒸，每千克蟹上面撒上盐10～20克，锅中放水多少应根据蟹量而定，一般每 5 千克蟹用水1～1.5 千克（如蒸蟹水要放多些）。一定要用急火蒸煮，如果火势不急，蟹肉在蒸煮过程中容易变质。待锅水烧开再煮 10～15 分钟，见蟹通体鲜红，蟹壳无青一块、紫一块，证明炝好了，蟹肉熟透了即可把蟹从锅中取出，摆开凉透，不可焖在锅中，以免蟹肉变质。食后 4～5 小时内勿吃生瓜果，否则易腹泻。对于一些不能吃完的小蟹，需要保存一段时间或贮运外地出售，多采用生炝或咸炝加工。生炝是将生鲜蟹洗净后，脐向下一层一层摆入瓷缸中，再倒入事先用开水煮化开的冷盐水，每 5 千克鲜蟹用盐 2 千克左右，盐水量以刚好浸过蟹层为度。经浸盐 3 天以后瓷缸中盐水增加，需要倒出盐水再煮，冷却后再倒入蟹缸中，生炝即成。咸炝蒸煮过程与鲜炝基本相同，但加盐量不同，每 5 千克加盐不得少于 0.5 千克。蟹开锅后摆开凉透，然后脐向下一层一层摆入瓷缸中，再向缸中倒入事先用开水煮化开的冷盐水，盐水量以刚浸过全部蟹为度。如果每千克加盐量 1 千克左右，保存时间可延长至 1 个月左右。如果咸炝蟹卤鲜吃，加盐量 0.7 千克左右，保存时间只有 10 天左右，不宜再长，以免鲜度降低。个体大的公蟹（俗称郎蟹）作加工原料时，多采用晒蟹肉干的加工方法。先将鲜蟹用水洗净后鲜炝，然后把蟹肉剥出来晒干除去蟹黄。晒干的蟹肉贮存于不透气的罐中密封，以备食用。对剥下的蟹壳经过去钙、去脂肪、漂白和脱醋酸基等化学处理，可制成可溶性甲壳素。它不溶解于水和碱性溶液，在 0.5%～2% 稀醋酸中能溶成黏度很强的胶体溶液，可作纺织、印染、人造纤维、造纸、木材加工、塑料以及医药等的原料。此外，还有人正在试用甲壳质生产"体内可溶性手术线"，以供外科手术用。

120. 怎样制作清蒸对虾仁罐头？

（1）工艺流程　原料→预处理→清洗→预煮→冷却→修整→装罐加汤→排气密封→杀菌冷却→成品。

（2）汤汁配比（单位：千克）　水 100，食盐 4，糖 5，菱粉 1.4，柠檬酸 0.2。

（3）操作要点

① 选择十分新鲜的原料虾，冻虾分批流水解冻，将虾分离拉开，去头壳，按大小分级。沿虾尾至虾头方向浅割背部，除去肠腺，用水洗净。

② 将 15% 食盐水和 0.2% 柠檬酸混合煮沸，按虾和预煮液

1∶1煮10分钟左右。

③ 每锅预煮液可连续使用 5 次，每次补加 1.5％食盐和 0.05％柠檬酸，预煮好的虾仁捞出后立即用冷水冷却，然后剔除不合格的虾仁。

④ 用抗硫内涂料罐灌装，加盖密封后杀菌冷却。

121. 怎样利用虾、蟹壳制甲壳素？

甲壳素又称甲壳质，它是一种洁白半透明的片状物，是一种含氮多糖的高分子聚合物，在虾、蟹壳中其含量高达 10％～25％。在甲壳质中去掉乙酰基即为可溶性甲壳质。可溶性甲壳质具有耐碱、耐晒、耐热、耐腐蚀、不潮解、不风化、不虫蛀等特性，能在纺织物、皮革上牢固地附着，并具有防皱、防缩、耐磨等作用。广泛应用于涂料印染工业，还可作为彩色影片染印的助染剂。

可溶性甲壳质生产工艺简单，容易推广。现将《中国水产》上介绍的虾、蟹壳制甲壳素的生产工艺介绍如下：

(1) 原料 虾、蟹壳要及时洗净、晒干。收集一定量后进行浸酸煮碱，在水缸内进行，每 50 千克蟹壳加工业盐酸 15 千克、水 100 千克，首先应经常翻动蟹壳，以后每隔 4 小时翻动一次。一般需浸酸 30～40 小时，若有些原料浸酸后仍不变软，且酸液中又无气泡产生，说明酸量不足，应再加入一些浓酸。浸酸后将蟹壳用水洗至中性（pH6～7）再用碱液煮，浸酸后软壳的主要成分是蛋白质、甲壳素和一定量的油脂，为了除去蛋白质和油脂，需碱煮 40 分钟，然后水洗至中性。

(2) 二次浸酸和煮碱 为了进一步除净钙质，需二次浸酸，酸液浓度比第一次要低，浸 10～20 小时，勤翻动，一次浸酸后水洗并日光晒干。为了进一步脱脂，应再用碱液煮 30 分钟，洗净晒干即为半成品。

(3) 脱乙酰基 甲壳质经浓碱加热至 60～80℃保温 28～49 小时，脱去酰基，水泡至中性，干燥后即成为可溶性甲壳质成品。检查乙酰基是否脱去的方法：取 1 克保温中的甲壳质，洗去碱液，沥干后放在 100 毫升 2％醋酸溶液中 15 分钟，乙酰已经脱去，甲壳质溶化，反之要继续保温脱去乙酰基。

虾壳含蛋白质、钙质较少，浸酸时酸浓度要比蟹壳低，每道工序少用酸碱 10％左右，深度加工成涂料印花黏合剂。

● 122. 怎样制作鱼片？

（1）珍味鱼片　珍味鱼片的生产遍及我国沿海主要渔区，产品畅销全国各地，其半成品出口日本。珍味鱼片有香甜型、香酥型、麻辣型、蒜味型等品种。

① 工艺流程　原料整理→剖片→漂洗→沥水→调味→摊片→烘干→揭片→烘烤→滚压拉松→检验→包装→成品。

② 操作要点

a. 原料整理：将马面鱼去头、皮、内脏或将冻马面鱼块放在灌满水的解冻槽中，通入高压空气，使水激烈起泡翻滚，进行解冻。一般 2 米³ 槽 1 次可解冻 500 千克，解冻温度控制在 3～10℃，1 小时可完全解冻。

b. 剖片：解冻后，将鱼体洗净剖片。剖片刀为扁薄狭长尖刀。我国一般是从鱼尾端下刀剖至肩部，而日本一般由肩部剖至尾端。剖片后将黏膜、大骨块、尾、腹、背鳍、碎渣及根部红肉、杂质、淤血肉等鱼片捡出，以免影响成品质量。

c. 漂洗：漂洗是提高制品质量的关键。国内常用的漂洗法是将鱼片装入筐内，将筐置于漂洗架上循环漂洗，或者倒入漂洗槽中浸漂，溶去水溶性蛋白，洗掉血污和杂质等。

国外是将漂洗槽灌满自来水，倒入鱼片，然后开动高压空气泵。由于高压空气的激烈翻滚，使鱼片在槽中上下翻动。这种空气软性搅拌，既不伤鱼片，又可加速水溶性蛋白的溶出和淤血的渗出，也降低了用水量。一般冷冻鱼片漂洗 2 小时，鲜鱼片漂洗 4 小时左右。经这样漂洗的鱼片色白，肉质较厚且松软。将漂洗好的鱼片捞出放在竹篓或塑料篓中沥水。

d. 调味：按 50 千克鱼片计，配方为：白砂糖 5％～6％，精盐 1.5％～2％，味精 1％～8％。手工翻拌均匀后，静置腌制 1～1.5 小时（每隔半小时左右翻拌 1 次，温度控制在 15℃左右）。

调味的改进方法可采用可倾式搅拌机进行。该机转速为 60 转/分，每次投料 60 千克，加入调味料 2～3 分钟后即可搅拌均匀。

e. 摊片：调味渗透后的鱼片，摊在烘帘上烘干（或晒干）。摆放时片与片间距要紧密，片形要整齐抹平，使整片厚度一致，以防燥裂。相接的两鱼片大小要适当，鱼片过小时可用 3～4 片相接，但鱼肉纤维纹理要一致。

f. 烘干：调味后的鱼片，采用人工烘干或日光晒干，或采用自然干燥和人工干燥相结合的方法。目前一般大多采用干燥机进行烘干。烘干机的始温应控制在 30～35℃，热风进口温度在 40℃左右。始温低些，可使鱼肉水分慢慢向表面扩散，表面不易结壳。温度过高时，表面形成干壳，影响水分向表面渗透，会延缓干燥时间，使产品质量受损。烘干的终温以不超过 45℃ 为宜。

g. 揭片：烘干后的鱼片，及时从烘帘取下，即为调味马面鱼干（生干片）半成品。若以生干片出口日本，则需按要求进行分规格包装，检验，入冷库冷藏待运。

h. 烘烤：将调味生干片摊放在烘烤机上烘烤，温度控制在 160～180℃。从进料到出料，物料在烘烤机中做匀速运动，烘烤时间根据鱼片厚度确定，一般全过程需 1～2 分钟。

i. 滚压拉松：鱼片烤熟后趁热在滚压机中滚压拉松，温度在 80℃左右，滚压时鱼片的含水量最好在 25%～28%。压辊的间距、压力根据烘烤鱼片厚度调整；两辊速度差应适当，若传动比太大，会把鱼片撕碎；若传动比为 1 时，则失去了滚压的意义。滚压后使制品肌肉纤维疏松均匀。

j. 检验包装：珍味烤鱼片经挑选检验后，进行称重包装。一般采用聚乙烯袋，以聚丙烯塑料袋为佳。

(2) 鲛鳒鱼片

① 原料标准　原料鱼鲜度二级以上，鱼体无严重机械损伤。

② 工艺流程　原料整理→浸泡→剥皮→剖割去骨→修整→洗涤→控水→调味→烘烤→分级包装→装箱→贮藏。

③ 操作要点

a. 将原料鱼用自来水冲洗干净，去头、内脏和鱼子后，浸泡于 15℃水中。

b. 为保持鱼肉光滑平整，去掉所有鳍条，用剥皮机进行剥皮。

c. 去骨时，刀刃要锋利，从鱼尾割至鱼颈，剔出脊椎骨和鱼片上的软骨。

d. 用清洁淡水仔细洗净鱼片，水温不超过 5℃。

e. 把洗净的鱼片放入筛盘内控水后，称重分级。

f. 将鱼片放入调味液中浸泡数小时，取出整形后，送进烘房烘烤。

g. 将成品包装后贮藏。

123. 怎样制作鱼松？

鱼松是用鱼类肌肉制成的金黄色绒毛状调味干制品。其加工设备主要有煮制锅、炒松机，可连续性生产，日产量可高达 10 吨以上；小型的零星加工，以手工烹炒较为常见。鱼松含有人体所需的多种必需氨基酸和维生素 B_1、维生素 B_2、尼克酸以及钙、磷、铁等无机盐，可溶性蛋白含量高，脂肪熔点低。鱼松制品易被人体消化吸收，对儿童和病人的营养摄取很有帮助。鱼松是营养健康食品。现介绍小规模生产鱼松的加工工艺。

(1) 原料选择与整理　鱼类肌纤维长短不同，原料肉色泽、风味等都有一定差异，制成的鱼松状态、色泽及风味各不相同。大多数鱼类都可以加工鱼松，以白色肉鱼类制成的鱼松质量较好。目前生产中主要以带鱼、鲱鱼、鲐鱼、黄鱼、鲨鱼、马面鲀等为原料，近年来也有许多厂家采用鲤鱼、鲢鱼等生产鱼松。

鱼松加工的原料要求鲜度在二级以上，决不能用变质鱼生产鱼松。

原料鱼先水洗，除去鳞、鳍、内脏、头、尾，再用水洗去血污杂质，沥水。

(2) 调味熟化、采肉

① 配方　原料鱼 100 克，葱 0.2 克，姜 0.25 克，黄酒 0.6克，盐 1 克，糖 0.7 克，醋 0.3 克，味精 0.3 克。

② 操作　将处理后的原料鱼加入葱、姜、黄酒、醋等通蒸汽蒸熟，使鱼肉容易与骨刺、鱼皮分离，冷却后手工采肉（亦可用采肉机在原料处理后机械采肉，再进行熟化）。

(3) 压榨搓松　去骨后的鱼肉，先进行压榨脱水，再放入平底砂锅中捣碎，搓散，用文火炒至鱼肉捏在手上能自行散开为止。

(4) 调味炒干 将鱼松微热拌入盐、糖、味精（三种调味料事先混匀），收至汤尽，肉色微黄，用振荡筛除去小骨刺等。可用上述平锅或炒松用的蒸干机进行炒拌，压松，炒干后人工搓松，至毛绒状为止。

(5) 包装 成品冷却后包装，包装袋最好采用复合薄膜袋或罐头。

(6) 成品质量 成品呈细绒状，白色，清鲜味，水分含量12%～16%。

124. 怎样制作咸干鱼？

鱼类腌咸后干燥处理就不会变质。腌制干燥鱼体有整体"鱼筒"和剖腹或背剖两种。去除内脏腌制的加工方法如下。

(1) 原料腌前处理 作鱼筒原料则从鳃部除去内脏；腹部肌肉较薄的如沙丁鱼等和家鱼（1.5～2.5千克为宜）均可剖腹除去内脏；对于一些腹部肌肉较厚的鱼，可从尾部沿着脊背骨剖至头部劈开除去内脏。腌咸鱼一般不去头不去鳞片。去血清洗后沥干水，或用干净布揩干血水后即可腌制。忌用生水冲洗，否则容易变质。

(2) 腌制方法 根据原料鱼的种类、大小及产品的要求采用相应的腌制方法。如咸干鱼加工，用撒盐法，即把盐与花椒混合，撒遍鱼体内外，用盐量为鱼重的10%～20%，并要求盐分浸透均匀，叠放到缸内，再撒盐少许，盖上荷叶，上压重石，腌半个月左右出缸，悬挂在阴凉处晾干或日晒，如遇长期阴雨天气可用机械烘干。对于个体较大的原料鱼，体表虽易干燥，但体内却难以干燥，容易造成腐败，必须在自然条件下放置一段时间使鱼体完全干燥。如鲜咸鱼采用浸渍法，是把原料鱼浸在盐水中，盐水浓度一般为5%～15%。对比较小的原料鱼，可在鱼眼睛处穿刺，或从鳃部至口腔的面颊或下颌穿刺，用线串起来腌制。要求盐分浸透均匀，咸味适中。为了保持腌咸鱼的颜色和光泽，经腌咸的原料鱼浸泡在清水中洗去盐，然后进行干燥处理。

125. 怎样制作鱼制品软罐头？

鱼制品软罐头是一种袋装高温杀菌的鱼肉罐头食品，具有体积小、重量轻、质地柔软、携带和开启方便等特点，能耐高温，不透光透气，可在常温下食用，颇受消费者欢迎。根据曹新民和张目洪等经验，现将鱼制品软罐头制法介绍如下。

（1）原料 鱼制品软罐头是用复合薄膜长方形预制袋，四周热熔封口，封口线宽 8 毫米。其内容物主要是各种小杂鱼及各种调味品。

（2）制作方法 鱼制品软罐头的工艺流程：原料处理→调味→加工→称量装袋→热熔封口→高温超压杀菌→保压水冷→成品。由于软罐头表面积大而截面积小，容易传热，因此在其装填的块形内容物不宜过大，一般要求装填厚度不超过 2 厘米，带有棱角的原料块不宜装填。组织结构比较松软的原料，应在罐头外面套上小纸盒，以增强支撑作用，并可保持内容物的块形。为了维持装袋的原型和消毒杀菌，在工艺流程中，装袋热熔封口以后采用高温超压杀菌，即在高温高压基础上增加压力，使软罐头在锅内处于压制状态，不仅能保持其原型，同时使食品进行严格的杀菌消毒。原料装袋热熔封口以后，由于软罐头的容器是柔软的，当真空度越高时就收缩得越紧，使外膜紧贴内容物，造成许多皱褶，容易导致漏气。所以其真空度要低于铁罐头，以使其表面光洁美观，并使软罐头不易漏气。

126. 怎样加工鳗鱼？

鳗鲡简称鳗，俗称白鳝（图 4-1），是中国东南沿海出产的珍贵鱼种之一。鳗肉不仅细嫩美味，而且营养价值极高。据分析测定鳗肉中含有脂肪、蛋白质，其肉和肝含有大量的维生素 A，是古今中外闻名的滋补强身食品，常食可治虚劳、风湿、痹痛、痔漏等慢性病。日本人认为盛夏时人体新陈代谢旺盛，应吃鳗鱼滋补，而且规定每年 7 月逢 5 日称"牛日"，这天必吃鳗鱼。鳗鱼制品加工方法有：鳗鱼烤冻品、罐头食品和熏制品等。

（1）捕捞与暂养选料 鳗鱼常用笼捕、钩捕或闸门张网等方法捕捞，先放到直径 40 厘米、深 29 厘米的塑料篓或其他原料制作的篓中，每篓装 4～5 千克，8～10 个篓垛在一起，每小时淋 18～20℃ 干净温水 400～500 升，暂养 2～3 天，脱去腥味。挑选 200～

图 4-1 鳗鲡

300 克以上规格的鲜鳗作加工原料。

(2) 制作方法

① 烤冻制品及红烧罐头食品制法 将挑选合规格的鳗鱼置于案板上，用钉子刺入鳗鱼头部，切开背部不要横向切断，去除全部内脏和头部，洗净血液后用木炭火烘烤，最好用红外线煤气灯烘烤。用木炭烘烤时，用铁钉子串 4～5 条一起烤。如采用红外线烤时，则不必用铁钎子。烤干后装入内壁铺有硫酸纸的木箱或纸箱内，包装后置于−25℃冷冻，保存于低温通风处待运外地食用，或收烘烤的鳗干制成罐头贮存。

② 熏制品制作方法 养鳗桶中盛放符合规格的原料鳗，加入原料鳗 10％的食盐，充分搅拌，黏液变成白色泡沫浮在表面可以掏去，除去黏液的鳗再用冷水充分洗净后即可，按以下方法熏制。

熏制品剖腹时用小刀从肛门后侧 3～5 厘米处剖开，直到背骨两侧，洗净腹腔后用 15％食盐浸渍（切断鳗盐渍用盐 10％），浸渍 15～20 小时，洗净，加入味精等调味料后，进行风干（阴干）或放置通风干燥机中干燥。一般多采用温熏法制鳗鱼食品。根据有关资料介绍，用木炭或锯末作燃料加温，温度由低逐渐升高达 90℃，如果是完整鳗熏制则开始用 50～60℃熏 30 分钟后，逐渐升高达 90℃，再熏 1 小时即成；如果是切断鳗熏制，开始用 30～40℃熏制 2～3 小时，然后用 50～60℃熏制 10 小时，停火半天，再用 50～60℃熏制 10～20 小时即成。熏烤时注意调节火力，不用着火炭，最好用锯末火，把原料鳗一个个串起来熏，并经常翻动，防止把原料烤焦。

◉ 127. 怎样加工斯里米鱼肉食品？

"斯里米"是一日本词，意思是指用机械方法剔除鱼骨刺后的鱼肉。日本生产的"斯里米"鱼肉食品畅销国际市场。如将"斯里米"加入不同的调味剂，可使"斯里米"食品既有蟹肉又有虾肉的味道，并具有弹性，更受消费者喜爱。

"斯里米"鱼肉食品的加土方法：将机械去鱼骨刺的鱼肉，用5～10℃的冷水反复洗涤数次，直到无色无味时为止，除去水溶性肌浆蛋白、血色素、脂肪、酶以及腥味，提高肌动球蛋白的浓度，使"斯里米"具有弹性。鱼肉水洗后用螺旋压榨机脱水，然后将压干的鱼肉除去残留的鱼骨刺和鳞渣，将鱼肉送入绞肉机中，再以鱼肉重量计分别加入蔗糖4％、山梨醇4％、多聚磷酸盐0.2％等冷藏保护剂，可保持"斯里米"一年内不变风味。再加上冷水、盐、调味剂、贝肉以及淀粉和蛋白等作料后，放至绞肉机中切碎，绞成膏状，通过挤压或模压成不同形状，然后使之凝固即为成品。

⬤ **128. 怎样制作和鉴别鱼粉？**

鱼粉是畜禽饲料。生产配合饲料时，都用动物性饲料如鱼粉等，来提高饲料中的蛋白质水平和调节必需氨基酸的比例，以提高畜禽的经济效益。据试验仔猪饲料中加入15％的鱼粉，日增重提高81％；雏鸡饲料中加入11％的鱼粉，日增重提高124％；蛋鸡饲料中加入10％的鱼粉，产蛋量可提高1倍。同时还可节约20％左右的植物性饲料。

(1) 制作方法

① 选料　原料有两种：一种是低级鱼类或者变质的鱼；另一种是鱼片、鱼罐头加工中所剩的鱼头、鳍、内脏等废料。

② 蒸煮　将原料放入锅中加热煮熟。小型土法加工可用大铁锅或普通蒸笼等工具。

③ 压榨　蒸煮后的原料放入压榨器内加压，使鱼肉组织中的部分水分和油脂一起流出。土法生产可用杠杆式的简单压制设备。

④ 干燥　压榨后的制品可晒干或在烘房内烘干，使水分减少到10％左右。

⑤ 磨粉　将充分干燥后的制品进行磨粉，使之达到一定大小的均匀粉粒，然后过筛。磨粉可用石磨。

⑥ 要求鱼粉不得有虫寄生及发霉现象。鱼粉中不得有沙门菌属或志贺菌属（要求在需要检验时进行检验）。成品一般可用麻袋或布袋包装。贮藏时防潮和防止因油脂氧化而起火。

（2）鉴别真假鱼粉的方法

① 漂水法　从各袋鱼粉中各取样品少许，用杯子盛半杯清水，将鱼粉样品倒入水中，用小木棒轻轻搅动。真鱼粉会很快沉入水底，如果样品漂浮在水面而不下沉，那就是假鱼粉。然后再将沉淀的鱼粉搅动后轻轻倒掉，看看杯底是否留有沙土，真鱼粉沙土较少，或根本没有沙土，如果沙土多，则为掺假的鱼粉。

② 查看包装线　进口鱼粉装袋的缝口处如有改装过的痕迹，很可能是假鱼粉。

③ 采用看、闻、尝等方法察看颜色、状态　真鱼粉一般为黄褐色，粉末松散干燥，粒度既不过细，又无明显块状，并可看到粉碎的鱼骨、鳞片、鱼眼球等；用鼻子闻一下气味，如有鱼的腥味，无恶腥及其他异味，则为真鱼粉。取少量样品放入口中咀嚼，真鱼粉有鱼香味，口感松软，无垫牙、牙碴的感觉和其他怪味。

129. 在淡水龟背上怎样接种基枝藻培养绿毛龟？

绿毛龟（图 4-2）是一种珍奇的观赏动物，是长寿和吉祥的象征，为中国传统的出口商品，养殖绿毛龟成为换取外汇的养殖业。

图 4-2　绿毛龟

（1）龟种的选择和处理　应挑选体质健壮、无病伤、甲板完整无缺的龟，以 5～15 龄、体重 200～750 克的龟为宜。黄喉水龟除产卵上岸外，常年都浸泡在水中，是培育绿毛龟较为理想的龟种，在中国其分布也极为广泛。龟在接种前应先养壮育肥，以增强体质和增加龟背甲营养，这样有利于基枝藻孢子的着生萌发。每天投喂小鱼虾、蚯蚓、螺蛳、瘦猪肉、动物内脏等碎粒饲料，供给少量的豆麦类、瓜果类碎片亦可，以不剩为宜，连喂 7 天。然后进行龟种处理。

① 用大头针或缝衣针在龟背甲上间距 2 毫米轻轻划痕，便于基枝藻孢子着床。

② 对龟种消毒，用当归 50 克，加水 25 千克，浸泡 2 天后捞出当归渣，再将龟种放入消毒液中浸泡 24 小时。

③ 用刷子将消毒后的龟种洗刷干净，并用吸水纸将水渍吸干，龟种即可接种基枝藻孢子。

(2) 接种方法 基枝藻是一种低等水生植物，喜温性水域，春秋两季繁殖较快。中国许多地区的湖泊、江河、山溪、水沟都有生长。它固着于岩石上，呈丛生状态。对含有钙质的物质，基枝藻着生的机会更大。采集基枝藻时应选择深绿色、质硬、丝粗拉力大的藻种。采回后用木桶、水缸或水泥池养着，并在池中施放微量植物营养液，放在太阳下晒几天。当水呈绿色，有大藻孢子游离于水中时，便可用于直接培毛。一般 500 克基枝藻解体所制备的接种液可用来培育 30 只 250~400 克的龟种。接种液的制备方法是：将预养的基枝藻洗净，捞出放入研钵中，加适量干净开水，用木棒轻捣，直至流出大量的黄绿汁水，但不宜把基枝藻捣烂，再加入适量预养时的藻水，即得接种液。如果想加快速度，增加龟体营养，可用翻白草根 1 株、白糖 1 克、鱼鳞（乌鱼鳞最好）5 克磨碎，加水拌均匀，制成配方液。把要接种的水龟先放在这种配方液中浸一浸，然后放入接种液内培养。接种液不宜超过龟背 3 厘米。在温度、水质、光线等条件适宜的情况下，1 个月后龟背上就能长出绿毛。

① 温度 黄喉水龟生活的最适温度为 25~28℃，气温低于 12℃时开始冬眠；低于 6℃或高于 42℃就会死亡。基枝藻 12℃以上便开始繁殖，20~28℃生长迅速，32℃以上生长受到抑制。

② 水质 绿毛龟喜欢生活在有机质少、矿物质丰富的清水中。山涧溪水最佳，井水次之，自来水要放置 15 天左右才能用。不能用河水。

③ 光线 基枝藻喜散射光，早、晚受光最好。基枝藻若长期

缺乏光线，"绿毛"会发白，变软变黄；若长期强光照射，对细胞和孢子生长萌发均不利。阴雨天气，最好用电灯照射。

④ 容器　培养绿毛龟的容器很多，缸、盆、池均可，一般习惯用圆形玻璃缸。容器大小以龟在其中能自由活动为宜，宁可偏大，不宜过小。由于龟类有互相爬背的习惯，会损伤背甲上的丝状绿藻，因此每个缸饲养一只绿毛龟最好。缸水的深度以龟能伸出头部，达水面上呼吸为宜。但随季节有所不同，春秋 18～20 厘米，夏季 25～30 厘米为宜，并要保持水质。换水时间黄昏最好，每次换水量应占 1/2 左右。

🔵 130. 水产品加工者怎样预防职业皮肤病？

鱼蟹虾类水产品加工时，加工者皮肤常被鱼的牙和蟹螯及虾枪等刺伤或割伤。伤后如仍继续加工就会使其与污水接触，易发生继发性感染，引起多种疾病，如甲床炎、甲周炎、丹毒、手皲裂、指间糜烂和对虾皮炎等，甚至导致败血症。长期穿胶靴，脚上有霉菌生长繁殖而发生足癣病。这种病在水产加工者身上较为常见。因此，水产品加工者必须采用以下防护措施，以防止皮肤病的发生。

(1) 水产品加工时要戴防护用具，如手套、工作服、围单、胶靴等（图 4-3）。每人要多备几双胶靴，湿了就更换，以保持靴内干燥，同时应专靴专人穿用，不得经常互换胶靴，以防足癣流行。

(2) 改进操作方法避免皮肤受伤　目前水产品加工工艺落后，都是手工或半手工操作，皮肤很易受伤。还有些人受伤后仍继续加工，易产生继发性感染。因此，必须实现机械化生产，避免手工加工，使皮肤减少受损的机会，这是预防水产品加工者职业病的关键。

(3) 备有常用的消毒器械和药品　加工者工作时，皮肤一旦被刺伤或割伤时，应及时给予消毒处理，并立即停止工作，脱离污水，洗净手后再在 1% 的新洁尔灭中浸泡数分钟，或用药棉蘸上碘酊涂在伤口上及其周围，待伤口愈合后再恢复工作。如伤口发生继发性感染而引起全身症状，应及时去医院治疗。

图 4-3 水产品加工时要穿戴防护用具

附录　食品生产企业安全生产监督管理暂行规定

第一章　总　　则

第一条　为加强食品生产企业的安全生产工作，预防和减少生产安全事故，保障从业人员的生命和财产安全，根据《中华人民共和国安全生产法》等有关法律、行政法规，制定本规定。

第二条　食品生产企业的安全生产及其监督管理，适用本规定。农副产品从种植养殖环节进入批发、零售市场或者生产加工企业前的安全生产及其监督管理，不适用本规定。

本规定所称食品生产企业，是指以农业、渔业、畜牧业、林业或者化学工业的产品、半成品为原料，通过工业化加工、制作，为人们提供食用或者饮用的物品的企业。

第三条　国家安全生产监督管理总局对全国食品生产企业的安全生产工作实施监督管理。

县级以上地方人民政府安全生产监督管理部门和有关部门（以下统称负责食品生产企业安全生产监管的部门）根据本级人民政府规定的职责，按照属地监管、分级负责的原则，对本行政区域内食品生产企业的安全生产工作实施监督管理。

食品生产企业的工程建设安全、消防安全和特种设备安全，依照法律、行政法规的规定由县级以上地方人民政府相关部门负责专项监督管理。

第四条　食品生产企业是安全生产的责任主体，其主要负责人对本企业的安全生产工作全面负责，分管安全生产工作的负责人和其他负责人对其职责范围内的安全生产负责。

集团公司对其所属或者控股的食品生产企业的安全生产工作负主管责任。

第二章　安全生产的基本要求

第五条　食品生产企业应当严格遵守有关安全生产法律、行政法规和国家标准、行业标准的规定，建立健全安全生产责任制、安全生产规章制度和安全操作规程。

第六条　从业人员超过300人的食品生产企业，应当设置安全生产管理机构，配备3名以上专职安全生产管理人员，并至少配备1名注册安全工程师。

前款规定以外的其他食品生产企业，应当配备注册安全工程师、专职或者兼职安全生产管理人员，或者委托安全生产中介机构提供安全生产服务。

第七条　食品生产企业应当支持安全生产管理机构和专职安全生产管理人员履行管理职责，并保证其开展工作所必需的条件。

大型食品生产企业安全生产管理机构主要负责人的任免，应当同时抄告所在地县级地方人民政府负责食品生产企业安全生产监管的部门。

第八条　食品生产企业应当推进安全生产标准化建设，强化安全生产基础，做到安全管理标准化、设施设备标准化、作业现场标准化和作业行为标准化，并持续改进，不断提高企业本质安全水平。

第九条　食品生产企业新建、改建和扩建建设项目（以下统称建设项目）的安全设施，必须与主体工程同时设计、同时施工、同时投入生产和使用。建设项目投入生产和使用后，应当在 5 个工作日内报告所在地负责食品生产企业安全生产监管的部门。

第十条　食品生产企业应当委托具备国家规定资质的工程设计单位、施工单位和监理单位，对建设工程进行设计、施工和监理。

工程设计单位、施工单位和监理单位应当按照有关法律、行政法规、国家标准或者行业标准的规定安全管理；对于需要有关部门审批和验收的事项，应当依法向有关部门提出申请；未经有关部门依法批准或者验收合格的，不得投入生产和使用。

第十一条　食品生产企业应当按照有关法律、行政法规的规定，加强工程建设、消防、特种设备的安全管理；对于需要有关部门审批和验收的事项，应当依法向有关部门提出申请；未经有关部门依法批准或者验收合格的，不得投入生产和使用。

第十二条　食品生产企业应当按照《生产安全事故隐患排查治理暂行规定》建立事故隐患排查治理制度，明确事故隐患治理的措施、责任、资金、时限和预案；及时发现并消除事故隐患。事故隐患排查治理情况应当如实记录在案；向从业人员通报，并按规定报告所在地负责食品生产企业安全生产监管的部门。

第十三条　食品生产企业的加工、制作等项目有多个承包单位、承租单位，或者存在空间交叉的，应当对承包单位、承租单位的安全生产工作进行统一协调、管理。承包单位、承租单位应当服从食品生产企业的统一管理，并对作业现场的安全生产负责。

第十四条　食品生产企业应当对新录用、季节性复工、调整工作岗位和离岗半年以上重新上岗的从业人员，进行相应的安全生产教育培训。未经安全生产教育培训合格的从业人员，不得上岗作业。

第十五条 食品生产企业应当定期组织开展危险源辨识,并将其工作场所存在的和作业过程中可能产生的危险因素、防范措施和事故应急措施等如实书面告知从业人员,不得隐瞒或者欺骗。

从业人员发现直接危及人身安全的紧急情况时,有权停止作业或者在采取可能的应急措施后撤离作业场所。食品生产企业不得因此降低其工资、福利待遇或者解除劳动合同。

第三章 作业过程的安全管理

第十六条 食品生产企业的作业场所应当符合下列要求:

(一)生产设施设备,按照国家有关规定配备有温度、压力、流量、液位以及粉尘浓度、可燃和有毒气体浓度等工艺指标的超限报警装置;

(二)用电设备设施和场所,采取保护措施,并在配电设备上安装剩余电流动作保护装置或者其他防止触电的装置;

(三)涉及烘制、油炸等高温的设施设备和岗位,采用必要的防过热自动报警切断和隔热板、墙等保护设施;

(四)涉及淀粉等可燃性粉尘爆炸危险的场所、设施设备,采用惰化、抑爆、阻爆、泄爆等措施防止粉尘爆炸,现场安全管理措施和条件符合《粉尘防爆安全规程》(GB 15077)等国家标准或者行业标准的要求;

(五)油库(罐)、燃气站、除尘器、压缩空气站、压力容器、压力管道、电缆隧道(沟)等重点防火、防爆部位,采取有效、可靠的监控、监测、预警、防火、防爆、防毒等安全措施。安全附件和联锁装置不得随意拆弃和解除,声、光报警等信号不得随意切断;

(六)制冷车间符合《冷库设计规范》(GB 50072)、《冷库安全规程》(GB 28009)等国家标准或者行业标准的规定,设置气体浓度报警装置,且与制冷电机联锁、与事故排风机联动。在包装间、分割间等人员密集场所,严禁采用氨直接蒸发的制冷系统。

第十七条 食品生产企业涉及生产、储存和使用危险化学品的,应当严格按照《危险化学品安全管理条例》等法律、行政法规、国家标准或者行业标准的规定,根据危险化学品的种类和危险特性,在生产、储存和使用场所设置相应的监测、监控、通风、防晒、调温、防火、灭火、防爆、泄压、防毒、中和、防潮、防雷、防静电、防腐、防泄漏以及防护围堤等安全设施设备,并对安全设施设备进行经常性维护保养,保证其正常运行。食品生产企业的中间产品为危险化学品的,应当依照有关规定取得危险化学品安全生产许可证。

第十八条 食品生产企业应当定期组织对作业场所、仓库、设备设施使用、从业人员持证、劳动防护用品配备和使用、危险源管理情况进行检查，对检查发现的问题应当立即整改；不能立即整改的，应当制定相应的防范措施和整改计划，限期整改。检查应当做好记录，并由有关人员签字。

第十九条　食品生产企业应当加强日常消防安全管理，按照有关规定配置并保持消防设施完好有效。生产作业场所应当设有标志明显、符合要求的安全出口和疏散通道，禁止封堵、锁闭生产作业场所的安全出口和疏散通道。

第二十条　食品生产企业应当使用符合安全技术规范要求的特种设备，并按照国家规定向有关部门登记，进行定期检验。

食品生产企业应当在有危险因素的场所和有关设施、设备上设置明显的安全警示标志和警示说明。

第二十一条　食品生产企业进行高处作业、吊装作业、临近高压输电线路作业、电焊气焊等动火作业，以及在污水池等有限空间内作业的，应当实行作业审批制度，安排专门人员负责现场安全管理，落实现场安全管理措施。

第四章　监督管理

第二十二条　县级以上人民政府负责食品生产企业安全生产监管的部门及其行政执法人员应当在其职责范围内加强对食品生产企业安全生产的监督检查，对违反有关安全生产法律、行政法规、国家标准或者行业标准和本规定的违法行为，依法实施行政处罚。

第二十三条　县级以上地方人民政府负责食品生产企业安全生产监管的部门应当将食品生产企业纳入年度执法工作计划，明确检查的重点企业、关键事项、时间和标准，对检查中发现的重大事故隐患实施挂牌督办。

第二十四条　县级以上地方人民政府负责食品生产企业安全生产监管的部门接到食品生产企业报告的重大事故隐患后，应当根据需要，进行现场核查，督促食品生产企业按照治理方案排除事故隐患，防止事故发生；必要时，可以责令食品生产企业暂时停产停业或者停止使用；重大事故隐患治理后，经县级以上地方人民政府负责食品生产企业安全生产监管的部门审查同意，方可恢复生产经营和使用。

第二十五条　县级以上地方人民政府负责食品生产企业安全生产监管的部门对食品生产企业进行监督检查时，发现其存在工程建设、消防和特种设备等方面的事故隐患或者违法行为的，应当及时移送本级人民政府有关部门处理。

第五章　法律责任

第二十六条　食品生产企业有下列行为之一的，责令限期改正，可以处2

万元以下的罚款：

（一）违反本规定第七条的规定，大型食品生产企业安全生产管理机构主要负责人的任免，未同时抄告所在地负责食品生产企业安全生产监管的部门的；

（二）违反本规定第九条的规定，建设项目投入生产和使用后，未在 5 个工作日内报告所在地负责食品生产企业安全生产监管的部门的；

（三）违反本规定第十二条的规定，事故隐患排查治理情况未如实记录在案，并向从业人员通报的。

第二十七条 食品生产企业不具备法律、行政法规和国家标准或者行业标准规定的安全生产条件，经停产整顿后仍不具备安全生产条件的，县级以上地方人民政府负责食品生产企业安全生产监管的部门应当提请本级人民政府依法予以关闭。

第二十八条 监督检查人员在对食品生产企业进行监督检查时，滥用职权、玩忽职守、徇私舞弊的，依照有关规定给予处分；构成犯罪的，依法追究刑事责任。

第二十九条 本规定的行政处罚由县级以上地方人民政府负责食品生产企事业安全监管部门实施，有关法律、法规和规章对行政处罚的种类、幅度和决定机关另有规定的，依照其规定。

第六章 附 则

第三十条 本规定自 2014 年 3 月 1 日起施行。

参 考 文 献

［1］ 曹新民，张月洪. 养殖业产品加工新技术. 北京：人民军医出版社，1987.

［2］ 高程. 养殖业产品加工 108 法. 北京：中国农业出版社，2001.

［3］ 高本刚，黄仁术，李耀亭. 养鹅高产技术与鹅产品加工. 北京：中国林业出版社，2006.

［4］ 李典友，高松，高本刚. 特禽高效养殖与产品深加工新技术. 北京：金盾出版社，2013.

［5］ 高本刚. 野生毛皮动物——狩猎、驯养、加工. 重庆：科学技术文献出版社重庆分社，1987.

［6］ 高本刚，高嵩. 药用动物养殖技术. 沈阳：辽宁科学技术出版社，1992.

［7］ 高本刚，余茂耘. 有毒与泌香动物养殖利用. 北京：化学工业出版社，2000.

［8］ 马翊华，马新武. 珍稀动物性药材生产. 北京：中国农业出版社，2007.

［9］ 王丽哲. 水产品实用加工技术. 北京：金盾出版社，2003.